13.1.2 Alpha 通道

8.4.4 编辑图框蒙版

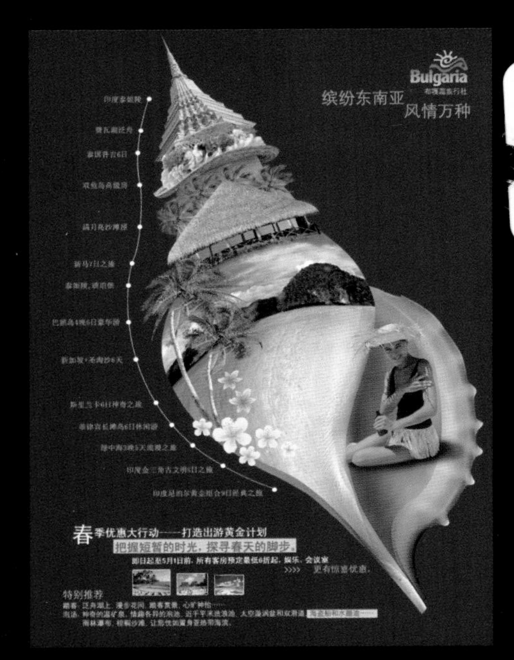

16.5 旅游宣传广告设计

15.7 结合调整画笔与渐变滤镜工具润饰照片

本书实例精彩效果欣赏

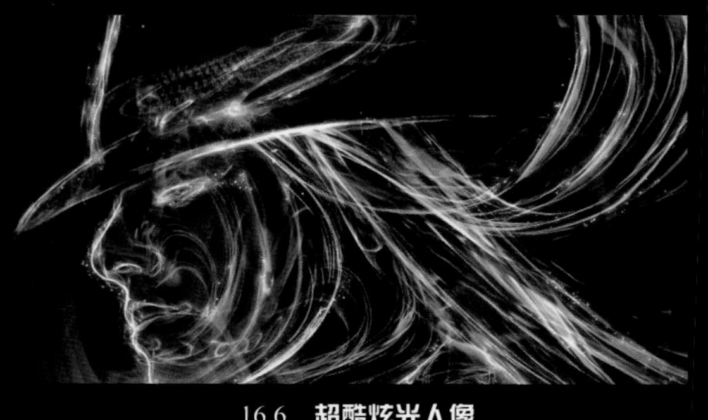

16.6　超酷炫光人像

4.1　仿制图章工具

16.7　创意悬浮人像合成处理

12.2　液化

12.7.2　场景模糊

14.5.4　堆栈合成

12.7.3　光圈模糊

王静 / 编著

神奇的中文版 Photoshop 2020入门书

清华大学出版社
北京

内 容 简 介

本书是一本严格遵守"深入浅出、循序渐进"教学原则的Photoshop图书，在讲解过程中尽量将结构安排得合理、有序，即"先学什么，然后才能学什么"，从而更好地讲解Photoshop的知识体系。本书覆盖了大量常见的Photoshop应用领域，如网店横幅广告设计、网店详情页设计、海报设计、App界面设计、封面设计、包装设计、摄影后期处理等，让读者在学习技术的同时，掌握Photoshop的常见应用与技巧，提升实战及审美能力。

本书赠送了案例讲解过程中用到的相关素材及效果文件，另外还精心整理了一些常用的画笔、样式等资源，更有专业人员录制的教学视频，帮助读者快速掌握Photoshop 2020。

本书特别适合Photoshop自学者使用，也可以作为大中专院校电脑艺术类课程的教材。

图书在版编目（CIP）数据

神奇的中文版Photoshop 2020入门书 / 王静编著. —北京：清华大学出版社，2021.2
ISBN 978-7-302-56789-9

Ⅰ. ①神…　Ⅱ. ①王…　Ⅲ. ①图像处理软件　Ⅳ. ①TP391.413

中国版本图书馆CIP数据核字(2020)第217499号

责任编辑：陈绿春
封面设计：潘国文
责任校对：胡伟民
责任印刷：沈　露

出版发行：清华大学出版社
网　　址：http://www.tup.com.cn，http://www.wqbook.com
地　　址：北京清华大学学研大厦 A 座　　**邮　　编：**100084
社 总 机：010-62770175　　**邮　　购：**010-83470235
投稿与读者服务：010-62776969, c-service@tup.tsinghua.edu.cn
质 量 反 馈：010-62772015, zhiliang@tup.tsinghua.edu.cn
印 装 者：三河市龙大印装有限公司
经　　销：全国新华书店
开　　本：185mm×260mm　　**印 张：**15.75　　**插 页：**2　　**字 数：**430 千字
版　　次：2021 年 4 月第 1 版　　**印 次：**2021 年 4 月第 1 次印刷
定　　价：79.00 元

产品编号：087545-01

前 言

Photoshop是图形图像领域技术最前沿的软件之一，在平面设计、网页设计、三维设计、摄影后期处理等诸多领域广泛应用。Photoshop同时是一个实践操作性很强的软件，无论是谁学习此软件，都必须在练中学、学中练，才能够掌握具体的软件操作知识。

本书是以“讲解Photoshop最常用的技术”为原则的理论与案例相结合的图书。在书中，笔者摒弃了不易学、不常用的技术，配合大量实例讲解，力求让读者在掌握软件核心技术的同时，练就实际动手操作的能力。

总体而言，本书具有以下特色。

1. 内容切中软件核心

在经历了20多年间的10余次升级后，Photoshop软件的功能越来越丰富，但并非所有功能都是工作中常用的，因此，笔者结合多年的教学和使用经验，从中选择了最实用的功能。掌握这些功能后基本能够保证读者应对工作与生活中遇到的与Photoshop相关的大多数问题。

2. 知识结构严谨合理

编写过程中，本书严格遵守“循序渐进”的教学原则，尽量将结构安排得合理、有序，即“先学什么，然后才能学什么”。

例如，第5章讲解了图层的原理与基础操作，原因就在于，通过前面学习选区、调色及修复等技术，读者已经对Photoshop的基本操作有了大致了解，已形成较为稳固的基础，此时再学习“图层”这种较为抽象、深奥的功能，就更为容易。同时图层可以在很大程度上提高再编辑、再处理图像的可能性，因此在学习位图绘画、矢量图绘画及图像混合等知识前，应该掌握图层的基础操作，尽量让图像位于一个独立的图层中，以便于后面的单独处理。读者也可以带着“图层”功能的基本概念去学习本书后面章节中的内容，一边学习其他知识，一边应用图层功能，直至第8~10章讲解新的图层知识，都是一个逐渐熟悉图层功能的过程。

3. 应用领域覆盖广泛

如前所述，随着Photoshop功能的不断丰富和完善，其应用领域也越来越广泛，本书内容尽可能兼顾更多的应用领域。例如，第3、4、15章讲解调色、修复及RAW照片处理等功能时，以摄影后期润饰为主进行讲解；第8章讲解图层混合模式、蒙版等合成功能时，则以创意影像、视觉表现，以及商业设计为主；第13章讲解通道功能时，以常用的抠图技术为主，兼顾摄影后期与创意合成领域；第14章讲解自动化功能时，侧重于摄影后期中的拼合全景图、堆栈合成星轨、批量照片处理等。此外，本书第16章以锻炼软件使用能力及应对常见工作需求为主旨，选取并详细解析了网店横幅广告设计、网店详情页设计、海报设计、APP界面设计、封面设计、包装设计及摄影后期处理等诸多领域的精美案例，从而让读者在学习技术的同时，掌握常见的应用与技巧，以提升实战及审美能力。

4. 配套素材丰富实用

本书配套素材主要包含案例素材、视频教学及设计素材。其中案例素材配合本书中的讲解进行，也可以直接将之应用于商业作品中；设计素材为大量的纹理、画笔等素材，可以帮助读者更好更快地完成设计工作。

此外，还委托专业的讲师，针对本书的重点和难点内容，录制了视频教学文件。如果在学习中遇到问题，可以通过观看这些视频解疑释惑，以提高学习效率。

本书配套素材请用微信扫描下面的二维码进行下载。

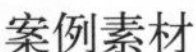
案例素材

视频教学

设计素材

5.其他声明

在本书的编写过程中，笔者以科学、严谨的态度，力求精益求精，但疏漏之处在所难免，敬请广大读者批评指正。如果在学习过程中碰到问题，请扫描右侧的二维码联系相关人员解决。如果下载地址出现问题，请联系陈老师chenlch@tup.tsinghua.edu.cn。

技术支持

作者

2021年1月

目 录

第1章 走进Photoshop圣堂

第2章 创建与编辑选区

第3章 调整图像色彩

第4章 修复与修饰图像

第5章 图层的基础功能

第6章 画笔、渐变与变换功能

第7章 路径与形状功能详解

第8章 图层的合成处理功能

第9章 图层的特效处理功能

第10章 特殊图层详解

第11章 输入与编辑文字

第12章 特殊滤镜应用详解

第13章 通道的运用

第14章 动作及自动化图像处理技术

第15章 调修RAW照片

第16章 综合案例

第1章 走进Photoshop圣堂

1.1 学好PS，方法是关键

既然是学习，自然就存在学习方法的问题。不同的人有不同的学习方法，有些人的学习方法有速成的功效，而有些人使用的方法可能事倍功半。因此找到一个好的学习方法，对于每一个Photoshop学习者而言都非常重要。下面讲解几种不同的学习方法。

1.1.1 渐进式学习

这是大多数人使用的一种学习方法，虽然学习的速度不明显，但能够为学习者打下坚实的基础，使其具有精研Photoshop深层次知识的功底。使用这种方法学习Photoshop，可以按照下面讲述的几个步骤进行。

1. 打基础

对于Photoshop而言，扎实的基础即娴熟的操作技术及技巧。深厚的技术功底是实现创意的基石，纵有好的创意而苦于无法完全表达，那么也是枉然。因此，学习的第一个阶段就是认真学习基础知识，打下坚实的基础，为以后的深入学习做准备。

2. 练习模仿

这一过程类似于“描红”，是任何类别的学习都必须经历的。在这个阶段需要进行大量练习，通过这些练习不仅能够熟悉并掌握软件功能及命令的使用方法，还能够掌握许多通过练习才能够掌握的操作技巧。

3. 积累表现技法

设计与创意中的许多表现技法是众多设计师经过积累经验总结出来的。这些技法对于一个初学者而言非常重要，能够帮助初学者快速走上创作的道路。

积累表现技法的途径之一是欣赏大量的优秀作品，这些作品包括影视片头、广告、海报、招贴以及网页作品等。

通过欣赏这些作品，在仔细观察的基础上分析其美感的来源，并注意总结、积累以及灵活地运用，这样不仅能够提升自己的审美能力，还可以从中汲取表现技法所必需的养分。

4. 实践并创意

实践出真知，纸上谈兵必然打不好仗，因此经过前面3个阶段的积累与沉淀之后，必须进行大量的实践创作，个人风格才会逐步形成，对于作品创意的构思技巧也能得到足够的锤炼。

1.1.2 逆向式学习

先理论后实践的学习方法是多年来经各个领域的无数人证明过的学习真理。时至今日，在计算机软件学习领域，绝大多数人仍然在按照此学习方法进行学习。目前，包括Photoshop在内的许多计算机软件都推出了中文版本，这大大降低了学习难度。此外，许多软件在功能设置方面越来越人性化，所以许多学习者改变了原有的学习习惯，采用了新的学习方法——逆向式学习方法。

初学者可以先使用软件进行制作，在操作过程中遇到问题时，再返回来查看帮助文件或者相关书籍。

这种先实践后理论的学习方法可以大大提高初学者的学习效率，每一个问题都是初学者自己遇到的，因此在解决问题之后，印象也就格外深刻。

1.1.3 技术性软件的学习技术

无论是采用哪一种方法，许多人在学习了Photoshop 后，即使完全掌握了所有工具及命令的使用方法，却发现自己仍然无法做出完整的作品，除非对照书中讲解的案例进行操作。

这涉及练习与创作的问题，在学习阶段，初学者可按照书中的步骤进行练习，因此很容易见效，但如果为了练习而练习，则只能发挥学习的第一层作用，这就很容易出现掌握了软件但无法创作出好作品的情况。

创作需要的不仅仅是熟练的技术，更强调想法、技法与创意，因此只掌握技术的初学者就会遇到茫然不知所措的情形，但那些在练习中注重技法积累，而且自身又具有一定创意的初学者学习时会得心应手。

无论哪一类初学者，需要记住的是，所有软件都只是工具。对于Photoshop 这样一个非常强调创意的软件而言，要掌握其功能，并灵活地应用于各个领域，不仅要有扎实的基本操作功底，更应该有丰富的想象力和创造力。

1.2 Photoshop应用领域

1.2.1 广告设计

在信息大爆炸的今天，广告设计成为最常见的设计类型之一，而Photoshop作为一款优秀的图像处理软件，在此领域的应用极为广泛，如图1.1所示就是一些优秀的广告作品。

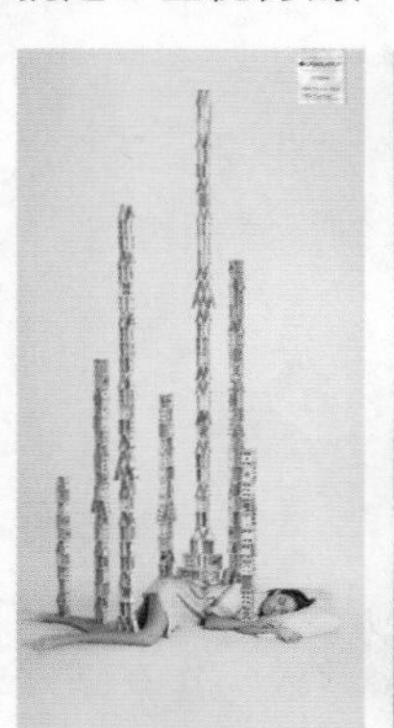

图1.1

1.2.2 封面设计

在市面上看到的各类型图书中，封面都是其不可或缺的一部分。一个好的封面设计作品，除了可以表现出图书本身的内容、特色外，甚至可以在一定程度上左右消费者的购买意愿。如图1.2所示是一些优秀的封面设计作品。

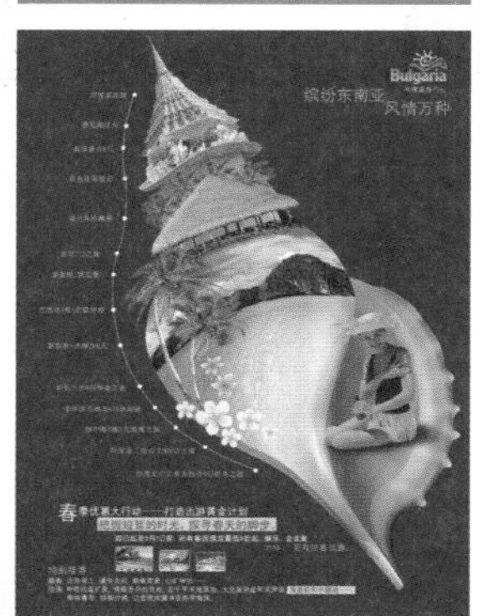

图1.2

1.2.3 包装设计

仅从生活的环境来看，小到一瓶可乐、一袋小食品，大到一台液晶电视、一台冰箱等，都离不开外包装的设计。对于不同类型的产品来说，其设计风格也存在很大差别，如图1.3所示是一些优秀的酒包装、月饼包装等，如图1.4所示是其他一些优秀的包装作品。

图 1.3

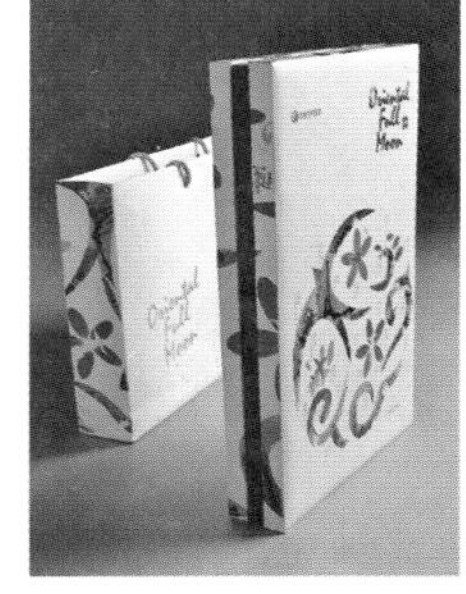

图 1.4

> 提示：从功能上来说，封面设计也是包装设计的一种形式，只不过其领域广泛，所以经常作为一个单独的领域被划分出来。

1.2.4 其他平面设计

从当前平面设计领域来看，前面所列举的3个应用领域都属于平面设计领域的分支，也是在平面设计中占有极为重要位置的几大应用领域。除此以外，Photoshop在其他平面设计领域也有非常广泛的应用，限于篇幅，不再一一罗列，如图1.5~图1.7所示是一些优秀的平面设计作品。

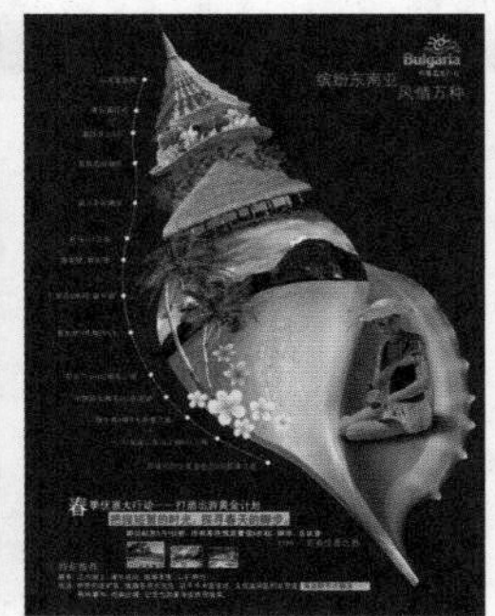

图 1.5

图 1.6

图 1.7

1.2.5 网页创作

随着我国网络用户的不断增加，越来越多的人和企业意识到应该选择网络作为宣传的方式之一。在这种竞争越来越激烈的形势下，美观、大方的网页设计就成了留住浏览者的必要手段之一。如图1.8所示为使用Photoshop设计的几个网页作品。

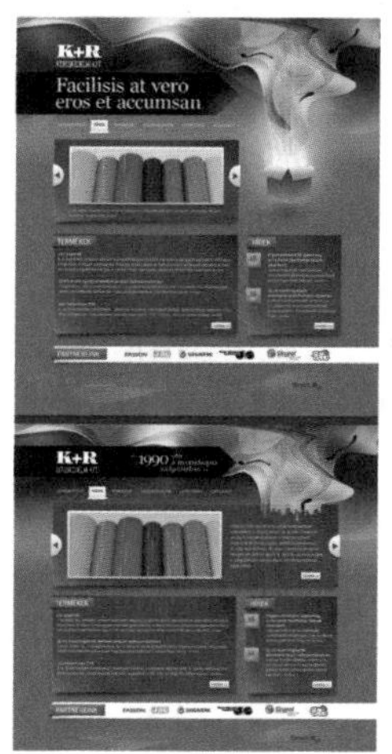

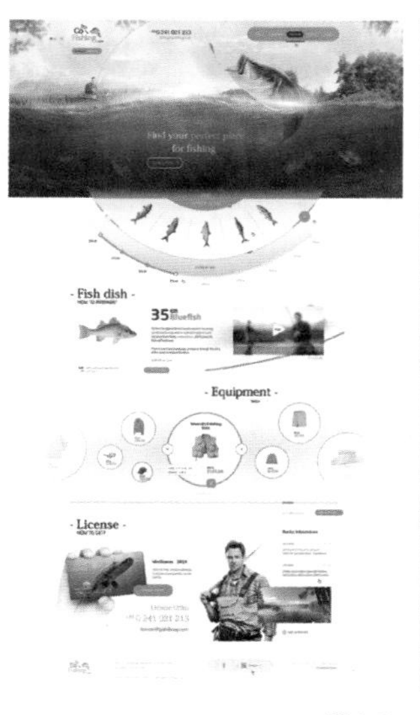

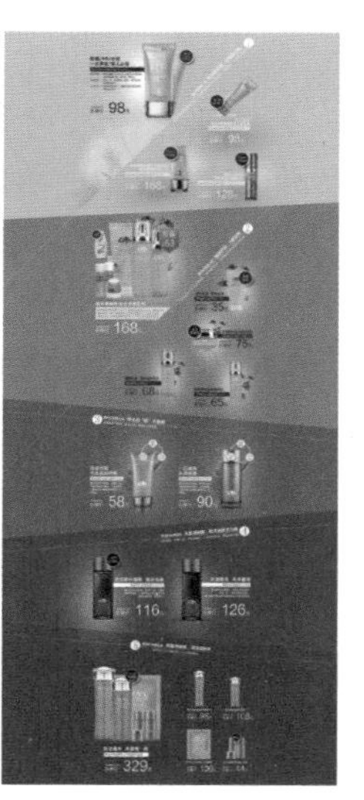

图 1.8

图 1.9

1.2.6 影像创意

影像创意是Photoshop的特长。利用Photoshop强大的图像处理与合成功能，可以将一些看似风马牛不相及的元素组合在一起，从而得到或妙趣横生、或炫丽精美的图像效果，如图1.9所示。

1.2.7 视觉表现

简单来说，视觉表现就是结合各种图像元素、不同的色彩及版面编排，给人以强烈的视觉冲击力，如图1.10所示。

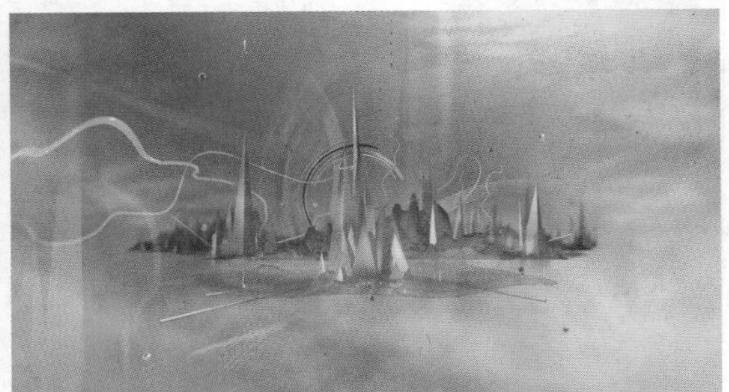

图 1.10

视觉表现在国外已经是一个比较成熟的行业，虽然不会像上述应用领域那样直接创造价值，却间接地影响了其他大部分领域，因为这些设计作品希望能够在视觉上更加突出，给人以或美观、或震撼的视觉效果，以吸引浏览者的目光。

1.2.8 概念设计

所谓概念设计，简单说就是对某一事物重新进行造型、质感等方面的定义，形成一个针对该事物的新标准。在产品设计的前期，通常要进行概念设计。除此之外，在许多电影及游戏中都需要进行角色或道具的概念设计。

如图1.11所示为汽车的概念设计稿，如图1.12所示为公司大巴的概念设计稿。

图 1.11

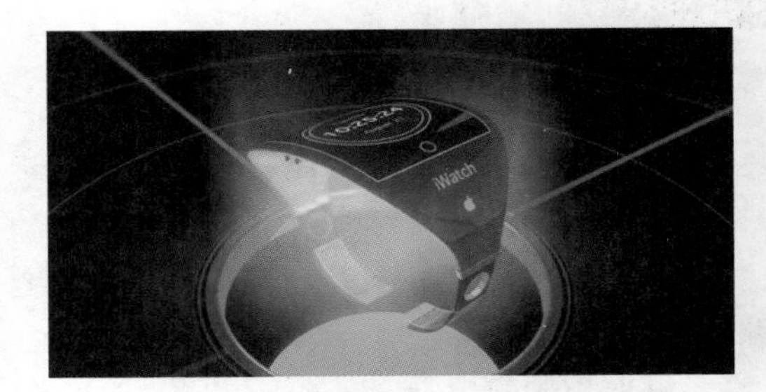

图 1.12

1.2.9 游戏设计

游戏设计是近年来迅速成长起来的一个新兴行业。在游戏策划及开发阶段都要大量使用Photoshop技术来设计游戏的人物、场景、道具、装备、操作界面。如图1.13所示为使用Photoshop设计的游戏角色造型。

图 1.13

1.2.10 插画绘制

插画绘制是近年来才慢慢走向成熟的行业。随着出版及商业设计领域工作业务的逐步细分，商业插画的需求不断扩大，从而使以前许多将插画绘制作为个人爱好的插画艺术家开始为出版社、杂志社、图片社、商业设计公司绘制插画。如图1.14所示为3张使用Photoshop完成的插画作品。

图1.14

1.2.11 摄影后期处理

随着数码相机的不断普及，人们的摄影技术也有了很大提高，但拍摄出的照片仍然千差万别、良莠不齐，这不仅与摄影技术的水平有关，还与照片的后期处理水平有关。后期处理已经被公认为摄影的重要组成部分，从摄影爱好者的作品，到商业领域拍摄，经过后期处理的照片随处可见。如图1.15和图1.16所示分别是两组后期处理前后的照片效果对比。

图 1.15

图 1.16

1.2.12 UI设计

用户界面（User Interface，UI）设计是指对软件的人机交互、操作逻辑、界面美观的整体设计。从日常工作必不可少的电脑到随身携带的手机，在其中运行各类软件时，可以看到形式多样的界面，人们常常希望看到更精致小巧的图标，更符合人们需求的功能按钮，更赏心悦目的布局等，这样的界面不仅可以满足视觉享受，更重要的是，其简洁合理的设计可以让使用者更得心应手，甚至是大幅度提高工作效率。为了使用户在与机器接触的过程中更轻松亲切，如何使产品的使用界面更人性化与个性化，就成为厂商致力解决的问题，并由此衍生出一门全新的设计学科，即UI设计。如图1.17所示为一些优秀的UI设计作品。

图 1.17

1.2.13 艺术文字

利用Photoshop可以使原本普通、平常的文字发生各种各样的变化，并利用这些艺术化处理后的文字为图像增加效果，如图1.18所示。

图 1.18

1.2.14 效果图后期调整

虽然大部分建筑效果需要在3ds Max中制作，但其后期修饰多数是在Photoshop中完成。如图1.19所示为原室内效果图。如图1.20所示为对原室内效果图进行后期调整后的效果。

图 1.19

图 1.20

1.2.15 绘制或处理三维材质贴图

使用三维软件能够制作出精良的模型，但是如果不能为模型设置逼真的材质贴图，那么也得不到好的渲染效果。实际上，在制作材质贴图时，除了要依靠三维软件本身具有的功能外，掌握在Photoshop中制作材质贴图的方法也非常重要。

如图1.21所示为一个室内效果图的线框模型效果。如图1.22所示为使用在Photoshop中处理过的纹理图像为模型赋予材质贴图后进行渲染的效果（其中，磨砂玻璃及墙面的纹理效果均经过Photoshop处理）。

图 1.21

图 1.22

1.3 了解Photoshop工作界面

1.3.1 开始工作区

启动Photoshop 2020后，默认情况下会显示“开始”工作区，其中包含基本的菜单栏、工具选项栏，以及“新建”命令、“打开”命令、最近打开的文件列表等。默认情况下，当前没有打开任何图像文件时，均会显示该工作区。

> 提示：由于“开始”工作区需要加载界面元素及最近的文件列表等资源，因此可能会导致加载速度较慢。如果不喜欢或不习惯，可以使用Ctrl+K组合键，在弹出的“首选项”对话框的左侧列表中选择“常规”，然后在右侧列表取消选中，没有打开的文档时，显示“开始”工作区选项即可。

1.3.2 工作界面基本组成

正式打开一个图像文件后，才会显示完整的工作界面，如图1.23所示。

图 1.23

根据功能的划分，大致可以分为以下几部分。

❶ 菜单。

❷ 工具箱。

❸ 工具选项栏。

❹ 搜索工具、教程和Stock内容。

❺ 工作区控制器。

❻ 当前操作的文档。

❼ 面板。

❽ 状态栏。

下面分别介绍Photoshop软件界面中各个部分的功能及使用方法。

1.3.3 菜单

Photoshop包括上百个命令，虽然看起来有些复杂，但只要了解每个菜单命令的特点，就能很容易地掌握这些菜单中的命令。

许多菜单命令能够通过快捷键调用，部分菜单命令与面板菜单中的命令重合。在操作过程中，真正使用菜单命令的情况并不多，无须因为这上百个命令产生学习的心理负担。

1.3.4 工具箱

1. 工具箱简介

执行“窗口”|“工具”命令，可以显示或者隐藏工具箱。

Photoshop工具箱中的工具极为丰富，其中许多工具都非常有特点，使用这些工具可以完成绘制图像、编辑图像、修饰图像、制作选区等操作。

2. 增强的工具提示

在Photoshop 2020中，为了让用户更容易了解常用工具的功能，专门提示了增强的动态工具提示，简单来说就是当光标置于某个工具上时，会显示一个简单的显示动画及相应的功能说明，帮助用户快速了解此工具的作用。如图1.24所示是将光标置于套索工具上时显示的提示。

图 1.24

3. 选择隐藏的工具

在工具箱中可以看到，部分工具的右下角有一个小三角图标，这表示该工具组中尚有隐藏工具未显示。下面以多边形套索工具为例，讲解如何选择及隐藏工具。

01 将光标置于套索工具的图标上，该工具图标呈高亮显示。

02 在此工具上右击。此时，Photoshop 会显示出该工具组中所有工具的图标，如图 1.25 所示。

03 拖动光标至多边形套索工具的图标上，

如图 1.26 所示，即可将其激活为当前使用的工具。

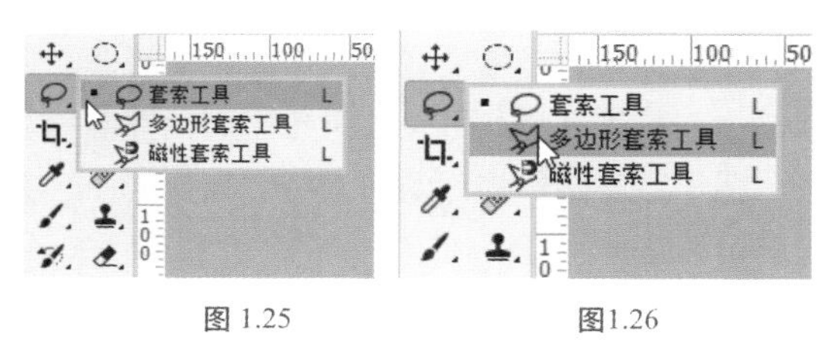

图 1.25　　　　图1.26

上面所讲述的操作适用于选择工具箱中的任何隐藏工具。

1.3.5 工具选项栏

选择工具后，大多数情况下还需要设置其工具选项栏中的参数，这样才能够更好地使用工具。在工具选项栏中列出的通常是单选按钮、下拉列表、参数数值框等。

1.3.6 搜索工具、教程和Stock内容

从2017版开始，Photoshop增加了搜索功能，用户可以使用Ctrl+F组合键或单击工具选项栏右侧的“搜索”按钮，以显示“搜索”面板，在文本框中输入要查找的内容，即可在下方显示搜索结果，如图1.27所示。

图1.27

默认情况下，显示的是“全部”搜索结果，用户也可以指定分类结果。当选择Photoshop选项时，可显示Photoshop软件内部的工具、命令、面板、预设、打开文档、图层等搜索结果；选择“学习”选项时，将显示帮助及学习内容等搜索结果；选择Stock选项时，可以显示Adobe Stock图像（包括位图及矢量图）。另外，在Photoshop 2020中，若使用Lightroom CC 2018同步照片至云端，还可以选择“Lr照片”选项，以查找符合条件的照片。

1.3.7 工作区控制器

工作区控制器，顾名思义，就是可用于控制Photoshop的工作界面。具体来说，用户可以按照自己的喜好布置工作界面，设置快捷键以及工具栏等，然后单击工具选项栏最右侧的“工作区控制器”按钮，在弹出的菜单中执行“新建工作区”命令，以将其保存起来。

如果在工作一段时间后，工作界面变得很零乱，可以选择调用自己保存的工作区，将工作界面恢复至自定义状态。

用户也可以根据自己的工作需要，调用软件自带的工作区布局。例如，如果经常从事数码照片后期修饰工作，可以直接调用“摄影”工作区，以隐藏平时用不到的工具。

1.3.8 当前操作的文档

当前操作的文档是指将要或正在用Photoshop进行处理的文档。下面讲解如何显示和管理当前操作的文档。

只打开一个文档时，总是被默认为当前操作的文档；打开多幅图像时，如果要激活其他文档为当前操作的文档，可以执行下列操作之一。

- 在图像文件的标题栏或图像上单击即可切换至此文档，并将其设置为当前操作的文档。
- 使用Ctrl+Tab组合键，可以在各个图像文件之间进行切换，并将其激活为当前操作的文档，但该操作的缺点是在图像文件较多时，操作起来较为烦琐。

- 执行“窗口”命令，在菜单的底部将出现当前打开的所有图像的名称，此时选择需要激活的图像文件名称，即可将其设置为当前操作的文档。

1.3.9 面板

Photoshop具有多个面板，每个面板都有各自不同的功能。例如，与图层相关的操作大部分被集成在“图层”面板中，如果要对路径进行操作，则需要显示“路径”面板。

虽然面板的数量不少，但在实际工作中使用频繁的只有其中几个，即“图层”面板、“通道”面板、“路径”面板、“历史记录”面板、“画笔”面板和“动作”面板等。掌握这些面板的使用方法，基本上就能够完成工作中大多数复杂的操作。

要显示这些面板，可以在“窗口”菜单中寻找相对应的命令。

> 提示：除了通过执行相应的命令显示面板，也可以使用快捷键显示或者隐藏面板。例如，按F7键，可以显示“图层”面板。记住用于显示各个面板的快捷键，有助于加快操作的速度。

1. 拆分面板

要单独拆分出一个面板时，可以选中对应的图标或标签，并按住鼠标左键，然后将其拖动至工作区中的空白位置，如图1.28所示。

图 1.28

2. 组合面板

通过组合面板可以将两个或多个面板合并到一个面板中，当需要调用其中某个面板时，只需单击其标签名称即可。如果每个面板都单独显示，用于进行图像操作的空间就会大大减少，甚至会影响正常的工作。

要组合面板，可以拖动位于外部的面板标签至想要的位置，直至此位置出现蓝色反光时，如图1.29所示，释放鼠标左键即可完成面板的组合操作。通过组合面板可以将软件的操作界面布置成自己习惯或喜欢的状态，从而提高工作效率。

图 1.29

3. 隐藏/显示面板

在Photoshop中，按Tab键，可以隐藏工具箱及所有已显示的面板，再次按Tab键，可以全部显示。如果仅隐藏所有面板，则可使用Shift+Tab组合键，同样，再次使用Shift+Tab组合键可以全部显示。

1.3.10 状态栏

状态栏位于窗口最底部。此栏能够提供当前文件的显示比例、文件大小、内存使用率、操作运行时间、当前工具等提示信息。在显示比例区的文本框中输入数值，可以改变图像窗口的显示比例。

1.4 图像尺寸与分辨率

如果需要改变图像尺寸，可以执行“图像”|“图像大小”命令，弹出的对话框如图1.30所示。

图 1.30

执行此命令时，首先要考虑是否需使图像的像素发生变化，这一点将从根本上影响图像被修改后的状态。

如果图像的像素总量不变，提高分辨率将缩小其打印尺寸，加大其打印尺寸将降低其分辨率。但图像像素总量发生变化时，可以在加大其打印尺寸的同时保持图像的分辨率不变，反之亦然。

在此分别以在像素总量不变的情况下改变图像尺寸，及在像素总量变化的情况下改变图像尺寸为例，讲解如何使用此命令。

1. 保持像素总量不变

像素总量不变的情况下，改变图像尺寸的操作步骤如下。

01 在“图像大小”对话框中取消选中“重新取样”复选框。左侧提供了图像的预览功能，用户在改变尺寸或进行缩放后，可以在此看到调整后的效果。

02 在对话框的“宽度”文本框、“高度”文本框右侧选择合适的单位。

03 分别在对话框的“宽度”文本框、“高度”文本框中输入小于原值的数值，即可缩小图像的尺寸，此时输入的数值无论大小，对话框中“像素大小”的数值都不会变化。

04 如果在改变其尺寸时，需要保持图像的长宽比，则选中“约束比例”图标（8），否则取消其选中状态。

2. 像素总量发生变化

像素总量变化的情况下，改变图像尺寸的操作步骤如下。

01 确认“图像大小”对话框中的“重新取样”复选框处于选中状态，然后继续下一步的操作。

02 在“宽度”文本框、“高度”文本框右侧选择合适的单位，然后在两个文本框中输入不同的数值即可。

如果在像素总量发生变化的情况下，将图像的尺寸缩小，然后以同样的方法将图像的尺寸加大，则不会保持原图像的细节，因为Photoshop无法恢复已损失的图像细节，这是最容易被初学者忽视的问题之一。

1.5 设置画布尺寸

简单来说，画布用于界定当前图像的范围，用户可以改变画布的尺寸。若加大画布，将在原文档的四周增加空白部分；若缩小画布，导致画布比图像区域小，就会裁剪超出画布的部分。

1.5.1 使用“画布大小”命令编辑画布尺寸

画布尺寸与图像的视觉效果没有太大关系，但会影响图像的打印效果。例如，画布越大，则整个文档的尺寸越大，可打印的尺寸也就相应越大。

执行“图像”|“画布大小”命令，弹出如图1.31所示的对话框。

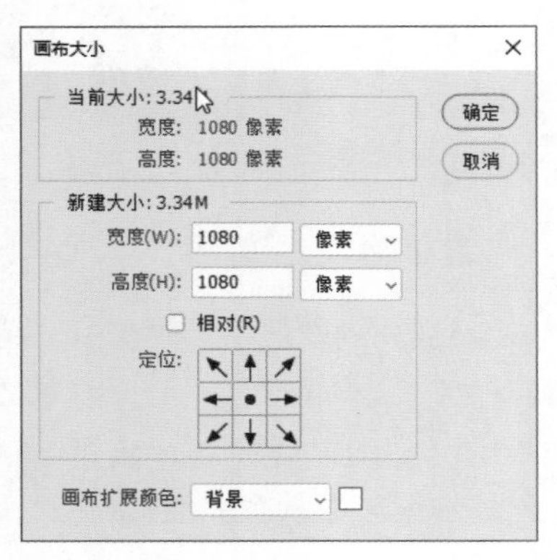

图 1.31

"画布大小"对话框中各参数释义如下。

- 当前大小：显示图像当前的大小、宽度及高度。
- 新建大小：在此文本框中可以输入图像文件的新尺寸数值。刚打开"画布大小"对话框时，此选项区域的数值与"当前大小"选项区域的数值一样。
- 相对：选中此复选框，在"宽度"及"高度"文本框中显示图像新尺寸与原尺寸的差值。此时，在"宽度"及"高度"文本框中如果输入正值，则放大画布，输入负值，则裁剪画布。
- 定位：单击"定位"框中的箭头，可以设置新画布尺寸相对于原尺寸的位置，其中空白框格中的黑色圆点为缩放的中心点。
- 画布扩展颜色：在此下拉列表中可以选择扩展画布后新画布的颜色，也可以单击右侧的色块，在弹出的"拾色器（画布扩展颜色）"对话框中选择一种颜色，为扩展后的画布设置扩展区域的颜色。如图1.32所示为原图像，如图1.33所示为在画布扩展颜色为灰色的情况下，扩展图像画布的效果。

图 1.32

图 1.33

> 提示：如果在"宽度"及"高度"文本框中输入小于原画布大小的数值，将弹出信息提示对话框，单击"继续"按钮，Photoshop将对图像进行裁剪。

1.5.2 改变文档方向

要改变文档可执行"图像"|"图像旋转"命令进行角度调整，各命令的功能释义如下。

- 180度：画布旋转180°。
- 90度（顺时针）：画布顺时针旋转90°。
- 90度（逆时针）：画布逆时针旋转90°。
- 任意角度：可以选择画布的任意方向和角度进行旋转。
- 水平翻转画布：将画布进行水平方向上的镜像处理。
- 垂直翻转画布：将画布进行垂直方向上的镜像处理。

如图1.34所示是垂直翻转的示例。

(a) 原图像

（b）垂直翻转

图 1.34

提示：执行上述命令，可以对整幅图像进行操作，包括图层、通道、路径等。

1.5.3 使用裁剪工具编辑画布

使用裁剪工具 ，除了可以根据需要裁剪掉不需要的像素外，还可以使用多种网络线进行辅助裁剪，在裁剪过程中进行拉直处理，以及决定是否删除被裁剪掉的像素等。

要裁剪图像，可以直接在文档中拖动，并调整裁剪控制框，以确定要保留的范围，如图1.35所示，然后按Enter键确认即可，如图1.36所示。

图1.35

图1.36

在裁剪过程中，若要取消裁剪操作，可以按Esc键。

裁剪工具 的工具选项栏如图1.37所示。

图 1.37

工具选项栏中各选项释义如下。

- 裁剪比例：在此下拉列表中，可以选择裁剪工具 在裁剪时的比例，还可以新建和管理裁剪预设。
- 设置自定长宽比：在此处的数值框中，可以输入裁剪后的宽度及高度像素数值，以精确控制图像的裁剪尺寸。
- “高度和宽度互换”按钮 ：单击此按钮，可以互换当前所设置的高度与宽度的数值。
- “拉直”按钮 ：单击此按钮，可以在裁剪控制框内进行拉直校正处理，特别适合裁剪并校正倾斜的画面。使用时，可以将光标置于裁剪控制框内，然后沿着要校正的图像拉出一条直线，如图1.38所示，释放鼠标左键后，即可自动进行图像旋转，以校正画面的倾斜状态，如图1.39所示是按Enter键确认裁剪后的效果。

图 1.38

图 1.39

- 设置“叠加”选项按钮 ：单击此按钮，在弹出的菜单中，可以选择裁剪图像时的辅助网格及其显示设置。

- “裁剪”选项按钮：单击此按钮，在弹出的菜单中可以设置裁剪的相关参数。
- 删除裁剪的像素：选中此复选框时，确认裁剪后，会将裁剪框以外的像素删除；反之，若是未选中此复选框，则可以保留所有被裁剪掉的像素。当再次选择裁剪工具时，只需要单击裁剪控制框上任意一个控制手柄，或执行任意的编辑裁剪控制框操作，即可显示被裁剪掉的像素，以便重新编辑。
- 内容识别：从Photoshop CC 2017开始，裁剪工具增加了此选项。当裁剪的范围超出当前文档时，就会在超出的范围填充单色或保持透明，如图1.40所示。此时若选中“内容识别”复选框，即可自动对超出范围的区域进行分析并填充内容，如图1.41所示，四角的白色被自动填补。

图 1.40

图 1.41

1.5.4 使用透视裁剪工具编辑画布

从Photoshop CS6开始，过往版本中裁剪工具上的“透视”选项被独立出来，形成一个新的透视裁剪工具，并提供了更为便捷的操控方式及相关选项设置，其工具选项栏如图1.42所示。

图1.42

下面通过实例讲解此工具的使用方法。

01 打开配套素材中的文件“第 1 章\1.5.4- 素材 .jpg”，如图 1.43 所示。在本例中，将对变形的图像进行校正处理。

图 1.43

02 选择透视裁剪工具，将光标置于建筑的左下角位置，如图 1.44 所示。

03 单击此处，添加一个透视控制手柄，然后向上移动光标至下一个点，并配合两点之间的辅助线，使之与左侧建筑的透视关系相符，如图 1.45 所示。

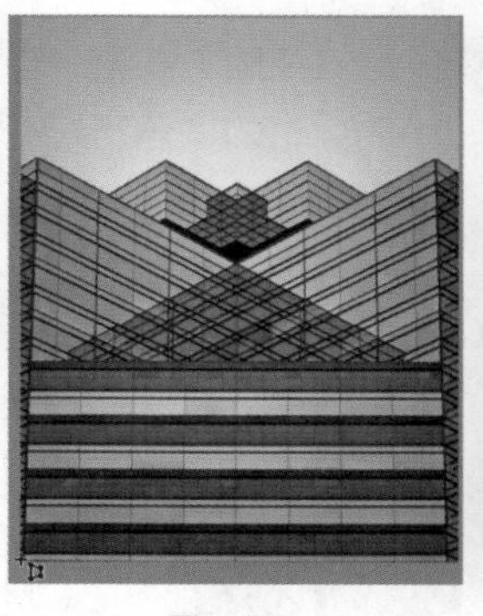

图 1.44

图1.45

04 按照上一步的操作方法，在水平方向上添加第 3 个变形控制手柄，如图 1.46 所示。由于此处没有辅助线可供参考，因此只能目测其倾斜的位置添加变形控制手柄，在后面的操作中再对其进行校正。

05 将光标置于图像右下角的位置，完成一个透视裁剪控制框，如图 1.47 所示。

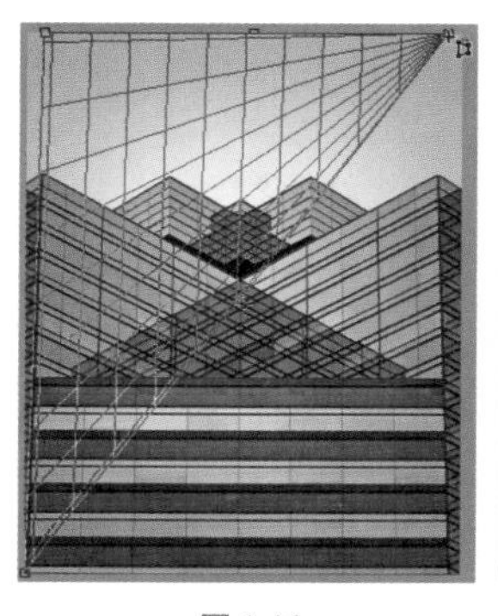

图 1.46

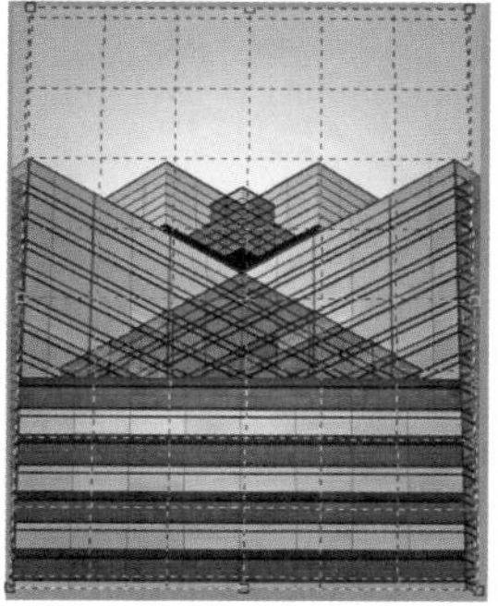

图1.47

06 对右侧的透视裁剪控制框进行编辑，使之更符合右侧的透视校正需要，如图 1.48 所示。

07 确认裁剪完毕后，按 Enter 键，确认变换，得到如图 1.49 所示的最终效果。

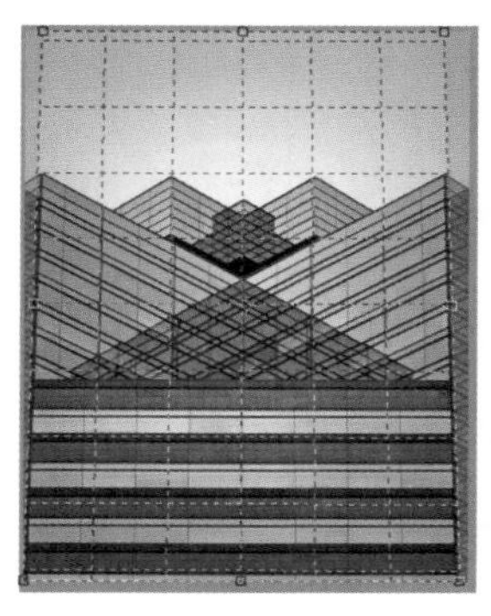

图 1.48

图 1.49

1.6 选择颜色并填充

在使用Photoshop的绘图工具进行绘图时，选择正确的颜色至关重要，本节就来讲解在Photoshop中选择颜色的各种方法。在实际工作中，可以根据需要选择不同的方法。

1.6.1 前景色和背景色

在工具箱底部存在两个颜色设置控件，如图1.50所示，上面的色块用于定义前景色，下面的色块用于定义背景色。

图 1.50

前景色是用于绘图的颜色，可以将其理解为传统绘画中使用的颜料。要设置前景色，单击工具箱中的前景色图标，在弹出的“拾色器（前景色）”对话框中进行设置，如图1.51所示。

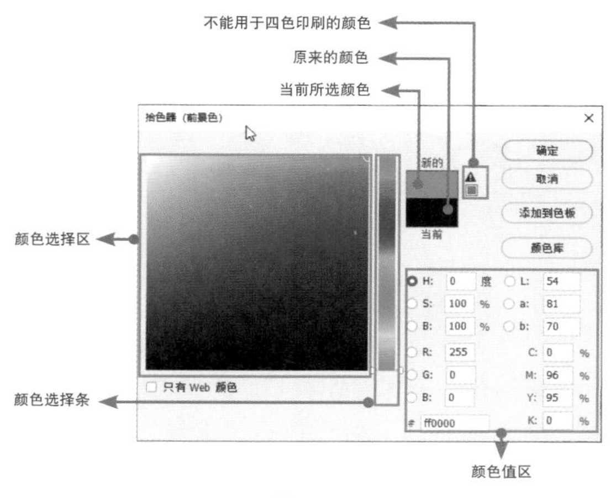

图 1.51

设置前景色的操作步骤如下。

01 拖动颜色选择条中的滑块以设定一种基色。

02 在颜色选择区中单击并选择所需要的颜色。

03 如果知道所需颜色的颜色值，可以在颜色值区的相应数值框中直接输入颜色值或者颜色代码。

04 在“新的”颜色图标的右侧，如果出现▲标记，表示当前选择的颜色不能用于四色印刷。单击此标记，Photoshop 自动选择可以用于印刷并与当前选择最接近的颜色。

05 在“当前”颜色图标的右侧，如果出现◈标记，表示当前选择的颜色不能用于网络显示。单击此标记，Photoshop 自动选择可用于网络显示并与当前选择最接近的颜色。

06 选中“只有 Web 颜色”复选框，其中的颜色均可用于网络显示。

07 根据需要设置颜色后，单击“确定”按钮，工具箱中的前景色图标即显示相应的颜色。

背景色是画布的颜色，根据绘图的要求，可以设置不同的颜色。单击背景色图标，即可显示“拾色器（背景色）”对话框，其设置方法与前景色相同。

1.6.2 最基本的颜色填充操作

使用Alt+Delete组合键或Alt+Backspace组合键，可以使用前景色填充当前图像；使用Ctrl+Delete组合键或Ctrl+Backspace组合键，可以使用背景色填充当前图像。

1.7 纠正操作

1.7.1 使用命令纠错

执行某一错误操作后，如果要返回这一错误操作之前的状态，可以执行“编辑”|“还原”命令。如果在后退之后，又需要重新执行这一命令，则可以执行“编辑”|“重做”命令。

用户不仅能够回退或重做一个操作，如果连续执行“后退一步”命令，还可以连续向前回退，如果连续执行“编辑”|“后退一步”命令后，再连续执行“编辑”|“前进一步”命令，则可以连续重新执行已经回退的操作。

1.7.2 使用“历史记录”面板纠错

“历史记录”面板具有依据历史记录进行纠错的强大功能。如果使用命令无法得到需要的纠错效果，则需要使用此面板进行操作。

此面板几乎记录了完成的每一步操作。通过观察此面板，可以清楚地了解到以前完成的操作步骤，并决定具体回退到哪一个位置，如图1.52所示。

进行一系列操作后，如果需要后退至某一个历史状态，直接在历史记录列表区中单击历史记录的名称，即可使图像的操作状态返回至此，此时在所选历史记录后面的操作都将灰度显示。例如，要回退至“阴影/高光”的状态，可以直接在此面板中单击“阴影/高光”历史记录，如图1.53所示。

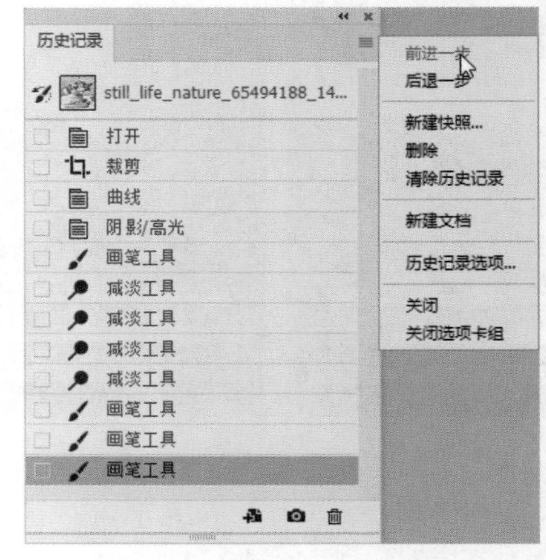

图1.52

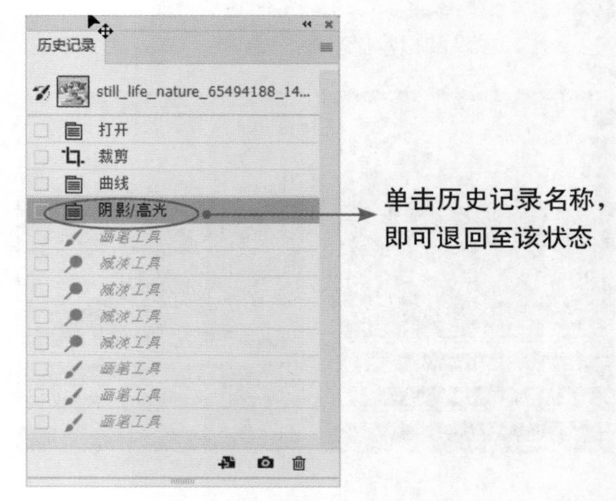

图 1.53

默认状态下，“历史记录”面板只记录最近20步的操作，要改变记录步骤，可执行“编辑”|“首选项”|“性能”命令，或使用Ctrl+K组合键，在弹出的“首选项”对话框中改变“历史记录状态”数值。

第2章 创建与编辑选区

2.1 了解选区的功能

所谓“选择”，就是将图像选中，以便对被选中的图像进行编辑。简单地说，选择的目的就是为了限制操作的范围。

当图像中存在选区时，后面所执行的操作都会被限制在选区中，直至取消选择为止。

选区是由黑白浮动的线条所围绕的区域，由于这些浮动的线条像一队蚂蚁在走动，如图2.1所示，因此围绕选区的线条也被称为“蚂蚁线”，如图2.2所示也是一个选区，只是这个选区选中了图像。

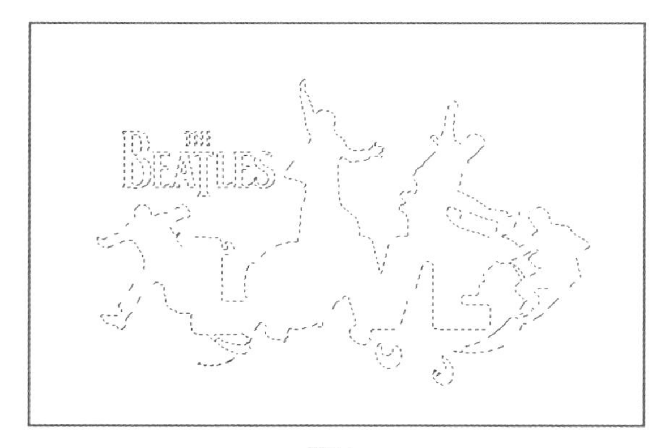

图2.1

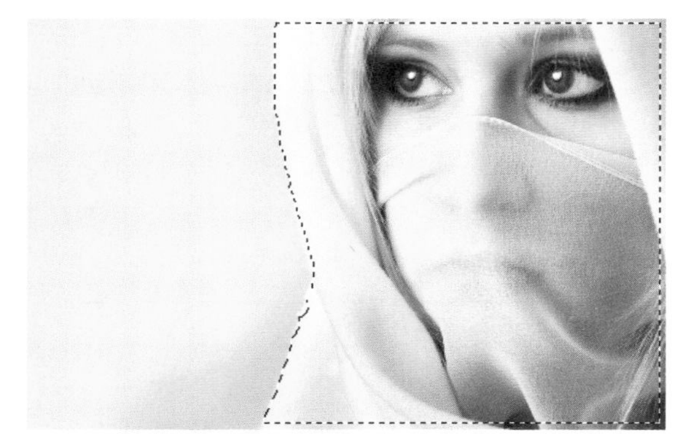

图 2.2

2.2 创建选区

2.2.1 矩形选框工具

利用矩形选框工具可以创建规则的矩形选区。要创建矩形选区，在工具箱中单击矩形选框工具，然后在图像文件中需要创建选区的位置，按住鼠标左键向另一个方向拖动，如图2.3所示。

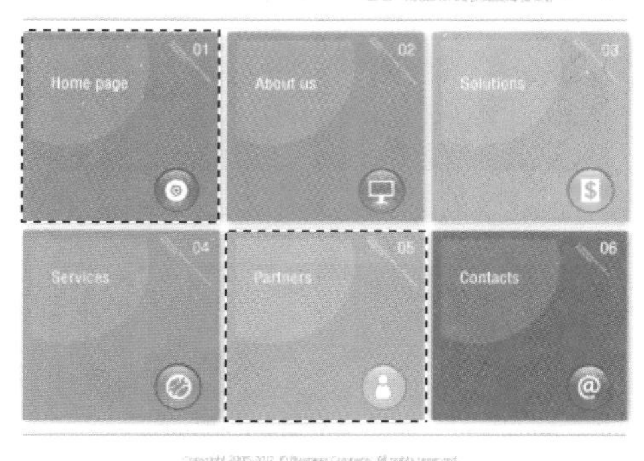

图2.3

以图2.3为例，要选择图像中的矩形区域，可以利用矩形选框工具沿着要被选择的区域进行拖动。

- 选区模式：矩形选框工具有4种工作模式，表现在如图2.4所示的工具选项栏中为4个按钮。要设置选区模式，可以在工具选项栏中通过单击相应的按钮进行选择。

图2.4

选区模式为更灵活地创建选区提供了可能性，可以在已存在的选区基础上执行添加、减去、交叉选区等操作，从而得到不同的选区。

选择任意一种选择类工具，在工具选项栏中都会显示4个选区模式按钮，因此，这里讲解的4个不同按钮的功能具有普遍适用性。

- 羽化：在此数值框中输入数值，可以柔化选区。这样在对选区中的图像进行操作时，可以使操作后的图像更好地与选区外的图像融合。如图2.5所示为矩形选区，在未经羽化的情况下，对其中的图像进行调整后，其调整区域与非调整区域显示出非常明显的边缘，效果如图2.6所示。如果一定程度地羽化选区，其他参数设置相同，进行调整后的图像将不会显示出明显的边缘，效果如图2.7所示。

图 2.5

图 2.6

图 2.7

在选区存在的情况下调整人像照片，尤其需要对选区进行一定的羽化。

- 样式：在此下拉列表中选择不同的选项，可以设置矩形选框工具的工作属性。下拉列表中的正常、固定比例和固定大小3个选项，可以得到3种创建矩形选区的方式。
- 正常：选择此选项，可以自由创建任何宽高比例、任何大小的矩形选区。
- 固定比例：选择此选项，其右侧的“宽度”和“高度”数值框将被激活，在其中输入数值以设置选区高度与宽度的比例，可以得到精确的不同宽高比的选区。例如，在“宽度”数值框中输入1，在“高度”数值框中输入3，可以创建宽高比例为1：3的矩形选区。
- 固定大小：选择此选项，“宽度”和“高度”数值框将被激活，在此数值框中输入数值，可以确定新选区高度与宽度的精确数值，然后在图像中单击，即可创建大小确定、尺寸精确的选区。例如，要为网页创建一个固定大小的按钮，可以在矩形选框工具被选中的情况下，设置其工具选项栏参数如图2.8所示。

图 2.8

- 选择并遮住：在当前已经存在选区的情况下，此按钮将被激活，单击即可弹出“选择并遮住”对话框，以调整选区的状态。

> 提示：如果要使用矩形选框工具创建正方形选区，可以在拖动鼠标的同时按住Shift键；如果希望从某一点出发创建以此点为中心的矩形选区，可以在拖动鼠标的同时按住Alt键；同时使用Alt+Shift组合键创建选区，可以得到从某一点出发的矩形选区。

2.2.2 椭圆选框工具

用椭圆选框工具可以创建正圆形或者椭圆形的选区，其用法与矩形选框工具基本相同，在此不再赘述。选择椭圆选框工具，其工具选项栏如图2.9所示。

图 2.9

椭圆选框工具选项栏中的参数基本和矩形选框工具相似，只是要选中“消除锯齿”复选框。选中此复选框，可以使椭圆形选区的边缘变得比较平滑。

如图2.10所示为在未选中此复选框的情况下创建圆形选区并填充颜色后的效果。如图2.11所示为在选中此复选框的情况下创建圆形选区并填充颜色后的效果。

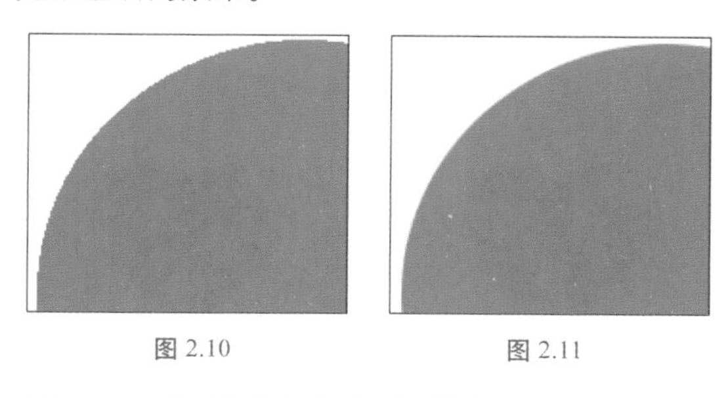

图 2.10　　图 2.11

> 提示：在使用椭圆选框工具创建选区时，尝试分别使用Shift键、Alt+Shift组合键、Alt键，观察效果有什么不同。

2.2.3 套索工具

利用套索工具，可以创建自由手画线式的选区。此工具的特点是灵活、随意，缺点是不够精确，但其应用范围比较广泛。

使用套索工具的步骤如下。

01 选择套索工具，在其工具选项栏中设置适当的参数。

02 按住鼠标左键并拖动，环绕需要选择的图像。

03 要闭合选区，释放鼠标左键即可。

如果光标未到达起始点便释放鼠标左键，则释放点与起始点自动连接，形成具有直边的选区，如图2.12所示，图像上方的黑色点为开始创建选区的点，图像下方的白色点为释放鼠标左键时的点，可以看出两点间自动连接成为一条直线。

图 2.12

与前面介绍的选择类工具相似，套索工具也具有可以设置的选项及参数，由于参数较为简单，在此不再赘述。

2.2.4 多边形套索工具

多边形套索工具用于创建具有直边的选区，如图2.13所示。如果需要选择图中的小猫，可以使用多边形套索工具，在各个边角的位置单击，再将光标放置在起始点上，光标一侧会出现闭合的圆圈，此时单击即可闭合选区。如果光标在非起始点的其他位置，双击也可以闭合选区。

图 2.13

提示：在使用此工具创建选区时，当终点与起始点重合时，可得到封闭的选区；如果需要在创建过程中闭合选区，则可以在任意位置双击，以形成封闭的选区。在使用套索工具与多边形套索工具进行操作时，按住Alt键，看看操作模式会发生怎样的变化。

2.2.5 磁性套索工具

磁性套索工具是一种比较智能的选择类工具，用于选择边缘清晰、对比度明显的图像。此工具可以根据图像的对比度自动跟踪图像的边缘，并沿图像的边缘创建选区。

选择磁性套索工具后，其工具选项栏如图2.14所示。

羽化: 0 像素　消除锯齿　宽度: 10 像素　对比度: 10%　频率: 57　选择并遮住...

图 2.14

- 宽度：在数值框中输入数值，可以设置磁性套索工具搜索图像边缘的范围。此工具以当前光标所处的点为中心，以输入的数值为宽度范围，在此范围内寻找对比度强烈的图像边缘以生成定位锚点。

提示：如果需要选择的图像边缘不是十分清晰，应该将此数值设置小一些，这样得到的选区较精确，但拖动鼠标时，需要沿被选图像的边缘进行，否则极易出现失误。当需要选择的图像具有较好的边缘对比度时，此数值的大小不是十分重要。

- 对比度：此数值框中的百分比数值控制磁性套索工具选择图像时确定定位点所依据的图像边缘反差度。数值越大，图像边缘的反差也越大，得到的选区则越精确。
- 频率：此数值框中的数值对磁性套索工具在定义选区边界时插入定位点的数量起决定性作用。输入的数值越大，插入的定位点越多；反之，越少。

如图2.15所示为分别设置“频率”为10和80时，Photoshop插入的定位点。

(a) 设置“频率”为10　(b) 设置“频率”为80

图 2.15

使用此工具的步骤如下。

01 在图像中单击，定义开始选择的位置，然后围绕需要选择的图像边缘拖动鼠标。

02 将光标沿需要跟踪的图像边缘进行移动，与此同时选择线会自动贴紧图像中对比度最强烈的边缘。

03 操作时如果感觉图像某处边缘不太清晰，会导致得到的选区不精确，可以在该处人为地单击一次以添加一个定位点，如果得到的定位点位置不准确，可以按 Delete 键删除前一个定位点，再重新移动光标以选择该区域。

04 双击，可以闭合选区。

2.2.6 魔棒工具

用魔棒工具 可以依据图像颜色创建选区。使用此工具单击图像中的某一种颜色，即可将在此颜色容差值范围内的颜色选中。选择此工具后，工具选项栏如图2.16所示。

取样大小: 取样点 容差: 32 消除锯齿 连续 对所有图层取样 选择主体 选择并遮住...

图 2.16

- 容差：此数值框中的数值将定义使用魔棒工具 进行选择时的颜色区域，其数值范围为0～255，默认值为32。此数值越小，所选择的像素颜色和单击处的像素颜色越相近，得到的选区越小；反之，被选中的颜色区域越大，得到的选区也越大。如图2.17所示是分别设置“容差”为32和82时选择湖面区域的图像效果，很明显，数值越小，得到的选区也越小。

(a) 设置“容差”为32

(b) 设置“容差”为82

图 2.17

提示：可以尝试设置“容差”为50、100、250，然后分别选择图像，查看此数值发生变化时得到的选区有何异同。

- 连续：选中此复选框，只能选择颜色相近的连续区域；反之，可以选择整幅图像中所有处于“容差”范围内的颜色。例如，在设置“容差”为60时，如图2.18所示是在人物手臂内部的蓝色图像上单击的结果，由于被手臂的深色包围，与其他相近颜色的图像并不连续，因此仅选中了小部分图像。如图2.19所示是取消选中“连续”复选框时创建的选区，可以看出图像中所有与之相似的颜色都被选中了。

图2.18

图2.19

- 对所有图层取样：选中此复选框，无论当前是在哪一个图层中进行操作，魔棒工具 对所有可见颜色都有效。

2.2.7 快速选择工具

使用快速选择工具可以通过调整圆形画笔笔尖来快速创建选区，选中图像并拖动鼠标时，选区会向外扩展并自动查找和跟踪图像中定义的边缘，非常适合主体突出但背景混乱的情况。

如图2.20所示是使用快速选择工具在图像中拖动时的状态，如图2.21所示是将人物以外的区域全部选中后的效果。

图2.20

图2.21

2.2.8 全部命令

执行“选择”|“全部”命令或者使用Ctrl+A组合键，执行全选操作，可以将图像中的所有像素（包括透明像素）选中，在此情况下图像四周显示浮动的黑白线。

2.2.9 色彩范围命令

“选择”|“色彩范围”命令虽然与魔棒工具的操作原理相同，但功能更为强大，可操作性也更强。使用此命令可以从图像中一次得到包含一种颜色或几种颜色的选区。

“色彩范围”命令的使用方法较为简单。执行“选择”|“色彩范围”命令，调出其对话框，如图2.22所示，在要抠选的颜色上单击（此时光标变为吸管状态），再设置适当的参数即可。

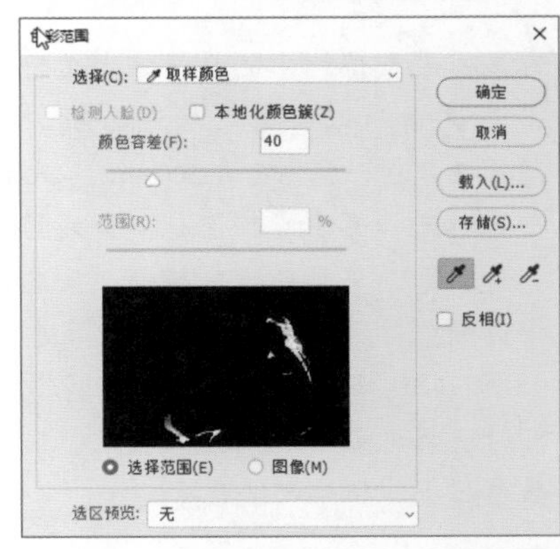

图2.22

值得一提的是，为了尽可能准确地选择目标区域，可以在抠选前将目标范围大致选择出来，如图2.23所示。

图2.23

然后使用“色彩范围”命令进行进一步选择，如图2.24所示。

图2.24

“色彩范围”对话框中的重要参数释义如下。

- 颜色容差：拖动此滑块，可以改变选取颜色的范围，数值越大，选取的范围越大。
- 本地化颜色簇：选中此复选框后，其下方的“范围”滑块将被激活，通过改变此参数，将以吸取颜色的位置为中心，用一个羽化的圆形限制选择的范围。该值为最大值时，则完全不受限制。如图2.25所示是选中“本地化颜色簇”复选框并设置“范围”时的前后效果对比。

图2.25

- 检测人像：从Photoshop CS6开始，“色彩范围”命令新增了检测人脸功能。使用此命令创建选区时，可以自动根据检测到的人脸进行选择，对人像摄影或日常修饰人物的皮肤非常有用。要启用“人脸检测”功能，首先要选中“本地化颜色簇”复选框，然后再选中“检测人脸”复选框，此时会自动选中人物的面部，以及与其色彩相近的区域，如图2.26所示。利用此功能，可以快速选中人物的皮肤，并进行适当的美白或磨皮处理等，如图2.27所示。

图2.26

图2.27

- 颜色吸管：在“色彩范围”对话框中，提供了3个工具，可用于吸取、增加或减少选择的色彩。默认情况下，选择的是吸管工具，使用此工具单击照片中要选择的颜色区域，此区域内所有相同的颜色将被选中。如果需要选择几个不同的颜色区域，可以在选择一种颜色后，单击“添加到取样”按钮，再单击其他需要选择的颜色区域。如果需要在已有的选区中去除某部分选区，可以单击“从取样中减去”按钮，再单击其他需要去除的颜色区域。

2.2.10 焦点区域命令

用“焦点区域”命令可以分析图像中的焦点，从而自动将其选中。用户也可以根据需要，调整和编辑选择范围。

如图2.28所示为原图像，执行“选择”|“焦点区域”命令，将弹出如图2.29所示的对话框，默认情况下，选择结果如图2.30所示。

图 2.28

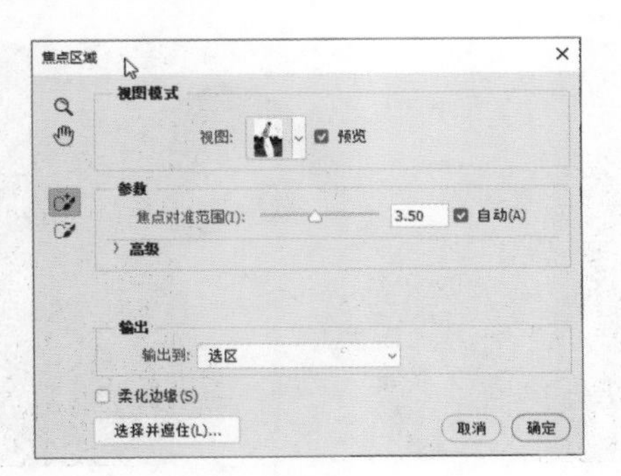

图 2.29

图 2.30

拖动其中的“焦点对准范围”滑块，或在后面的文本框中输入数值，可调整焦点范围。此数值越大，选择范围越大，反之，选择范围越小，如图2.31所示是将此数值设置为5.12时的选择结果。

另外，可以使用其中的焦点区域添加工具和焦点区域减去工具增加或减少选择的范围，使用方法与快速选择工具基本相同，如图2.32所示是使用焦点区域减去工具减选下方的人物以外图像后的效果。

图 2.31

图 2.32

得到满意的结果后，可在“输出到”下拉列表中选择结果的输出方式，选项及功能与“选择并遮住”命令相同，故不再详细讲解。

通过上面的操作可以看出，此命令的优点在于能够快速选择主体图像，大大提高选择工作的效率。其缺点是对毛发等细节较多的图像，很难进行精确抠选，此时可以在调整结果的基础上，单击对话框中的“选择并遮住”按钮，使用“选择并遮住”命令继续进行抠选处理。

2.3 编辑选区

2.3.1 调整选区的位置

移动选区的操作十分简单。使用任何一种选择类工具，将光标放置在选区内，此时光标会变为形，表示可以移动，直接拖动选区，即可将其移动至图像的另一处。如图2.33所示为移动前后的效果对比。

(a) 原选区

(b) 移动后的选区

图 2.33

提示：如果要限制选区移动的方向为45°的增量，可以先开始拖动，然后按住Shift键继续拖动；如果需要按1个像素的增量移动选区，可以使用键盘上的方向键；如果需要按10个像素的较大增量移动选区，可以按住Shift键，再按方向键。

2.3.2 反向选择

执行“选择”|“反向”命令或使用Ctrl+Shift+I组合键，可以在图像中反转选区与非选区，使选区成为非选区，非选区则成为选区。

2.3.3 取消当前选区

执行“选择”|“取消选择”命令，可以取消当前存在的选区。

在选区存在的情况下，使用Ctrl+D组合键，也可以取消选区。

2.3.4 羽化选区

执行“选择”|“修改”|“羽化”命令，可以将生硬边缘的选区处理得更加柔和，执行该命令后弹出的对话框如图2.34所示，设置的“羽化半径”越大，选区的效果越柔和。另外，在选中“应用画布边界的效果”复选框后，靠近画布边界的选区也会被羽化，反之则不会对靠近画布边界的选区进行羽化。

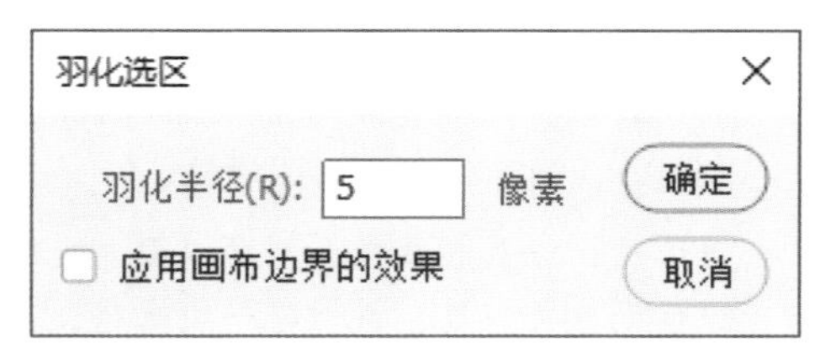

图 2.34

如图2.35所示为原选区，如图2.36所示是为选区设置10像素的羽化半径后，再填充白色的效果。

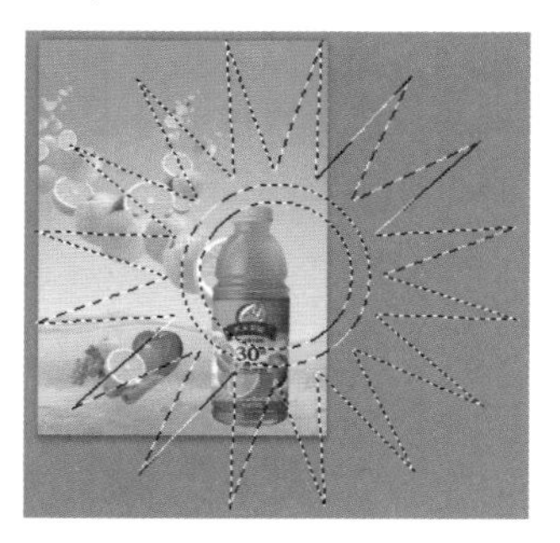

图 2.35

图 2.36

实际上，除了使用“羽化”命令来柔化选区外，各个选区创建工具同样具备羽化功能，如矩形选框工具 和椭圆选框工具 ，在这两个工具的工具选项栏中都有一个非常重要的参数，即“羽化”。

提示：如果要使用选择工具的“羽化”功能，必须在创建选区前，在工具选项栏中输入数值。如果创建选区后，在“羽化”文本框中输入数值，此选区不会受到影响。

2.3.5 综合性选区调整——选择并遮住命令

从Photoshop CC 2017开始，原“调整边缘”命令更名为“选择并遮住”，以更突出其功能，并将原来的对话框形式改为了在新的工作区中操作，从而更利于预览和处理。

使用时，首先沿着图像边缘创建大致的选区，然后执行“选择”|“选择并遮住”命令，

或在各个选区创建工具的工具选项栏上单击“选择并遮住”按钮，即可显示一个专用的工作箱及“属性”面板，如图2.37所示。

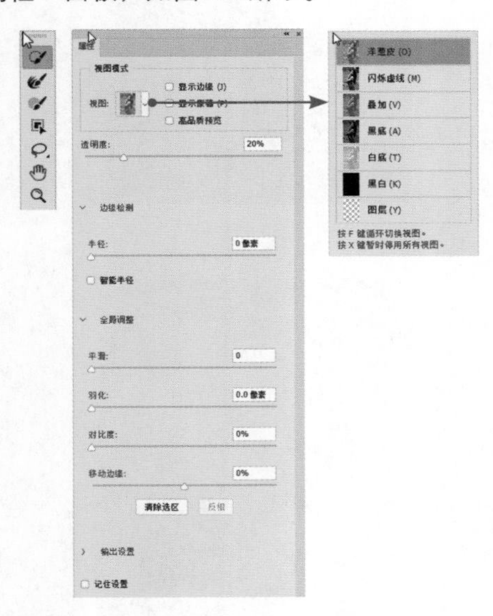

图 2.37

下面讲解“选择并遮住”命令的工具及“属性”面板中各参数的功能。

1．视图模式

此区域中的各参数释义如下。

- 视图：在此列表中，Photoshop依据当前处理的图像，生成了实时的预览效果，以满足不同的查看需求。根据此列表底部的提示，按F键可以在各个视图之间进行切换，按X键则只显示原图。
- 显示边缘：选中此复选框后，将根据在“边缘检测”区域中设置的“半径”数值，仅显示半径范围以内的图像。
- 显示原稿：选中此复选框后，将依据原选区的状态及所设置的视图模式进行显示。
- 高品质预览：选中此复选框后，可以以更高的品质进行预览，但同时会占用更多的系统资源。

2．边缘检测

此区域中的各参数释义如下。

- 半径：此处可以设置检测边缘时的范围。
- 智能半径：选中此复选框后，将依据当前图像的边缘自动进行取舍，以获得更精确的选择结果。

对如图2.38所示的参数进行设置后，如图2.39所示是预览得到的效果。

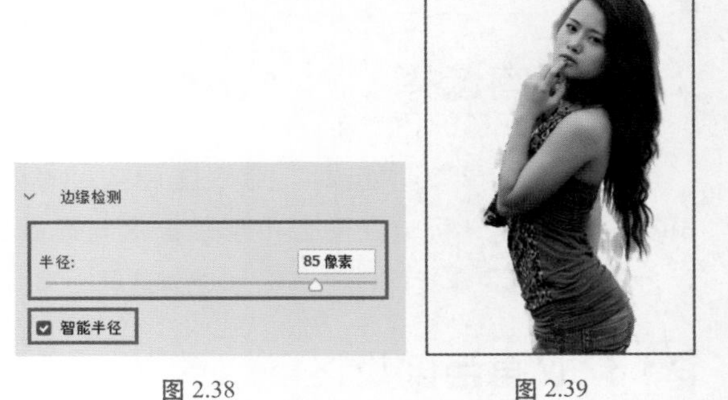

图 2.38　　图 2.39

3．全局调整

此区域中的各参数释义如下。

- 平滑：当创建的选区边缘非常生硬，甚至有明显的锯齿时，可使用此选项来进行柔化处理，如图2.40所示。

图 2.40

- 羽化：此参数与“羽化”命令的功能基本相同，是用来柔化选区边缘的。
- 对比度：设置此参数，则可以设置选择并遮住的虚化程度，数值越大边缘越锐化。通常用于创建比较精确的选区，如图2.41所示。
- 移动边缘：该参数与“收缩”和“扩展”命令的功能基本相同，向左侧拖动滑块，则可以收缩选区，而向右侧拖动可以扩展选区。

图 2.41

4．输出设置

此区域中的各参数释义如下。

- 净化颜色：选中此复选框后，下面的“数量”滑块被激活，拖动滑块，可以去除选择后的图像边缘的杂色。如图2.42所示就是选中此复选框并设置适当参数后的效果对比，可以看出，处理后的结果被过滤掉了原有的诸多绿色杂边。
- 输出到：在此下拉列表中，可以选择输出的结果。

图 2.42

5．工具箱

在“选择并遮住”工作区中，可以利用工具箱里的工具对抠图结果进行调整，其中的快速选择工具、缩放工具、抓手工具及套索工具在前面章节中已经介绍过，下面主要说明此命令特有的工具。

- 画笔工具：此工具与Photoshop中的画笔工具同名，但此处的画笔工具用于增加抠选的范围。
- 调整边缘画笔工具：使用此工具可以擦除部分多余的选择结果。当然，在擦除过程中，Photoshop仍然会自动对擦除后的图像进行智能优化，以得到更好的选择结果。如图2.43所示为擦除前后的效果对比。
- 对象选择工具：使用此工具可以定义一个范围，然后Photoshop在此范围内查找并自动选择一个对象。

图 2.43

如图2.44所示是继续进行细节修饰后的抠图结果及将其应用于写真模板后的效果。

图 2.44

需要注意的是，“选择并遮住”命令相对于通道或其他专门用于抠图的软件及方法而言，其功能还是比较简单的，因此无法用此命令抠取高品质的图像，通常用于要求不太高的情况，或图像对比非常强烈的情况，以达到快速抠图的目的。

第3章 调整图像色彩

3.1 反相命令——反相图像色彩

执行“图像”|“调整”|“反相”命令，可以反相图像色彩。对于黑白图像而言，使用此命令可以将其转换为底片效果；对于彩色图像而言，使用此命令可以将图像中的各种颜色转换为其补色。

如图3.1所示为原图像。如图3.2所示为使用“反相”命令后的效果。

图 3.1

图 3.2

使用此命令对图像的局部进行操作，也可以得到惊艳的效果。

3.2 亮度/对比度命令——快速调整图像亮度

执行“图像”|“调整”|“亮度/对比度”命令，可以对图像进行全局调整。此命令属于粗略式调整命令，其操作方法不够精细，因此不能作为调整颜色的首选。

执行“图像”|“调整”|“亮度/对比度”命令，弹出如图3.3所示的对话框。

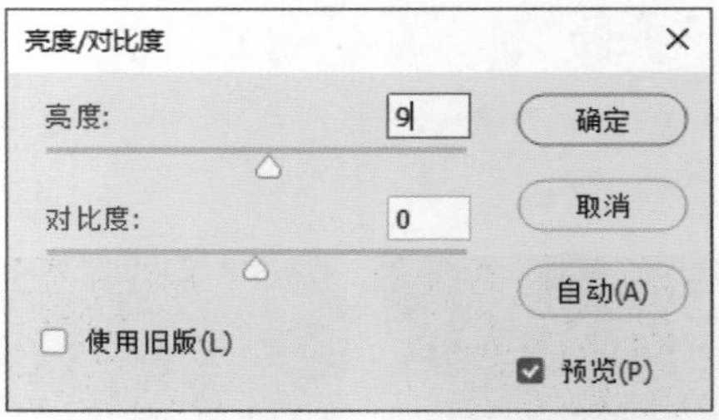

亮度/对比度
亮度: 9
对比度: 0
确定
取消
自动(A)
使用旧版(L)
预览(P)

图 3.3

“亮度/对比度”对话框中各参数释义如下。

- 亮度：用于调整图像的亮度。数值为正时，增加图像亮度；数值为负时，降低图像的亮度。
- 对比度：用于调整图像的对比度。数值为正时，增加图像的对比度；数值为负时，降低图像的对比度。
- 使用旧版：选中此复选框，可以使用早期版本的“亮度/对比度”命令来调整图像，默认情况下，使用新版的功能进行调整。在调整图像时，新版命令仅对图像的亮度进行调整，色彩的对比度保持不变。
- 自动：单击此按钮，即可自动对当前图像进行亮度及对比度的调整。

如图3.4所示为原图像，如图3.5所示是使用此命令调整后的效果。

图 3.4

图 3.5

3.3 阴影/高光命令——恢复图像的暗调及高光细节

“阴影/高光”命令专门用于处理在拍摄中因用光不当导致局部过亮或过暗的照片。执行“图像”|“调整”|“阴影/高光”命令，弹出如图3.6所示的“阴影/高光”对话框。

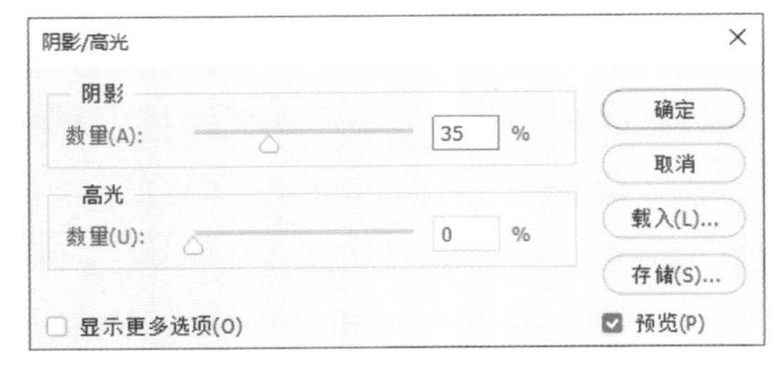

图 3.6

“阴影/高光”对话框中各参数释义如下。

- 阴影：拖动“数量”滑块或者在文本框中输入相应的数值，可以改变暗部区域的明亮程度。其中，数值越大（即滑块的位置越偏向右侧），则调整后的图像暗部区域越亮。
- 高光：拖动“数量”滑块或者在文本框中输入相应的数值，可以改变高亮区域的明亮程度。其中，数值越大（即滑块的位置越偏向右侧），则调整后的图像高亮区域越暗。

如图3.7所示为原图像，如图3.8所示为执行该命令后显示阴影区域细节的效果。

图 3.7

图 3.8

3.4 自然饱和度命令——风景色彩专调功能

使用“图像”|“调整”|“自然饱和度”命令调整图像时，可以使颜色的饱和度不会溢出，即只针对照片中不饱和的色彩进行调整。摄影后期处理中，此命令非常适合调整风光照片，以提

高其中蓝色、绿色及黄色的饱和度。需要注意的是，对于人像类照片，或带有人像的风景照片，并不太适合直接使用此命令进行编辑，否则可能会导致人物的皮肤色彩失真。执行此命令后，弹出的对话框如图3.9所示。

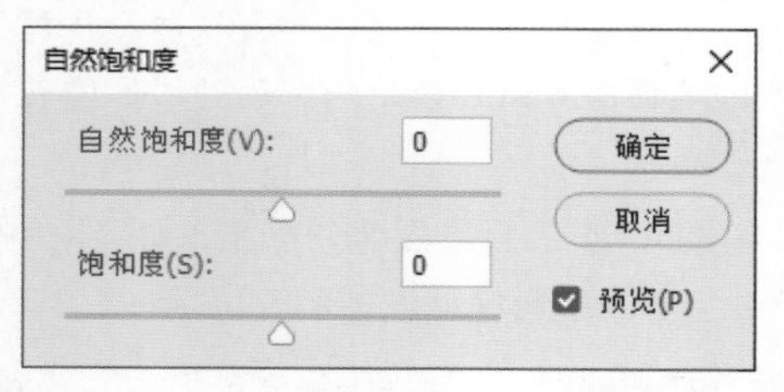

图 3.9

"自然饱和度"对话框中各参数释义如下。

- 自然饱和度：拖动此滑块，可以调整那些与已饱和的颜色相比不饱和的颜色的饱和度，用以获得更加柔和、自然的照片效果。
- 饱和度：拖动此滑块，可以调整照片中所有颜色的饱和度，使所有颜色获得等量的饱和度调整，因此使用此滑块可能导致照片的局部颜色过度饱和，但与"色相/饱和度"对话框中的"饱和度"参数比，此处的参数仍然对风景照片进行了优化，不会有特别明显的过度饱和问题，使用时稍加注意即可。

如图3.10所示为原图像，如图3.11所示就是使用此命令调整后的效果。

图 3.10

图 3.11

3.5 色相/饱和度命令——调整图像颜色

使用"色相/饱和度"命令可以依据不同的颜色分类进行调色处理，常用于改变照片中某一部分图像的颜色（如将绿叶调整为红叶，替换衣服颜色等）及其饱和度、明度等属性。另外，此命令还可以直接为照片进行统一的着色操作，从而得到单色照片效果。

使用Ctrl+U组合键或执行"图像"|"调整"|"色相/饱和度"命令即可调出其对话框，如图3.12所示。

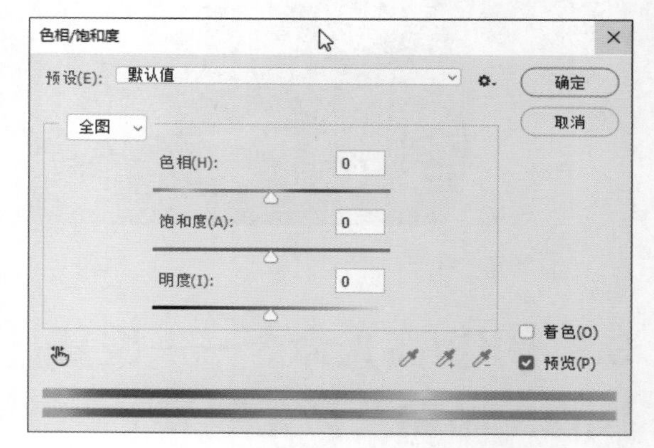

图 3.12

在对话框顶部的下拉列表中选择"全图"选项，可以同时调整图像中的所有颜色，或者选择某一颜色成分（如"红色"等）单独进行调整。

另外，可以使用位于"色相/饱和度"对话框底部的吸管工具，在图像中吸取颜色并修改颜色范围。使用添加到取样工具可以扩大颜色范围；使用从取样中减去工具可以缩小颜色范围。

> 提示：使用吸管工具时，按住Shift键，可以扩大颜色范围；按住Alt 键，可以缩小颜色范围。

"色相/饱和度"对话框中各参数释义如下。

- 色相：可以调整图像的色调，无论是向左还是向右拖动滑块，都可以得到新的色相。

- 饱和度：可以调整图像的饱和度。向右拖动滑块，可以增加饱和度；向左拖动滑块，可以降低饱和度。
- 明度：可以调整图像的亮度。向右拖动滑块，可以增加亮度；向左拖动滑块，可以降低亮度。
- 颜色条：在对话框的底部有两个颜色条，代表颜色在色轮中的次序及选择范围。上面的颜色条显示调整前的颜色，下面的颜色条显示调整后的颜色。
- 着色：选中此复选框时，可将当前图像转换为某一种色调的单色调图像。如图3.13所示是将照片处理为单色前后的效果对比。

图 3.13

下面通过实例讲解使用“色相/饱和度”命令将照片中的绿叶调整为红叶的方法，其操作步骤如下。

01 打开配套素材中的文件“第 3 章 \3.5-2- 素材 .jpg”，如图 3.14 所示。

图 3.14

02 使用 Ctrl+U 组合键或执行“色相 / 饱和度”命令，在弹出的对话框的下拉列表中选择要调整的颜色。首先，因为要调整照片中的树木，需要选择“绿色”选项，并调整参数，如图 3.15 所示，从而将绿色树木调整为红色，如图 3.16 所示。

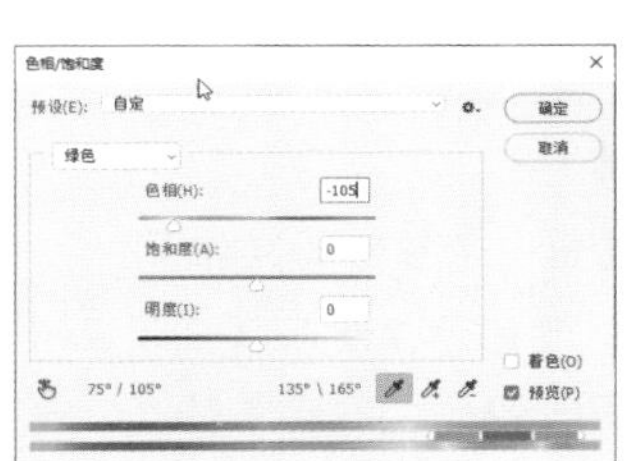

图 3.15

图 3.16

03 保持“色相 / 饱和度 1”调整图层为当前图层，在下拉列表中选择“黄色”选项，并拖动“色相”及“饱和度”滑块，如图 3.17 所示，使其颜色变得更鲜艳，如图 3.18 所示。

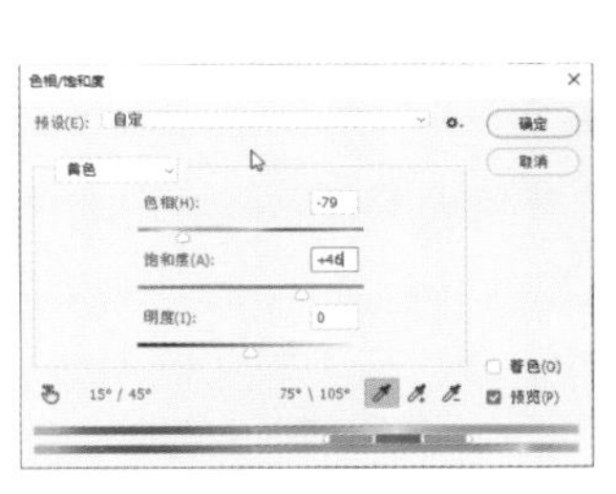

图 3.17

图 3.18

04 调整完毕后，单击“确定”按钮即可。

3.6 色彩平衡命令——校正或为图像着色

用“色彩平衡”命令可以通过增加某一颜色的补色，从而达到去除某种颜色的目的。例如，增加红色时，可以消除照片中的青色，当青色完全消除时，即可为照片叠加更多的红色。此命令常用于校正照片的偏色，或为照片叠加特殊的色调。

执行“图像”|“调整”|“色彩平衡”命令，弹出如图3.19所示的“色彩平衡”对话框。

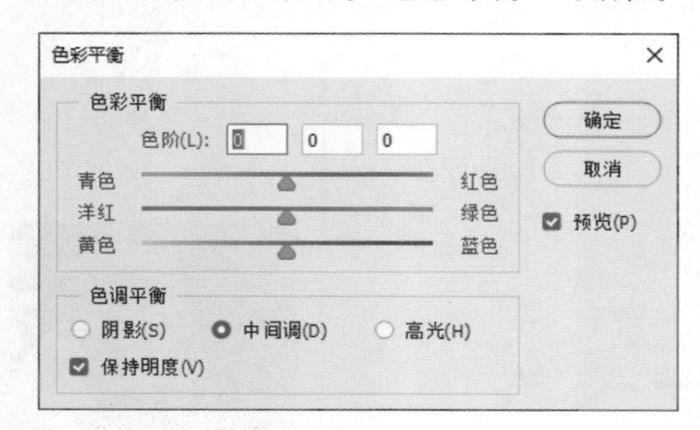

图 3.19

“色彩平衡”对话框中各参数释义如下。

- 颜色调整滑块：颜色调整滑块区显示互补的CMYK和RGB颜色。在调整时可以通过拖动滑块增加该颜色在图像中的比例，同时减少此颜色的补色在图像中的比例。例如，要减少图像中的蓝色，可以将“蓝色”滑块向“黄色”方向拖动。
- 阴影、中间调、高光：单击对应的单选按钮，然后拖动滑块即可调整图像中这些区域的颜色值。
- 保持明度：选中此复选框，可以保持图像的亮调，即在操作时只有颜色值可以被改变，像素的亮度值不可以被改变。

使用“色彩平衡”命令调整图像的操作步骤如下。

01 打开配套素材中的文件“第 3 章\3.6- 素材 .jpg”，如图 3.20 所示，图像存在偏色。

图 3.20

02 执行“图像”|“调整”|“色彩平衡”命令，分别单击阴影、中间调、高光 3 个单选按钮，设置对话框中的参数如图 3.21 ～图 3.23 所示。

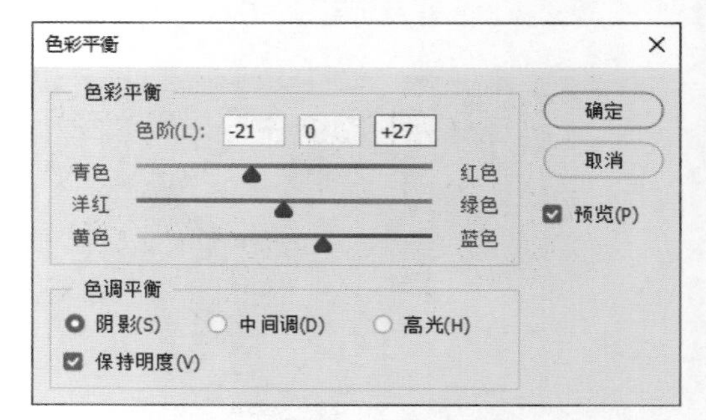

图 3.21

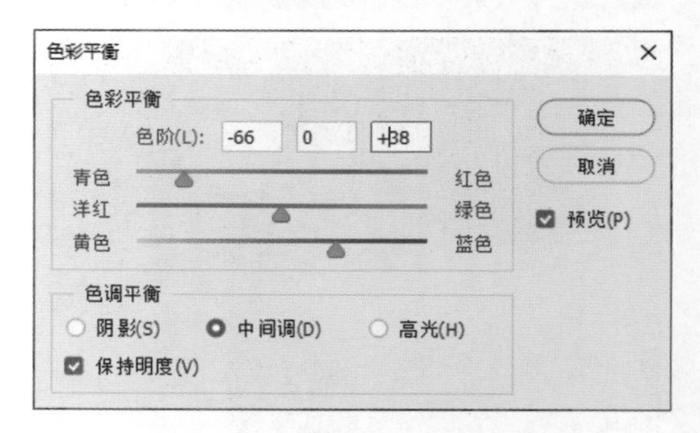

图 3.22

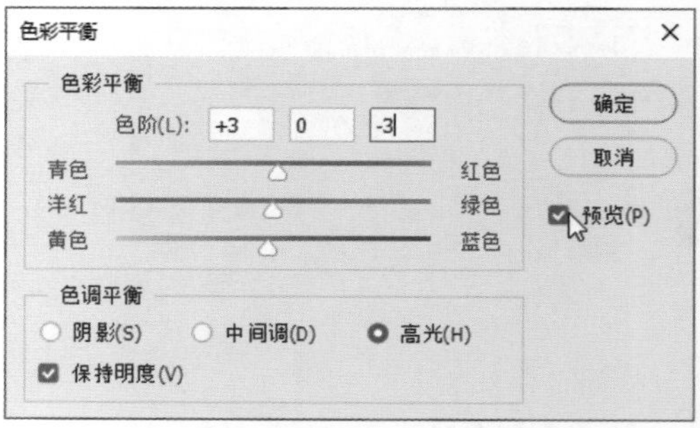

图 3.23

03 单击“确定”按钮，效果如图 3.24 所示。

图 3.24

3.7 照片滤镜命令——改变图像的色调

使用“照片滤镜”命令，可以通过模拟传统光学滤镜的特效调整图像的色调，使其具有暖色调或者冷色调的倾向，也可以根据实际情况自定义其他色调。执行“图像”|“调整”|“照片滤镜”命令，弹出如图3.25所示的“照片滤镜”对话框。

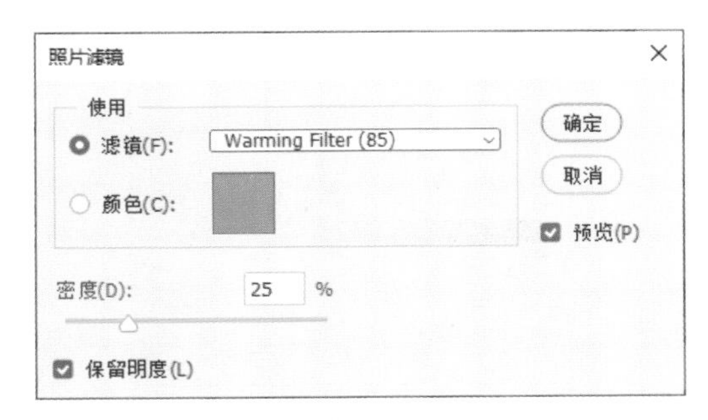

图 3.25

“照片滤镜”对话框中各参数释义如下。

- 滤镜：在其下拉列表中有多达20种预设选项，可以根据需要进行选择，以对图像进行调整。
- 颜色：单击此色块，在弹出的“拾色器（照片滤镜颜色）”对话框中可以自定义一种颜色作为图像的色调。
- 密度：可以调整应用于图像的颜色数量。数值越大，应用的颜色调整越多。
- 保留明度：选中此复选框，在调整颜色的同时保持原图像的亮度。

下面讲解如何利用“照片滤镜”命令改变图像的色调，其操作步骤如下。

01 打开配套素材中的文件“第 3 章\3.7- 素材.jpg”，如图 3.26 所示。

02 执行“图像”|“调整”|“照片滤镜”命令，在弹出的“照片滤镜”对话框中设置以下参数。

- 加温滤镜：可以将图像调整为暖色调。
- 冷却滤镜：可以将图像调整为冷色调。

03 参数设置完毕后，单击“确定”按钮退出对话框。

图 3.26

如图3.27所示为经过调整后图像色调偏冷的效果。

图 3.27

3.8 渐变映射命令——快速为照片叠加色彩

“渐变映射”命令的主要功能是将渐变效果作用于图像，可以将图像中的灰度范围映射到指定的渐变填充色。例如，如果指定了一个双色渐变，则图像中的阴影区域映射到渐变填充的一个端点颜色，高光区域映射到渐变填充的另一个端点颜色，中间调区域映射到两个端点间的层次部分。

> 提示：关于渐变的设置与编辑，请参见本书第6章。

执行“图像”|“调整”|“渐变映射”命令，弹出如图3.28所示的对话框。

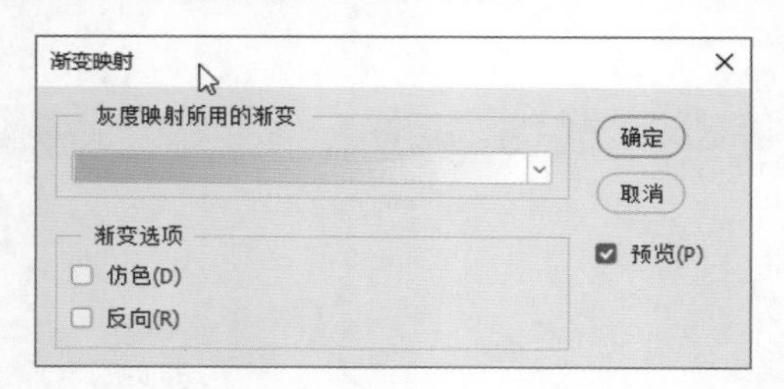

图 3.28

“渐变映射”对话框中各参数释义如下。

- 灰度映射所用的渐变：在此区域中单击渐变色条，弹出“渐变编辑器”对话框，在其中自定义所要应用的渐变；也可以单击渐变色条右侧的⌄按钮，在弹出的“渐变拾色器”面板中选择预设的渐变。
- 仿色：选中此复选框，添加随机杂色以平滑渐变填充的外观，并减少宽带效果。
- 反向：选中此复选框，会按反方向映射渐变。

如图3.29所示为原图像，如图3.30所示是用“渐变映射”命令调整得到的金色夕阳效果，其渐变设置如图3.31所示。

图 3.29

图 3.30

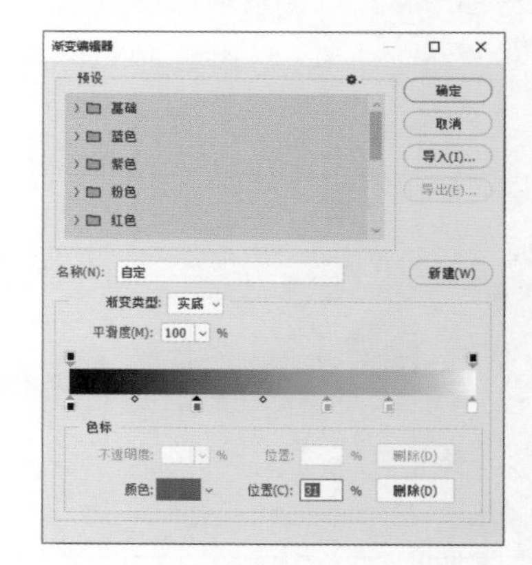

图 3.31

3.9 黑白命令——制作单色图像效果

使用“黑白”命令可以将照片处理为灰度或者单色调的图像效果。处理人文类或需要表现特殊意境的照片时经常会用到此命令。

执行“图像”|“调整”|“黑白”命令，弹

出如图3.32所示的对话框。

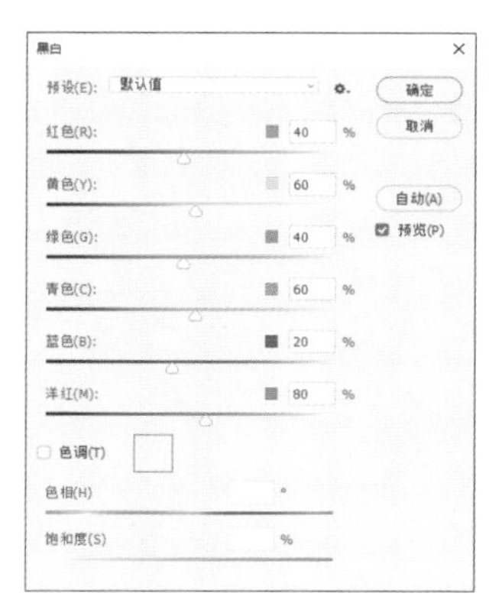

图 3.32

“黑白”对话框中各参数释义如下。

- 预设：在此下拉列表中，可以选择Photoshop自带的多种图像处理选项，从而将图像处理为不同程度的灰度效果。
- 红色、黄色、绿色、青色、蓝色、洋红：分别拖动各颜色滑块，即可对原图像中对应颜色的区域进行灰度处理。
- 色调：选中此复选框后，对话框底部的两个色条及右侧的色块将被激活。其中，两个色条分别代表了“色相”和“饱和度”参数，可以拖动滑块或者在文本框中输入数值以调整出要叠加到图像中的颜色；也可以直接单击右侧的色块，在弹出的“拾色器（色调颜色）”对话框中选择需要的颜色。

如图3.33所示为原图像，如图3.34所示是使用此命令进行调整后的效果。

图 3.33

图 3.34

3.10 色阶命令——中级明暗及色彩调整

“色阶”命令是图像调整过程中使用较频繁的命令之一，此命令可以改变图像的明暗度、中间色和对比度。在调色时，常使用此命令的设置灰场工具 执行校正偏色处理。此外，在“通道”下拉列表中选择不同的通道，也可以对照片的色彩进行处理。

1. 调整图像亮度

此命令的用法如下。

01 打开配套素材中的文件“第 3 章 \3.10-1- 素材 .jpg”，如图 3.35 所示。

图 3.35

02 使用Ctrl+L组合键或执行“图像”|“调整”|“色阶”命令，弹出如图 3.36 所示的对话框。

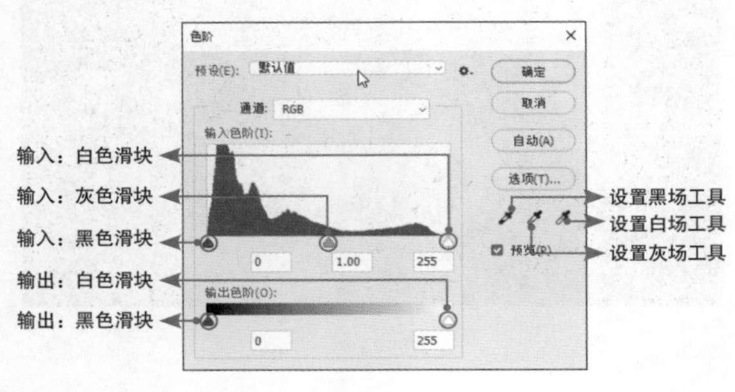

图 3.36

在“色阶”对话框中，拖动“输入色阶”直方图下面的滑块，或在对应文本框中输入参数值，以改变图像的高光、中间调或暗调，从而增加图像的对比度。

- 向左拖动“输入色阶”中的白色滑块或灰色滑块，可以使图像变亮。
- 向右拖动“输入色阶”中的黑色滑块或灰色滑块，可以使图像变暗。
- 向左拖动“输出色阶”中的白色滑块，可降低图像亮部对比度，从而使图像变暗。
- 向右拖动“输出色阶”中的黑色滑块，可降低图像暗部对比度，从而使图像变亮。

03 使用对话框中的各个吸管工具在图像中单击取样，可以通过重新设置图像的黑场、白场或灰点调整图像的明暗。

- 使用设置黑场工具在图像中单击，可以使图像基于单击处的色值变暗。
- 使用设置白场工具在图像中单击，可以使图像基于单击处的色值变亮。
- 使用设置灰场工具在图像中单击，可以在图像中减去单击处的色调，以减弱图像的偏色。

04 在此下拉列表中选择要调整的通道名称。如果当前图像是 RGB 颜色模式，“通道”下拉列表中包括 RGB、红、绿和蓝 4 个选项；如果当前图像是 CMYK 颜色模式，“通道”下拉列表中包括 CMYK、青色、洋红、黄色和黑色 5 个选项。在本实例中将对通道 RGB 进行调整。

> 提示：为保证图像在印刷时的准确性，需要定义一下黑、白场的详细数值。

05 定义白场。双击“色阶”对话框中的设置白场工具，在弹出的“拾色器（目标高光颜色）”对话框中设置数值为（R：244，G：244，B：244）。单击“确定”按钮，关闭对话框，此时再定义白场，则以此颜色作为图像中的最亮色。

06 定义黑场。双击“色阶”对话框中的设置黑场工具，在弹出的“拾色器（目标阴影颜色）”对话框中设置数值为（R：10，G：10，B：10）。单击“确定”按钮，关闭对话框，此时定义黑场，则以此颜色作为图像中的最暗色。

07 使用设置白场工具在白色裙子上如图 3.37 所示的位置单击，使裙子图像恢复为原来的白色，单击“确定”按钮，关闭对话框。

08 使用设置黑场工具在右侧阴影上如图 3.38 所示的位置单击，加强图像的对比度，单击“确定”按钮，关闭对话框。

图 3.37　　图 3.38

09 至此，已经将图像的颜色恢复为正常，但为了保证印刷品质，还需要使用吸管工具配合“信息”面板，查看图像中是否存在纯黑或纯白的图像，然后按照上面的方法继续使用“色阶”命令对其进行调整。

2. 调整照片的灰场以校正偏色

在素材照片中，不可避免地会遇到一些偏色的照片，而使用“色阶”对话框中的设置灰场工具可以轻松解决这个问题。用设置灰场工具纠正偏色操作的方法很简单，只需要使用吸管单击照片中某种颜色，即可在照片中消除或减弱此种颜色，从而纠正照片中的偏色状态。

如图3.39所示为原图像，如图3.40所示为使用设置灰场工具在照片中单击后的效果，可以看出由于去除了部分蓝像素，照片中的人像面部呈现出红润的颜色。

图 3.39

图 3.40

> 提示：使用设置灰场工具单击的位置不同，得到的效果也不同，因此需要特别注意。

3.11 曲线命令——高级明暗及色彩调整

“曲线”命令是Photoshop中用于调整照片最为精确的一个命令。调整照片时，可以通过在对话框中的曲线上添加控制点并调整其位置，对照片进行精确调整。使用此命令除了可以精确调整照片亮度与对比度外，还可通过在“通道”下拉列表中选择不同的通道选项，以进行色彩调整。

使用“曲线”命令调整图像的操作步骤如下。

01 打开配套素材中的文件“第 3 章 \3.11-1- 素材 .jpg”，如图 3.41 所示。

图 3.41

02 使用Ctrl+M组合键或执行“图像”|“调整”|“曲线”命令，弹出如图 3.42 所示的“曲线”对话框。

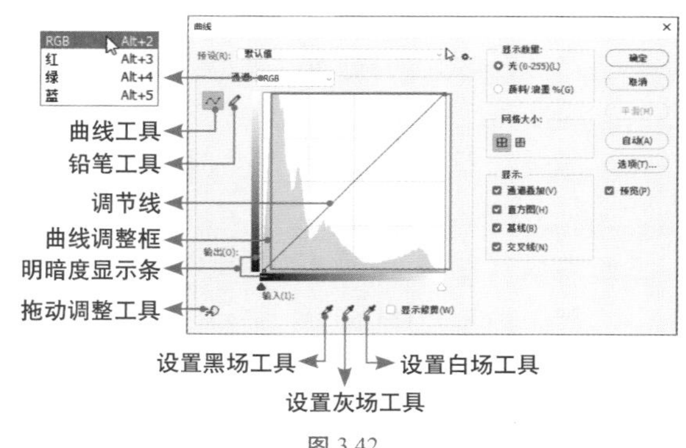

图 3.42

“曲线”对话框中参数释义如下。

- 预设：除了可以手动编辑曲线调整图像外，还可以直接在“预设”下拉列表中选择一个Photoshop自带的调整选项。
- 通道：与“色阶”命令相同，在不同的颜色模式下，此下拉列表中将显示不同的选项。
- 曲线调整框：此区域用于显示当前对曲线进行的修改。按住Alt键，在该区域中单击，可以增加网格的显示数量，从而便于对图像进行精确调整。

- 明暗度显示条：即曲线调整框左侧和底部的渐变条。横向的显示条为图像在调整前的明暗度状态，纵向的显示条为图像在调整后的明暗度状态。如图3.43所示为分别向上和向下拖动节点时，此点图像在调整前后的对应关系。

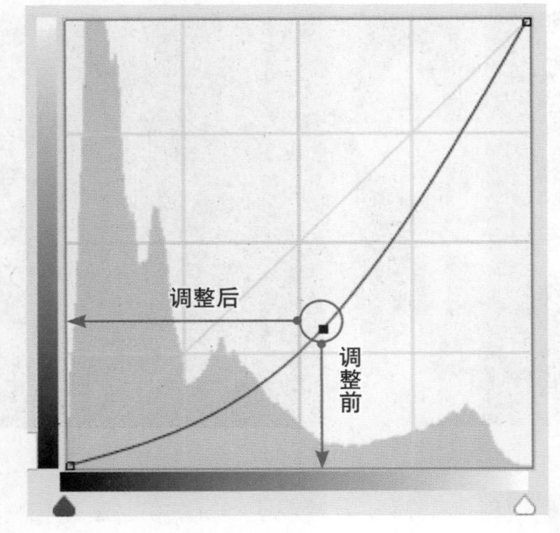

图 3.43

- 调节线：在此直线上可以添加最多不超过14个节点，当光标置于节点上并变为✥状态时，就可以拖动节点对图像进行调整。要删除节点，可以选中并将节点拖至对话框外部，或在选中节点的情况下，按Delete键。
- 曲线工具：使用此工具可以在曲线上添加控制点，将以曲线方式调整调节线。
- 铅笔工具：使用"曲线"对话框中的铅笔工具可以通过手绘方式在曲线调整框中绘制曲线。
- 平滑：当使用"曲线"对话框中的铅笔工具绘制曲线时，此按钮才会被激活，单击此按钮，可以让所绘制的曲线变得更加平滑。

03 在"通道"下拉列表中选择要调整的通道名称。默认情况下，未调整前的图像"输入"与"输出"值相同，因此在"曲线"对话框中表现为一条直线。

04 在曲线上单击增加一个变换控制点，向上拖动此点，如图 3.44 所示，即可调整图像对应色调的明暗度，如图 3.45 所示。

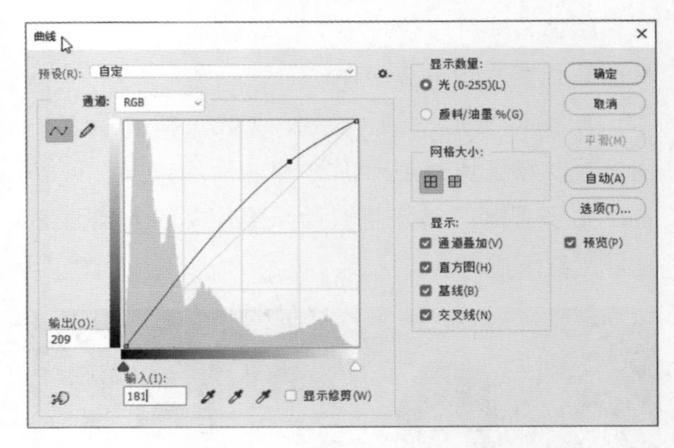

图 3.44

图 3.45

05 如果需要调整多个区域，可以在曲线上单击多次，以添加多个变换控制点。对于不需要的变换控制点，可以按住 Ctrl 键单击此点，将其删除。如图 3.46 所示为添加另一个控制点并拖动时的状态，如图 3.47 所示是调整后得到的图像效果。

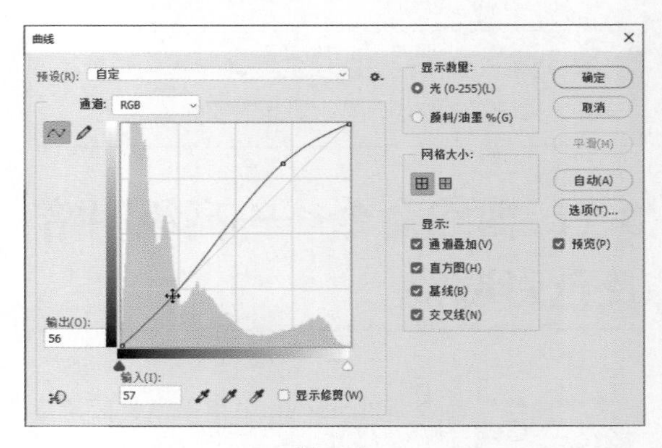

图 3.46

图 3.47

06 设置好对话框中的参数后，单击“确定”按钮，即可完成图像的调整操作。

在“曲线”对话框中使用拖动调整工具，可以在图像中通过拖动的方式快速调整图像的色彩及亮度。如图3.48所示是选择拖动调整工具后，光标位于要调整的图像位置时的状态。如图3.49所示，由于当前光标所在位置曝光不足，因此将向上拖动鼠标以提亮图像，此时的“曲线”对话框如图3.50所示。

图 3.48

图 3.49

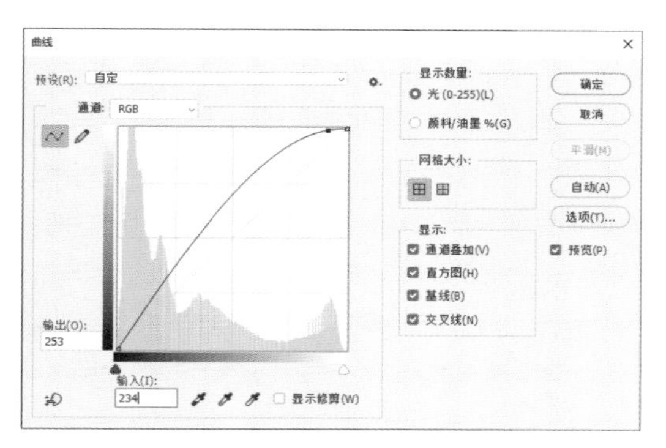

图 3.50

在上面处理图像的基础上，再将光标置于阴影区域要调整的位置，如图3.51所示。按照前面所述的方法，此时将向下拖动鼠标以调整阴影区域，如图3.52所示。此时的“曲线”对话框如图3.53所示。

图 3.51

图 3.52

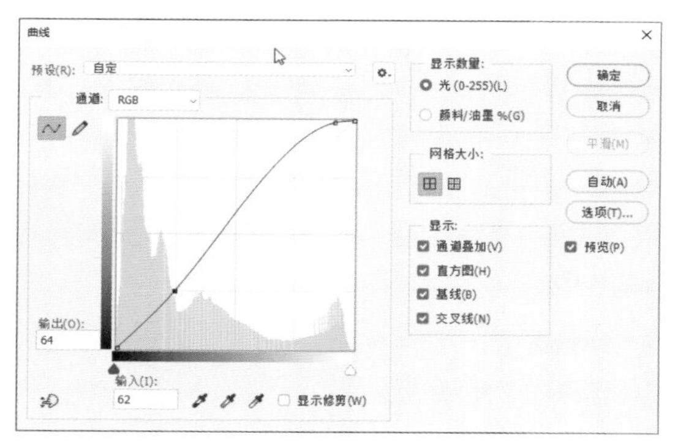

图 3.53

通过上面的实例可以看出，只是拖动调整工具的操作方法不同，而调整原理没有任何变化。例如，利用S形曲线可以增加图像的对比度，而在“曲线”对话框中通过编辑曲线可以创建S形曲线。在实际运用过程中，可以根据需要，选择某种方式调整图像。

3.12 可选颜色命令——通过颜色增减的调整

相对于其他调整命令，“可选颜色”命令的原理较难理解。具体来说，就是通过为一种选定的颜色，增减青色、洋红、黄色及黑色，从而实现改变色彩的目的。掌握了此命令的用法后，可以制作各种特殊色调的照片效果。

执行“图像”|“调整”|“可选颜色”命令即可调出其对话框。

下面将以如图3.54所示的RGB三原色为例，讲解此命令的工作原理。

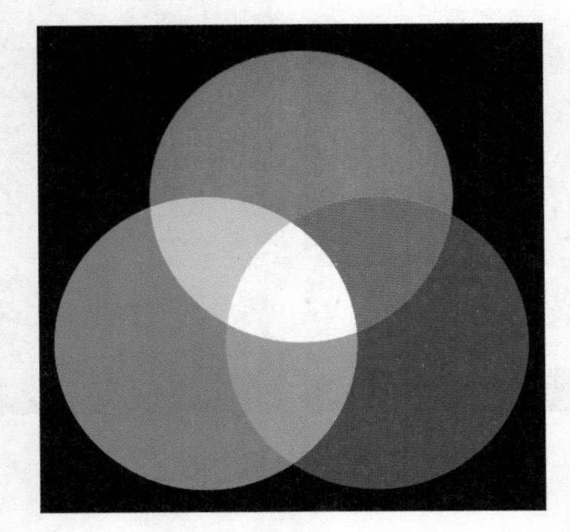

图 3.54

如图3.55所示，在“颜色”下拉列表中选择“红色”选项，表示对该颜色进行调整，并在选中“绝对”单选按钮后，向右侧拖动“青色”滑块至100%。

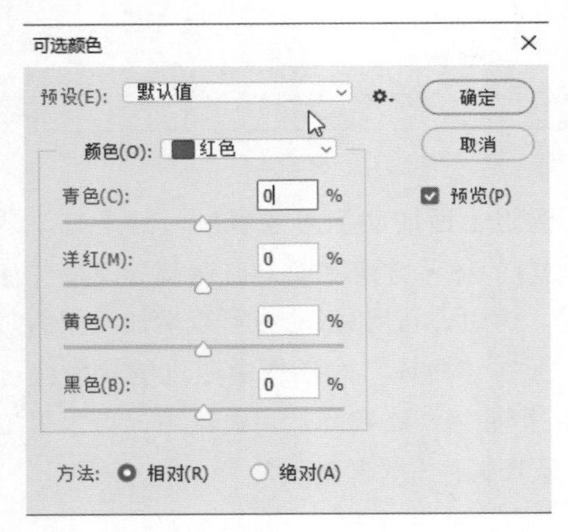

图 3.55

由于红色与青色是互补色，增加青色时，红色就相应变少。增加青色至100%时，红色完全消失，变为黑色，如图3.56所示。

图 3.56

虽然使用此命令的效果没有其他调整命令那么直观，但熟练掌握之后，就可以实现多样化的调整。如图3.57所示是使用此命令进行色彩调整前后的效果对比。

图 3.57

第4章 修复与修饰图像

4.1 仿制图章工具

使用仿制图章工具和“仿制源”面板，可以复制图像的局部，并十分灵活地仿制图像。仿制图章工具的选项栏如图4.1所示。

模式: 正常 不透明度: 100% 流量: 100% 0° 对齐 样本: 当前图层

图 4.1

在使用仿制图章工具进行复制的过程中，图像参考点位置将显示一个十字准心，而在操作处将显示代表笔刷大小的空心圆，在“对齐”复选框被选中的情况下，十字准心与操作处显示的图标或空心圆间的相对位置与角度不变。

仿制图章工具选项栏中的重要参数释义如下。

- 对齐：在此复选框被选中的状态下，整个取样区域仅应用一次，即使操作由于某种原因而停止，再次使用仿制图章工具进行操作时，仍可从上次操作结束时的位置开始；如果未选中此复选框，则每次停止操作后再继续绘画时，都将从初始参考点位置开始应用取样区域。
- 样本：在此下拉列表中可以选择定义源图像时所取的图层范围，包括当前图层、当前和下方图层、所有图层3个选项，从其名称可以理解定义样式时所使用的图层范围。
- “忽略调整图层”按钮：在“样本”下拉列表中选择“当前和下方图层”或“所有图层”选项时，此按钮将被激活，单击此按钮，将在定义源图像时忽略图层中的调整图层。

使用仿制图章工具复制图像的操作步骤如下。

01 打开配套素材中的文件“第4章/4.1-素材.jpg”，如图4.2所示。在本例中，将去除人物面部的光斑。

图 4.2

02 选择仿制图章工具，并设置其工具选项栏，如图4.3所示。按住Alt键，在左下方没有光斑的面部图像上单击以定义源图像，如图4.4所示。

模式: 正常 不透明度: 80% 流量: 100% 0° 对齐 样本: 所有图层

图 4.3

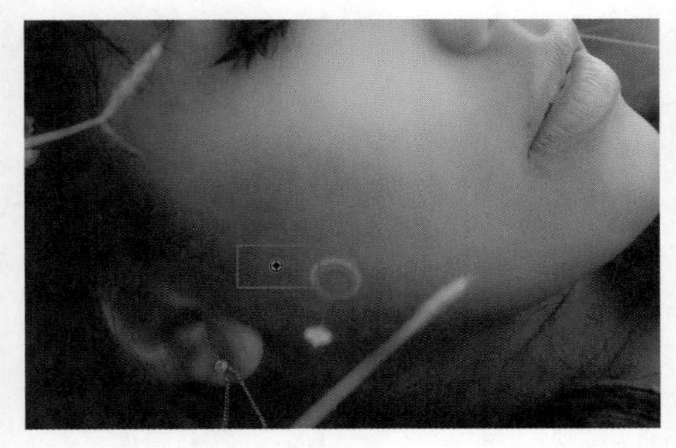

图 4.4

03 将光标置于右侧的目标位置，如图 4.5 所示，单击以复制上一步定义的源图像。

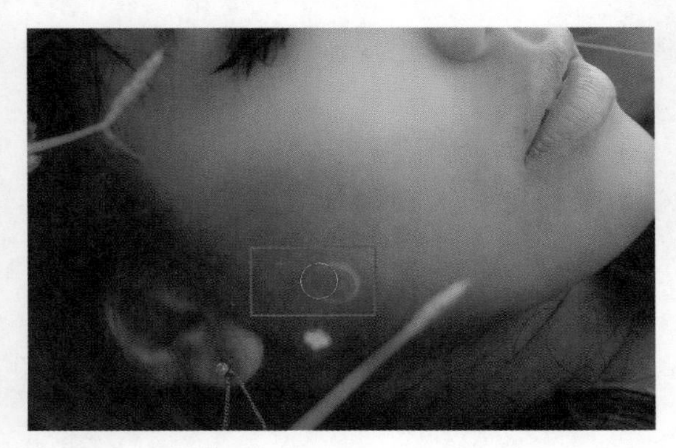

图 4.5

> 提示：由于要复制的花朵图像为一个类似半圆的图形，在复制第一笔的时候一定要适当把握位置，以免在复制操作的过程中出现重叠或残缺的现象。

04 按照步骤 02~03 的方法，根据需要，适当调整画笔的大小、不透明度等参数，直至将光斑去除，如图 4.6 所示。

图 4.6

4.2 修复画笔工具

修复画笔工具最适合处理有皱纹或雀斑的照片，或者有污点、划痕的图像，因为使用该工具能够根据要修改点周围的像素及色彩将其完美无缺地复原，而不留任何痕迹。

使用修复画笔工具的具体操作步骤如下。

01 打开配套素材中的文件“第 4 章 \4.2- 素材 .jpg”。

02 选择修复画笔工具，在工具选项栏中设置其选项，如图 4.7 所示。

修复画笔工具的工具选项栏中的重要参数释义如下。

- 取样：用取样区域的图像修复需要改变的区域。
- 图案：用图案修复需要改变的区域。

03 在“画笔”下拉列表中选择大小合适的画笔。画笔的大小取决于需要修补的区域大小。

04 在工具选项栏中选择“取样”选项，按住 Alt 键，在需要修改的区域单击取样，如图 4.8 所示。

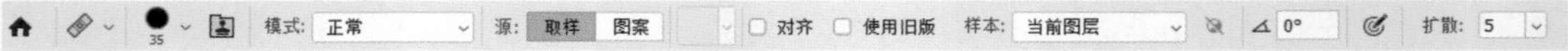

35 模式: 正常 源: 取样 图案 对齐 使用旧版 样本: 当前图层 0° 扩散: 5

图 4.7

图 4.8

05 释放 Alt 键，并将光标放置在复制图像的目标区域，按住鼠标左键拖动，即可修复此区域，如图 4.9 所示。

图 4.9

4.3 污点修复画笔工具

污点修复画笔工具 用于去除照片中的杂色或者污斑。此工具与修复画笔工具 非常相似，不同之处在于，使用此工具时不需要进行取样，只需要用此工具在图像中的目标位置单击，即可去除该处的杂色或者污斑，如图4.10所示，如图4.11所示是修复多处斑点后的效果。

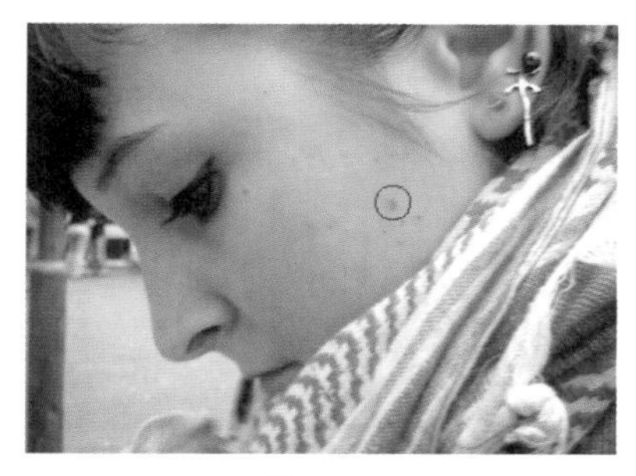

图 4.10

图 4.11

4.4 修补工具

使用修补工具 时，先选择图像中的某一个区域，然后使用此工具拖动选区至另一个区域以完成修补工作。修补工具 的工具选项栏如图4.12所示。

图 4.12

修补工具的工具选项栏中各参数释义如下。

- 修补：在此下拉列表中，选择“正常”选项时，将按照默认的方式进行修补；选择“内容识别”选项时，Photoshop将自动根据修补范围周围的图像进行智能修补。
- 源：选择“源”选项，则需要选择要修补的区域，然后将光标放置在选区内部，拖动选区至无瑕疵的图像区域，选区中的图像被无瑕疵区域的图像替换。
- 目标：如果选择“目标”选项，则操作顺序正好相反，需要先选择无瑕疵的图像区域，然后将选区拖动至有瑕疵的图像区域。
- 透明：选中此复选框，可以将选区内的图像与目标位置处的图像以一定的透明度进行混合。
- 使用图案：在图像中创建选区后，在其“图案拾色器”面板中选择一种图案，并单击“使用图案”按钮，则选区内的图像被应用为所选择的图案。

若在“修补”下拉列表中选择“内容识别”选项，则工具选项栏变为如图4.13所示的状态。

修补: 内容识别　结构: 4　颜色: 0　对所有图层取样

图 4.13

- 结构：数值越大，则修复结果的形态会更贴近原始选区的形态，边缘可能会略显生硬；反之，则修复结果的边缘会更自然、柔和，但可能会出现过度修复的问题。如图4.14所示为原选区，如图4.15所示是将选区中的图像向左侧拖动进行修复时的状态，如图4.16所示是分别将“结构”设置为1和7时的修复结果。

图 4.14

图 4.15

“结构”为1

“结构”为7

图4.16

- 颜色：此参数用于控制修复结果，可修改源色彩的强度。数值越小，保留越多被修复图像区域的色彩；反之，则保留越多源图像的色彩。

值得一提的是，在使用修补工具以“内容识别”方式进行修补后，只要不取消选区，即可随意设置“结构”及“颜色”参数，直至得到满意的结果为止。

4.5 内容识别填充

在Photoshop CS5中，“填充”命令中已经增加了“内容识别”选项，用于智能修复图像。在Photoshop 2020中，此功能已升级为“内容识别填充”命令。使用此功能可以实时预览修复的结果并自定义参考的源图像范围，以及更多可控的参数，从而实现更精确修复处理。

在使用“内容识别填充”命令时，需要先创建一个选区，以初步确定要修复的范围，然后执行“编辑”|“内容识别填充”命令，此时将进入一个新的工作区，用以显示和处理图像。如图4.17所示为原图像，此时已经将要修除的人物选中，执行“编辑”|“内容识别填充”命令后，工作区将显示为如图4.18所示的状态。

图4.17

图4.18

可以看出，左侧显示的是原图像，右侧分别显示了预览的结果及“内容填充识别”面板，以设置修复参数并实时查看修复结果。

另外，在原图像中，选区是要修复的区域，此外大部分区域都被半透明的绿色覆盖，表示修复的取样范围。下面分别介绍工作区中各部分的功能。

4.5.1　工具箱

进入内容识别填充工作区后，左侧会显示几个常用工具，其中较为特殊的就是取样画笔工具，可用于增加或减少取样的范围。

例如，在如图4.18所示的工作区中，被修复的区域明显使用了一部分头发及头饰作为参考，因此可以选择取样画笔工具并在其工具选项栏中单击“从叠加区域减去”按钮，然后在人物头部涂抹，以擦除绿色区域，即表示这部分图像不作为取样范围，如图4.19所示。

图4.19

若得到的结果仍不满意，显示了其他多余的图像，则可以继续使用取样画笔工具进行调整，直至满意为止。

另外，若对当前的选区不满意，也可以使用工具箱中的套索工具或多边形套索工具进行调整。

4.5.2 显示取样区域

若选中“显示取样区域”复选框，默认会以半透明的绿色显示用于取样的图像范围，并可以在下面设置颜色的不透明度及颜色等参数。

设置了取样区域的显示效果后，若单击其后面的“复位到默认取样区域”按钮，可以将此区域的参数恢复至默认值。

4.5.3 填充设置

此区域主要用于设置对图像进行填充修复时的相关参数。

- 颜色适应：在此下拉列表中，可以选择修复后的图像适应周围颜色的幅度。
- 旋转适应：在此下拉列表中，可以设置修复后图像的角度变化幅度。
- 缩放：选中此复选框后，将允许调整图像的大小，以得到更好的修复结果。
- 镜像：选中此复选框后，将允许对图像进行翻转，以得到更好的修复结果。

另外，若要重新设置填充参数，可单击后面的复位到默认填充设置按钮，可以将此区域的参数恢复至默认值。

4.5.4 输出设置

在此区域的“输出到”下拉列表中，可以选择将修复后的图像输出到哪种图层上。

- 当前图层：将修复的图像结果输出到当前图层中。
- 新建图层：将修复的图像结果输出到新的图层中。
- 复制图层：复制当前图层，并将修复的图像结果输出到复制的图层中。

确认得到满意的结果后，单击“确定”按钮即可。

第5章 图层的基础功能

5.1 图层的工作原理

“可以将图层看作一张一张独立的透明胶片，在每一个图层的相应位置创建组成图像的一部分内容，所有图层叠放在一起，就合成了一幅完整的图像。”

这一段关于图层的描述性文字，对图层的几个重点特性都有所表述。了解了图层的这些特性，对于学习图层的深层次知识有很大好处。

以如图5.1所示的图像为例，通过图层关系的示意来认识图层的这些特性。可以看出，分层图像的最终效果是由多个图层叠加在一起产生的。图层中除图像外的区域（在图中以灰白格显示）都是透明的，在叠加时可以透过其透明区域观察到此图层下方图层中的图像。由于背景图层不透明，因此观者的视线在穿透所有透明图层后，停留在背景图层上，并最终产生所有图层叠加在一起的视觉效果。如图5.2所示为图层的透明与合成特性。

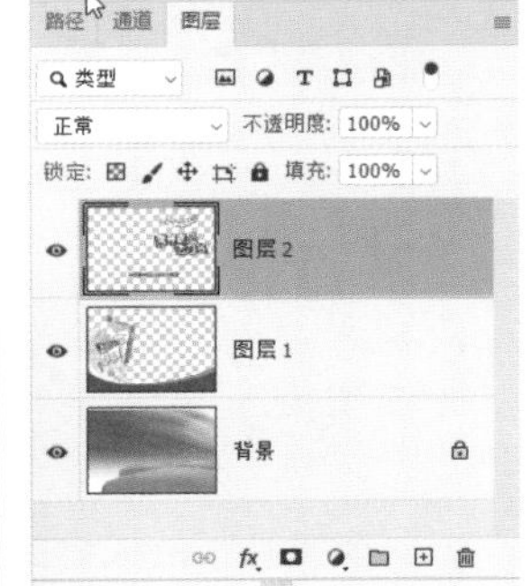

图 5.1

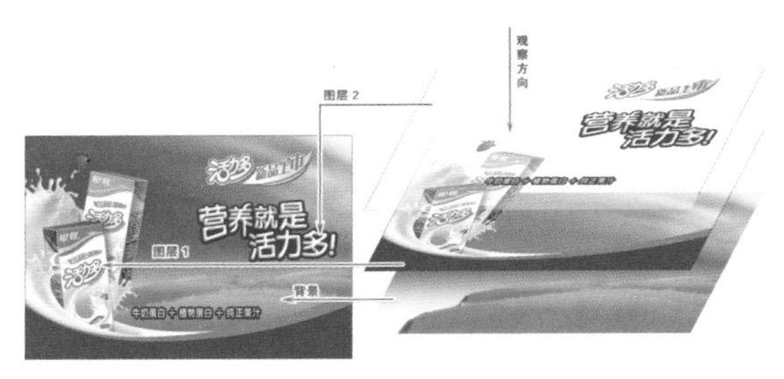

图 5.2

当然，这只是一个非常简单的示例，图层的功能远不止于此，但通过这个示例可以理解图层最基本的特性，即分层管理特性、透明特性、合成特性。

5.2 了解图层面板

“图层”面板集成了Photoshop中绝大部分与图层相关的常用命令及操作。使用此面板，可以快速地对图层进行新建、复制及删除等操作。按F7键或者执行“窗口”|“图层”命令，即可显示“图层”面板，其功能分区如图5.3所示。

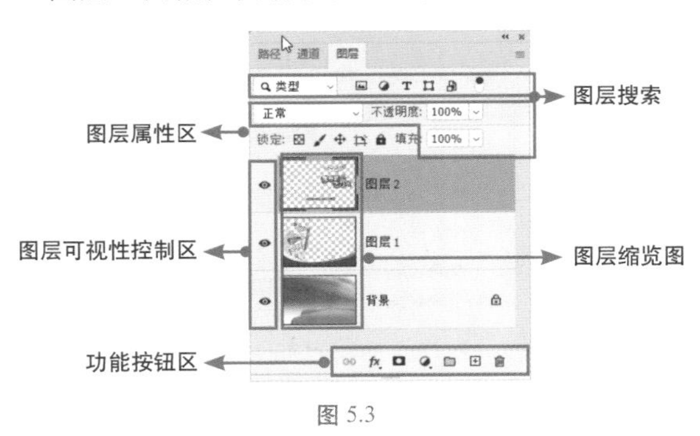

图 5.3

5.3 图层的基本操作

5.3.1 新建图层

常用的创建新图层的操作方法如下。

1. 使用按钮创建图层

单击“图层”面板底部的“创建新图层”按钮⊞，可直接创建一个Photoshop默认的新图层，这也是创建新图层最常用的方法。

> 提示：按此方法创建新图层时，如果需要改变默认值，可以按住Alt键单击“创建新图层”按钮⊞，然后在弹出的对话框中进行修改；按住Ctrl键的同时单击“创建新图层”按钮⊞，则可在当前图层下方创建新图层。

2. 通过命令创建图层

如果当前存在选区，还有两种方法可以从当前选区创建新的图层，即执行“图层”|“新建”|“通过拷贝的图层”（如图5.4所示）和“通过剪切的图层”命令新建图层。

- 在选区存在的情况下，执行“图层”|“新建”|“通过拷贝的图层”命令，可以将当前选区中的图像复制至一个新的图层中，此命令的快捷键为Ctrl+J。
- 在没有任何选区的情况下，执行“图层”|“新建”|“通过拷贝的图层”命令，可以复制当前选中的图层。

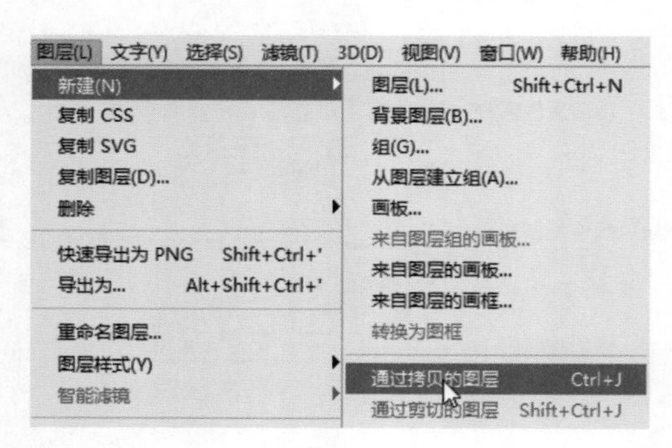

图5.4

- 在选区存在的情况下，执行“图层”|“新建”|“通过剪切的图层”命令，可以将当前选区中的图像剪切至一个新的图层中，此命令的快捷键为Ctrl+Shift+J。

如图5.5所示为原图像，在其中绘制选区以选中主体图像。若应用“通过拷贝的图层”命令，此时的“图层”面板将如图5.6所示。若应用“通过剪切的图层”命令，则“图层”面板如图5.7所示。可以看到，由于执行了剪切操作，“背景”图层上的图像被删除，并使用当前所设置的背景色进行填充（这里的背景色为白色）。

图 5.5

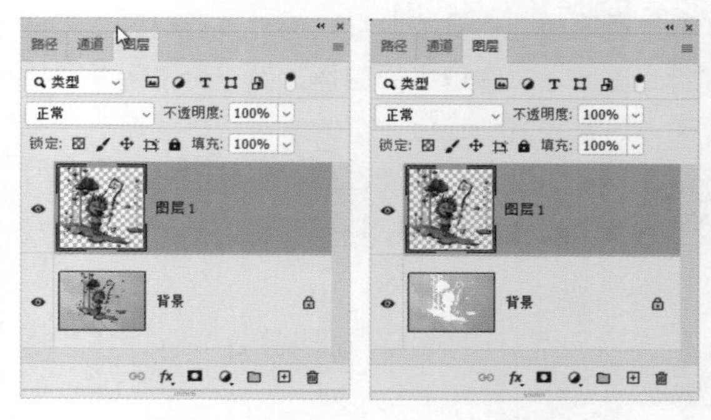

图 5.6　　图 5.7

5.3.2 选择图层

1. 在“图层”面板中选择图层

要选择某图层或者图层组，可以在“图层”面板中单击此图层或者图层组的名称，效果如图5.8所示。当某图层处于被选择的状态时，文件窗口的标题栏中将显示此图层的名称，另外，选择移动工具✥后，在画布中右击，在弹出的快捷菜单中将显示当前单击位置处的图像所在的图层，如图5.9所示。

图 5.8

图 5.9

2. 选择多个图层

同时选择多个图层的方法如下。

01 如果要选择连续的多个图层，在选择一个图层后，按住 Shift 键，在“图层”面板中单击另一图层的图层名称，则两个图层间的所有图层都会被选中。

02 如果要选择不连续的多个图层，在选择一个图层后，按住 Ctrl 键，在“图层”面板中单击另一图层的图层名称即可。

通过同时选择多个图层，可以一次性对这些图层执行复制、删除、变换等操作。

5.3.3 显示/隐藏图层、图层组或图层效果

显示/隐藏图层、图层组或图层效果操作是非常简单且基础的一类操作。

在“图层”面板中单击图层、图层组或图层效果左侧的眼睛图标，使该处图标呈□状，即可隐藏该图层、图层组或图层效果，再次单击眼睛图标处，可重新显示图层、图层组或图层效果。

> 提示：如果在眼睛图标列中按住左键不放向下拖动，则可以显示或隐藏拖动过程中光标经过的所有图层或图层组；按住Alt键，单击图层左侧的眼睛图标，可以只显示该图层而隐藏其他图层；再次按住Alt键，单击该图层左侧的眼睛图标，即可重新显示其他图层。

需要注意的是，只有可见图层才可以被打印，所以如果要打印当前图像，则必须保证图像所在的图层处于显示状态。

5.3.4 改变图层顺序

针对图层中的图像具有上层覆盖下层的特性，适当地调整图层顺序可以制作更为丰富的图像效果。调整图层顺序的操作方法非常简单，如图5.10所示为原图像，按住鼠标左键，将图层拖动至如图5.11所示的目标位置，当目标位置显示出一条高光线时释放鼠标，效果如图5.12所示。如图5.13所示是调整图层顺序后的“图层”面板。

图 5.10

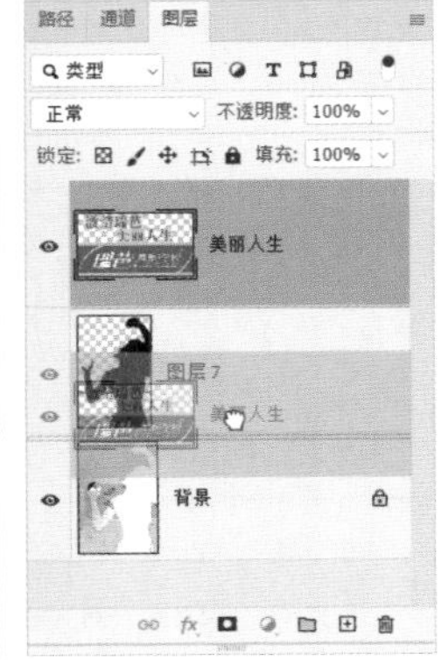

图 5.11

图 5.12　　　　图 5.13

5.3.5 在同一图像文件中复制图层

在同一图像文件中进行的复制图层操作，可以分为对单个图层和对多个图层进行复制两种，二者的操作方法相同。实际工作中，可以根据需要，选择一种更快捷有效的操作方法。

- 在当前不存在选区的情况下，使用Ctrl+J组合键，可以复制当前选中的图层。此操作仅在复制单个图层时有效。
- 执行“图层”|“复制图层”命令，或在图层名称上右击，在弹出的快捷菜单中执行“复制图层”命令，此时将弹出如图5.14所示的对话框。

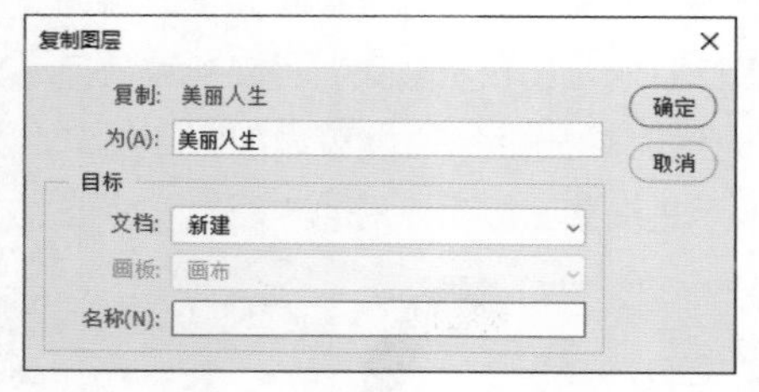

图 5.14

> 提示：如果在此对话框的“文档”下拉列表中选择“新建”选项，并在“名称”文本框中输入文件名称，可以将当前图层复制为一个新的文件。

- 选择需要复制的一个或多个图层，将图层拖动到“图层”面板底部的“创建新图层”按钮 上，如图5.15所示。

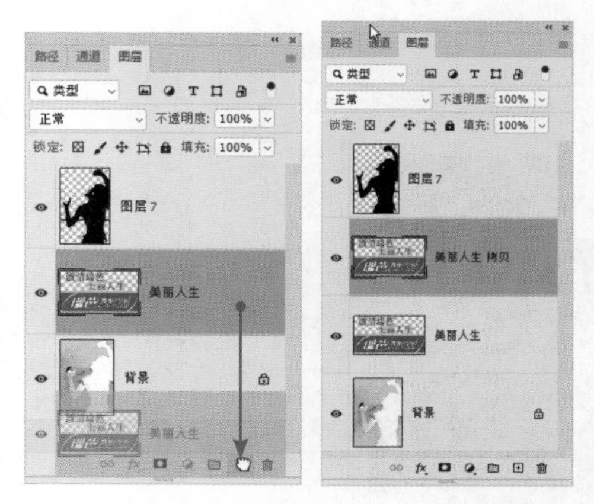

图 5.15

- 在“图层”面板中选择需要复制的一个或多个图层，按住Alt键，拖动要复制的图层，此时光标将变为 状态，将此图层拖至目标位置，如图5.16所示。释放鼠标左键后即可复制图层操作，如图5.17所示为复制图层后的“图层”面板。

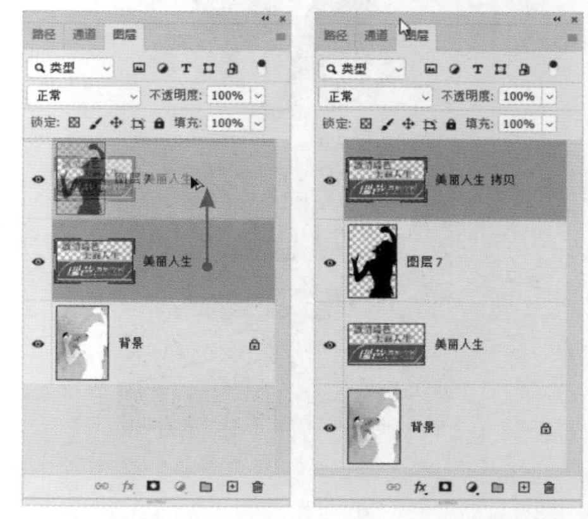

图 5.16　　　　图 5.17

5.3.6 在不同图像间复制图层

要在两幅图像间复制图层，可以按下述步骤操作。

01 在源图像的“图层”面板中，选择要复制的图像所在的图层。

02 执行“选择”|“全选”命令，或者使用前面章节所讲的功能创建选区以选中需要复制的图像，使用 Ctrl+C 组合键，执行拷贝命令，如图 5.18 所示。

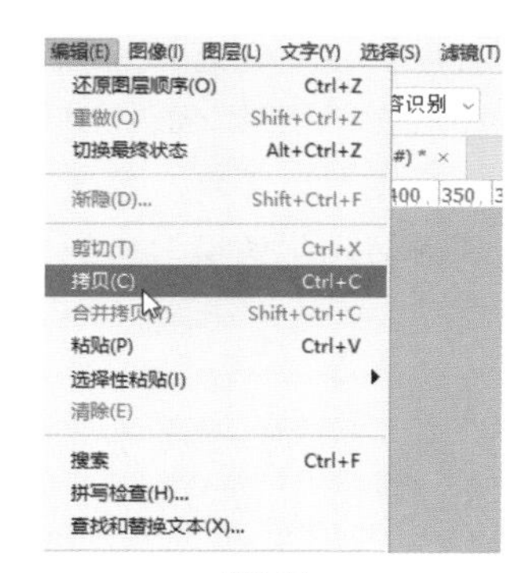

图5.18

03 激活目标图像，使用 Ctrl+V 组合键，执行粘贴命令。

更简单的方法是，选择移动工具 ✥，并列两个图像文件，从源图像中拖动需要复制的图像到目标图像中，此操作过程如图5.19所示，拖动后的效果如图5.20所示。

图 5.19

图 5.20

5.3.7 复制与粘贴图层

在Photoshop 2020中，对图层进行操作可以使用复制与粘贴命令。具体来说，可以像复制与粘贴图像一样，用户选中图层后，使用Ctrl+C组合键或执行“编辑”|“拷贝”命令，即可复制图层，然后选择要粘贴图层的目标位置，使用Ctrl+V组合键或执行“编辑”|“粘贴”命令即可。在多个画布中操作时，此功能尤为实用。

5.3.8 重命名图层

在Photoshop中新建图层，系统会默认生成图层名称，新建的图层被命名为“图层 1”“图层 2”，以此类推。要改变图层的默认名称，可以执行以下操作之一。

01 在“图层”面板中选择要重新命名的图层，执行“图层”|“重命名图层”命令，此时此名称变为可修改状态，输入新的图层名称后，单击图层缩览图或按 Enter 键确认。

02 双击图层缩览图右侧的图层名称，此时此名称变为可修改状态，输入新的图层名称后，单击图层缩览图或按 Enter 键确认。

5.3.9 快速选择图层中的非透明区域

按住Ctrl键，单击非“背景”图层的缩略图，即可选中此图层的非透明区域。如图5.21所示为按住Ctrl键单击图层“主体”后得到的非透明区域的选区。

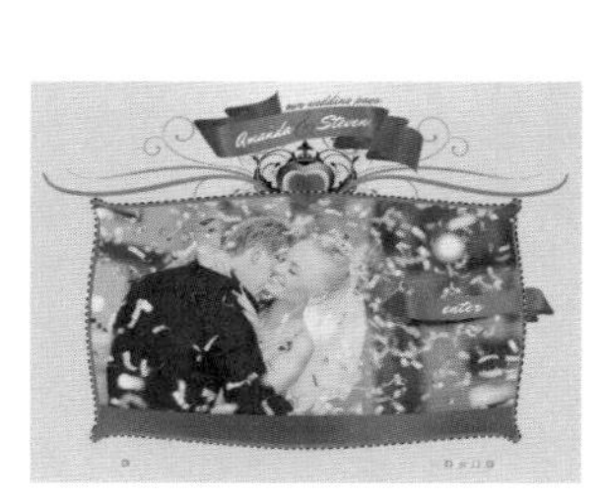

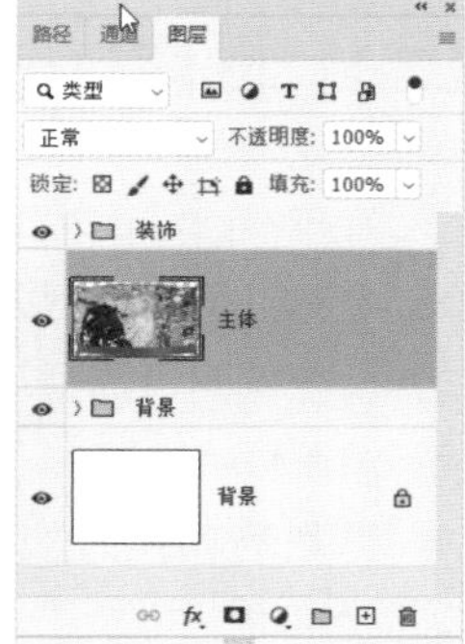

图 5.21

除了使用按住Ctrl键单击的操作方法外，还可以在“图层”面板中右击此图层的缩览图，在弹出的快捷菜单中执行“选择像素”命令，得到非透明选区。

如果当前图像中已经存在一个选区，在“图层”面板中右击此图层，在弹出的快捷菜单中分别执行“添加透明蒙版”命令、“减去透明蒙版”命令、“交叉透明蒙版”命令，可以分别在当前选区中增加此图层非透明选区，减少此图层非透明选区，得到两个有重合部分的选区。

5.3.10 删除图层

删除无用或临时的图层有利于缩减文件的大小，便于文件的携带或网络传输。在“图层”面板中可以根据需要删除任意图层，但在“图层”面板中最终至少要保留一个图层。

要删除图层，可以执行以下操作之一。

01 执行“图层”|“删除”|“图层”命令或者单击“图层”面板底部的“删除图层”按钮，在弹出的提示对话框中单击“是”按钮，可删除所选图层。

02 在“图层”面板中选择需要删除的图层，选中将其拖动至“图层”面板底部的“删除图层”按钮上。

03 如果要删除处于隐藏状态的图层，可以执行“图层”|“删除”|“隐藏图层”命令，在弹出的提示对话框中单击“是”按钮。

04 在当前图像中不存在选区或者路径的情况下，按 Delete 键，可删除当前选中的图层。

5.3.11 图层过滤

在Photoshop 2020中，可以根据不同图层类型、名称、混合模式及颜色等属性，对图层进行过滤及筛选，从而便于用户快速查找、选择及编辑不同属性的图层。

要执行图层过滤操作，可以在“图层”面板左上角的“类型”下拉列表中选择图层过滤的条件。

当选择不同的过滤条件时，在其右侧会显示不同的选项。如图5.22所示，当选择“类型”选项时，其右侧分别显示了像素图层过滤器、调整图层过滤器、文字图层过滤器、形状图层过滤器及智能对象滤镜5个按钮，单击不同的按钮，即可在“图层”面板中仅显示所选类型的图层。如图5.23所示，单击“调整图层过滤器”按钮后，“图层”面板中显示了所有的调整图层。

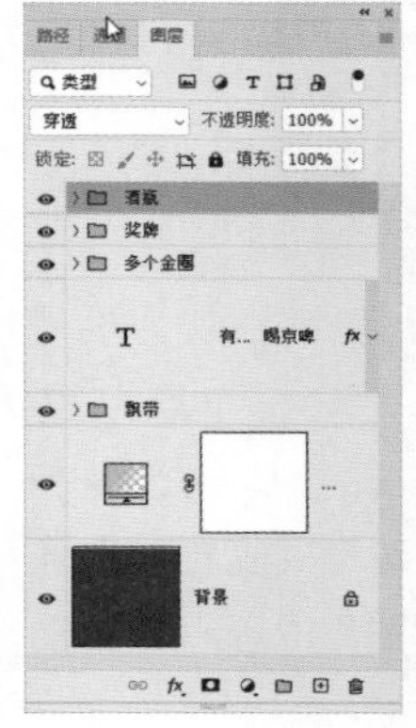

图 5.22

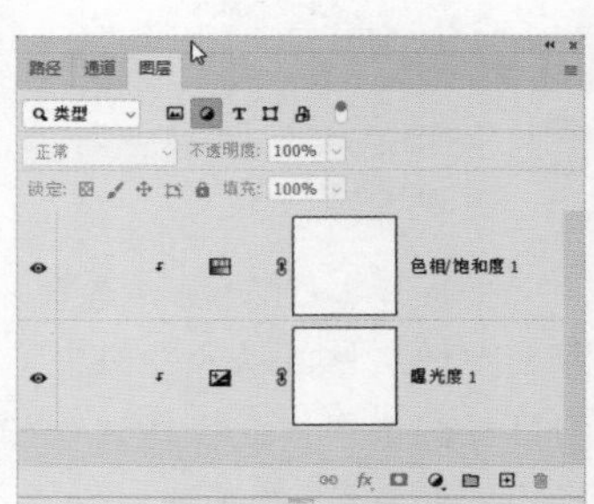

图 5.23

若要关闭图层过滤功能，则可以单击过滤条件最右侧的“打开或关闭图层过滤器”按钮，使其变为状态即可。

5.4 图层编组

5.4.1 新建图层组

要创建新的图层组，可以执行以下操作之一。

01 执行“图层”|“新建”|“组”命令，或者从“图层”面板弹出的菜单中执行“新建组”命令，弹出“新建组”对话框。在对话框中设置新图层组的名称、颜色、模式及不透明度等参数，设置完成后单击“确定”按钮，即可创建新图层组。

02 直接单击“图层”面板底部的“创建新组”按钮，可以创建默认设置的图层组。

03 如果要将当前存在的图层合并至一个图层组，可以将这些图层选中，然后使用 Ctrl+G 组合键，或者执行“图层”|“新建”|“从图层建立组”命令，在弹出的“新建组”对话框中单击“确定”按钮。

5.4.2 将图层移入、移出图层组

1. 将图层移入图层组

如果新建的图层组中没有图层，可以通过拖动鼠标的方式将图层移入图层组中。将图层拖动至图层组的目标位置，待出现黑色线框时，释放鼠标左键即可，其操作过程如图5.24所示。

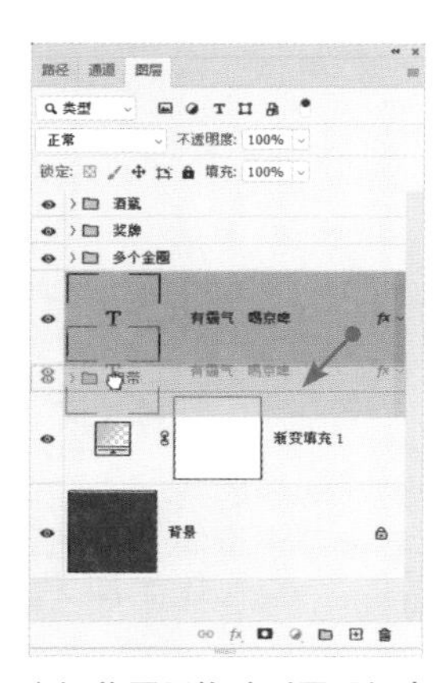

(a) 将图层拖动到图层组中

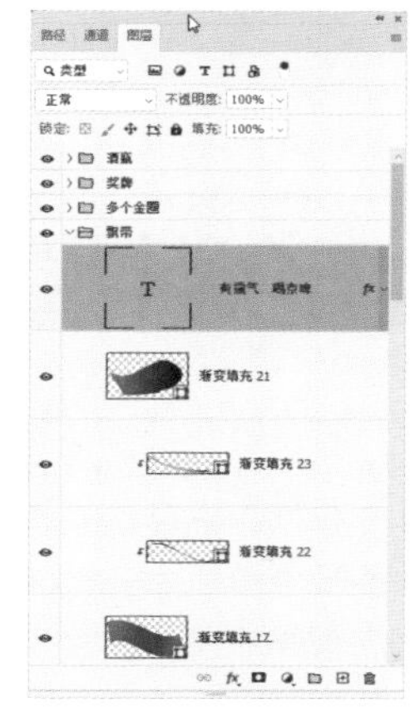

(b) 释放鼠标左键

图 5.24

2. 将图层移出图层组

将图层移出图层组，可以使该图层脱离图层组。在“图层”面板中选中图层，然后将其拖出图层组，当目标位置出现黑色线框时，释放鼠标左键即可将图层移出图层组。

> 提示：从图层组向外拖动多个图层时，如果要保持图层顺序不变，应该从最底层开始向上依次拖动，否则原图层顺序将无法保持不变。

5.5 对齐图层

在选中两个或更多个图层后，执行“图层”|“对齐”命令的级联菜单中的命令，或单击移动工具选项栏上的各个对齐按钮，可以将所有选中图层的内容相互对齐。

下面介绍移动工具选项栏上的对齐按钮的用法。

- 顶对齐：可以将选中图层的最顶端像素与当前图层的最顶端像素对齐。
- 垂直居中对齐：可以将选中图层垂直方向的中心像素与当前图层垂直方向的中心像素对齐。
- 底对齐：可以将选中图层的最底端像素与当前图层的最底端像素对齐。
- 左对齐：可以将选中图层的最左侧像素与当前图层的最左侧像素对齐。
- 水平居中对齐：可以将选中图层水平方向的中心像素与当前图层水平方向的中心像素对齐。
- 右对齐：可以将选中图层的最右侧像素与当前图层的最右侧像素对齐。

如图5.25所示为未对齐前的状态及对应的“图层”面板。如图5.26所示为单击“顶对齐”按钮后的效果。

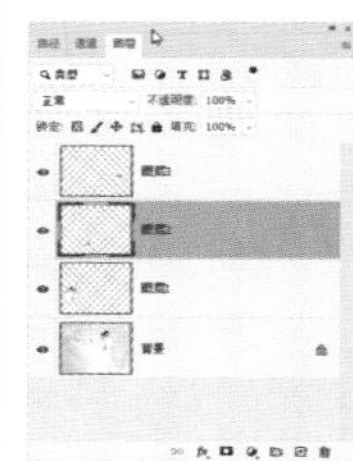

图 5.25

图 5.26

在选中3个或更多图层时，执行“图层”|“分布”命令的级联菜单中的命令，或在移动工具选项栏上单击“对齐并分布”按钮 ···，在弹出的面

板中单击各个分布按钮，可以将选中图层的图像位置以某种方式重新分布。

- 水平分布：在水平方向上以均匀的间距分布图层。
- 垂直分布：在垂直方向上以均匀的间距分布图层。

5.6 分布图层

在选中3个或更多图层时，执行“图层”|“分布”命令的级联菜单中的命令，或单击移动工具项栏上的各个分布按钮，可以将选中图层的图像位置以某种方式重新分布。

下面介绍移动工具选项栏上的分布按钮的用法。

- 按顶分布：从每个图层的顶端像素开始，间隔均匀地分布图层。
- 垂直居中分布：从每个图层的垂直中心像素开始，间隔均匀地分布图层。
- 按底分布：从每个图层的底端像素开始，间隔均匀地分布图层。
- 按左分布：从每个图层的左端像素开始，间隔均匀地分布图层。
- 水平居中分布：从每个图层的水平中心像素开始，间隔均匀地分布图层。
- 按右分布：从每个图层的右端像素开始，间隔均匀地分布图层。

如图5.27所示为对齐与分布前的图像及对应的“图层”面板。如图5.28所示为将上面的3个图层选中，单击“水平居中分布”按钮后的效果及对应的“图层”面板。

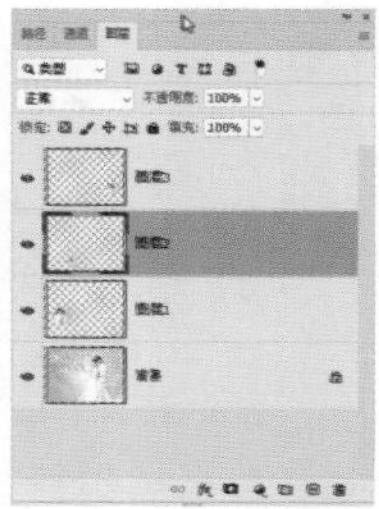

图 5.27

图 5.28

5.7 合并图层

图像包含的图层越多，所占用的计算机存储空间就越大。因此，图像的处理基本完成时，可以将各个图层合并起来以节省系统资源。当然，对于需要随时修改的图像最好不要合并图层，或者保留复制文件再进行合并操作。

1. 合并任意多个图层

按住Ctrl键，单击想要合并的图层，并将其全部选中，然后使用Ctrl+E组合键或者执行“图层”|“合并图层”命令，合并图层。

2. 合并所有图层

合并所有图层是指合并“图层”面板中所有未隐藏的图层。要完成这项操作，可以执行“图层”|“拼合图像”命令，或者在“图层”面板弹出菜单中执行“拼合图像”命令。

如果“图层”面板中含有隐藏的图层，执行此操作时，将会弹出提示对话框，如果单击“确定”按钮，则Photoshop会拼合图层，然后删除隐藏的图层。

3. 向下合并图层

向下合并图层是指合并两个相邻的图层。要完成这项操作，可以先将位于上面的图层选中，然后执行“图层”|“向下合并”命令，

或者在“图层”面板弹出菜单中执行“向下合并”命令。

4. 合并可见图层

合并可见图层是将所有未隐藏的图层合并在一起。要完成此操作，可以执行“图层”|“合并可见图层”命令，或在“图层”面板弹出菜单中执行“合并可见图层”命令。

5. 合并图层组

如果要合并图层组，在“图层”面板中选择该图层组，然后使用Ctrl+E组合键或者执行“图层”|“合并组”命令，合并时必须确保所有需要合并的图层可见，否则此图层将被删除。

执行合并操作后，得到的图层具有图层组的名称，并具有与其相同的不透明度与图层混合模式属性。

第6章 画笔、渐变与变换功能

6.1 了解画笔工具

利用画笔工具 可以绘制边缘柔和的线条。选择工具箱中的画笔工具 ，其工具选项栏如图6.1所示。

图 6.1

6.1.1 设置画笔基本参数

画笔工具选项栏中各参数释义如下。

- 画笔：在其弹出的面板中选择合适的画笔笔尖形状。
- 模式：在其下拉列表中选择用画笔工具 绘制图像时的混合模式。
- 不透明度：此参数用于设置绘制效果的不透明度。其中，100%表示完全不透明；0%表示完全透明。设置不同“不透明度”的对比效果如图6.2所示，可以看出，数值越小，绘制时画笔的覆盖力越弱。

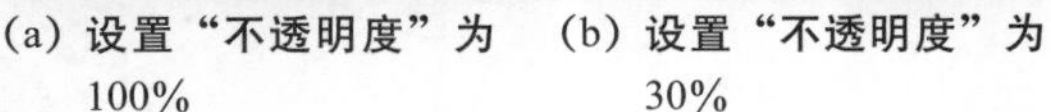

(a) 设置“不透明度”为100%　(b) 设置“不透明度”为30%

图 6.2

- 流量：此参数用于设置绘制时的速度。数值越小，绘制的速度越慢。
- “喷枪”按钮 ：如果在工具选项栏中单击“喷枪”按钮 ，可以用“喷枪”模式工作。
- “绘图板压力控制画笔尺寸”按钮 ：在使用绘图板进行涂抹时，单击此按钮后，可以依据给予绘图板的压力控制画笔的尺寸。
- “绘图板压力控制画笔透明”按钮 ：在使用绘图板进行涂抹时，单击此按钮后，可以依据给予绘图板的压力控制画笔的不透明度。

6.1.2 设置画笔平滑选项

在以前的版本中，使用鼠标或绘图板控制画笔工具 绘制图像时，可能会因为不经意间的抖动，导致绘制的图像不够平滑。在Photoshop CC 2018中，新增了专门用于解决此问题的平滑选项，Photoshop 2020中保留了此项功能。通过单击设置按钮 ，在弹出的面板中可以设置平滑选项。下面分别介绍其作用。

- 平滑：此参数可以控制绘制时得到图像的平滑度，数值越大，平滑度越高。如图

6.3所示，左侧为设置“平滑”为0时使用鼠标绘制的结果，右侧是设置“平滑”为20时的结果，可以看出，右侧的图像明显更加平滑。

图 6.3

- 拉绳模式：选中此复选框后，绘制时会在画笔中心显示一个紫色圆圈，该圆圈表示当前设置的“平滑”半径，“平滑”半径越大，则紫色圆圈越大。此外，紫色圆圈内部显示一条拉绳，随着光标的移动，只有该拉绳被拉直时，才会执行绘制操作。如图6.4所示，拉绳没有拉直，所以光标移动时没有绘制。如图6.5所示，拉绳刚刚被拉直，因此也没有绘制。如图6.6所示，拉绳被拉直，此时才会执行绘制操作。

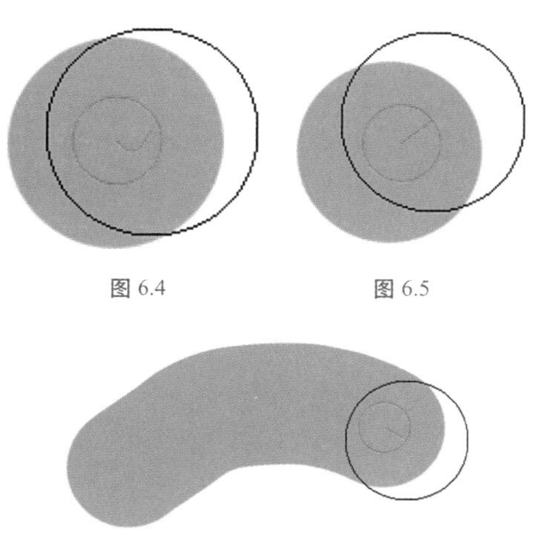

图 6.4　　图 6.5

图 6.6

- 描边补齐：设置“平滑”参数后，绘制的图像往往慢于光标移动的速度，且“平滑”数值越高，移动速度越快，问题就越严重。结果是从一点至另外一点时，往往光标已经移至另一点，但绘制的图像还没有到达另一点，此时可以通过此选项进行自动补齐。如图6.7所示是未选中此复选框时，从A点向B点绘制，此时光标已经移至B点（保持按住鼠标左键不动），但只绘制了不到一半的图像；如图6.8所示是选中此复选框后，在按住鼠标左键的情况下，继续绘制图像，直至图像也到达B点，或光标再次移动、释放鼠标左键为止。

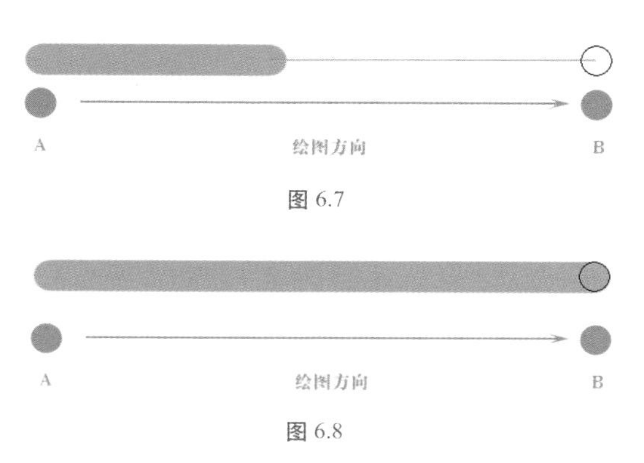

图 6.7

图 6.8

- 补齐描边末端：此复选框与“描边补齐”的功能基本相同。选中此复选框，在释放鼠标左键后，自动补齐当前绘制的位置与释放鼠标左键的位置之间的图像。如图6.9所示，在未选中此复选框时，光标已经移动到左下方的点，此时释放鼠标左键，不会自动补齐图像；如图6.10所示，在选中此复选框时，当前绘制的图像与释放鼠标左键的位置还有一段空白，此时会自动补齐图像。

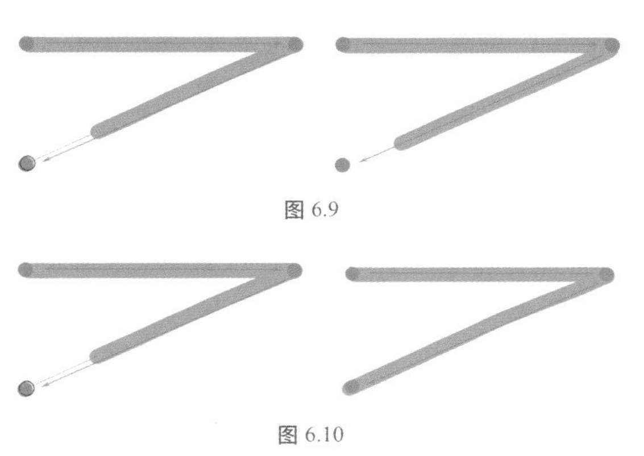

图 6.9

图 6.10

- 调整缩放：选中此复选框时，可以通过调整平滑，防止抖动描边。在放大文档显示比例时减小平滑；在缩小文档显示比例时增加平滑。

> 提示：除画笔工具外，上述平滑选项也适用于铅笔工具、橡皮擦工具及混合器画笔工具等。

6.1.3 对称绘画

在Photoshop CC 2018中，新增了一项测试性的绘画对称功能，可以使用画笔工具、铅笔工具、橡皮擦工具等绘制对称图形，如图6.11所示。

图6.11

单击工具选项栏中的“对称绘画”按钮，在弹出的下拉列表中可以选择对称绘画的模式，如图6.12所示。

在选中任意一个对称类型后，将显示对称控件变换控制框，用于调整对称控件的位置、大小等属性，如图6.13所示。

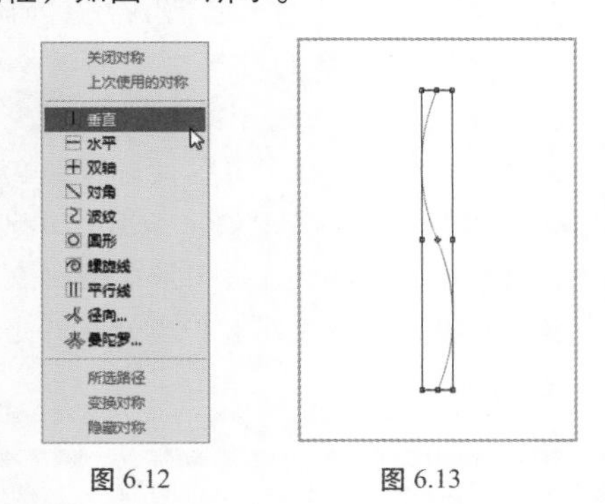

图 6.12　　图 6.13

用户可以像编辑自由变换控制框那样，改变对称控件的大小及位置，然后按Enter键确认，即可以以此为基准绘制对称图像。

在绘制过程中，图像将在对称控件周围实时显示出来，从而可以更加轻松地绘制人脸、汽车、动物或花纹图案等具有对称性质的图像。如图6.14所示是结合绘图板及绘画对称功能绘制的艺术图案。

图6.14

6.2 画笔设置面板

Photoshop的“画笔设置”面板提供了丰富的参数，可以控制画笔的形状动态、散布、颜色动态、传递、杂色、湿边等动态属性参数，组合这些参数，可以得到千变万化的效果。

> 提示：在Photoshop 2020中，原来用于设置画笔参数的“画笔”面板改名为“画笔设置”面板；原来用于管理画笔预设的“画笔预设”面板改名为“画笔”面板。

6.2.1 在面板中选择画笔

若要在“画笔设置”面板中选择画笔，可以选择“画笔设置”面板的“画笔笔尖形状”选项，此时在画笔显示区将显示当前“画笔设置”面板中的所有画笔，单击需要的画笔即可。

在图像中右击，在弹出的画笔选择器中，可以选择画笔，并设置其基本参数。此外，还可以选择最近使用过的画笔，如图6.15所示。此功能同样适用于“画笔”面板。

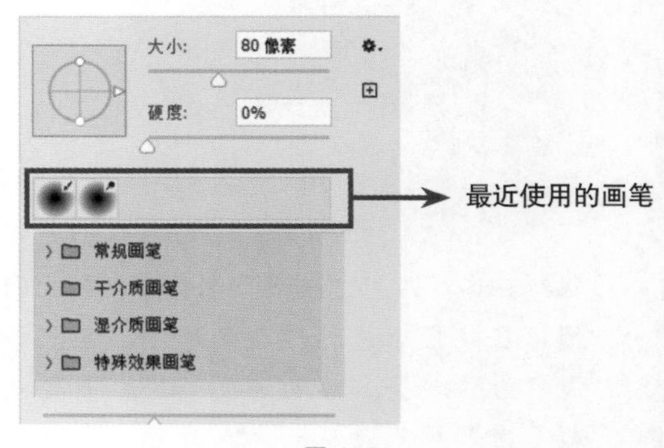

图 6.15

6.2.2 画笔笔尖形状参数

1. 画笔笔尖形状

在“画笔设置”面板中选择“画笔笔尖形状”选项，“画笔设置”面板显示如图6.16所示。在此可以设置当前画笔的基本属性，包括画笔的大小、圆度、间距等。

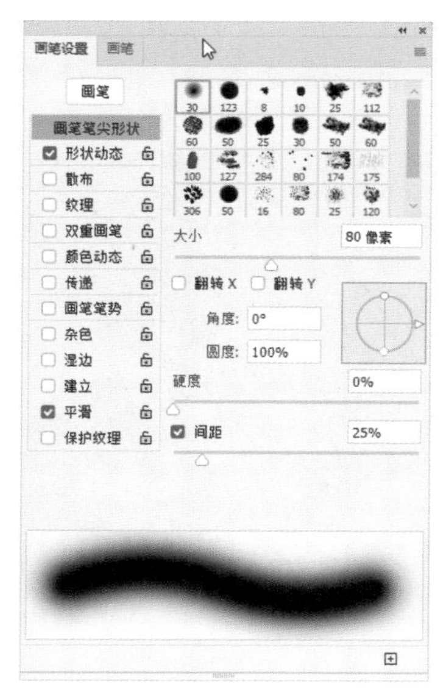

图 6.16

- 大小：在此文本框中输入数值或者调整滑块，可以设置画笔笔尖的大小。数值越大，画笔笔尖的直径越大，绘制的对比效果如图6.17所示。

图 6.17

- 翻转X、翻转Y：选中这两个复选框，可以令画笔进行水平方向或者垂直方向上的翻转。如图6.18所示为原画笔绘制的效果。如图6.19所示是进行水平和垂直翻转后，分别在图像四角添加的艺术效果。

图 6.18

图 6.19

- 角度：在此文本框中输入数值，可以设置画笔旋转的角度。如图6.20所示是原画笔绘制的效果。如图6.21所示是在分别设置不同“角度”的情况下，在图像中添加星光的对比效果。

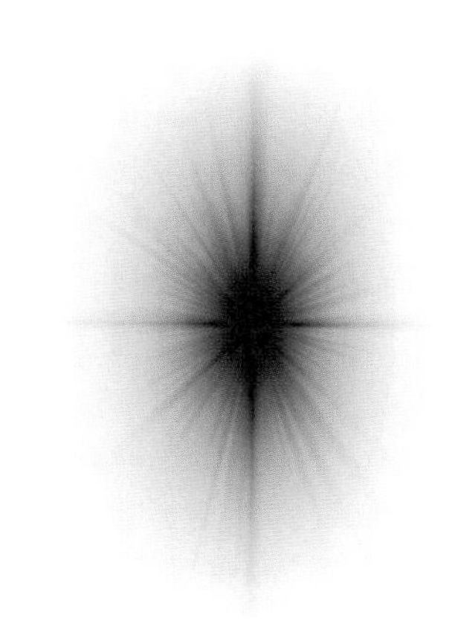

图 6.20

图 6.21

- 圆度：在此文本框中输入数值，可以设置画笔的圆度。数值越大，画笔笔尖越趋向于正圆或者画笔笔尖在定义时所具有的比例。例如，在“画笔设置”面板中进行参数设置后，分别修改“圆度”及工具选项栏中的“不透明度”，然后在图像中添加类似镜面反光的效果，如图6.22所示为处理前后的对比效果。

(a) 处理前　　(b) 处理后

图 6.22

- 硬度：当在画笔笔尖形状列表框中选择椭圆形画笔笔尖时，此选项才被激活。在此文本框中输入数值或者调整滑块，可以设置笔尖边缘的硬度。数值越大，笔尖的边缘越清晰；数值越小，笔尖的边缘越柔和。如图6.23所示为在画笔工具选项栏中设置“模式”为“叠加”的情况下，分别使用“硬度”为100%和0%的画笔笔尖进行涂抹的效果。

(a) 设置“硬度”为100%

(b) 设置“硬度”为0%

图 6.23

- 间距：在此文本框中输入数值或者调整滑块，可以设置绘图时组成线段的两点间的距离，数值越大，间距越大。将“间距”设置得足够大时，则可以得到点线效果。如图6.24所示为分别设置“间距”为100%和300%时得到的点线效果。

(a) 设置“间距”为100%

(b) 设置“间距”为300%

图 6.24

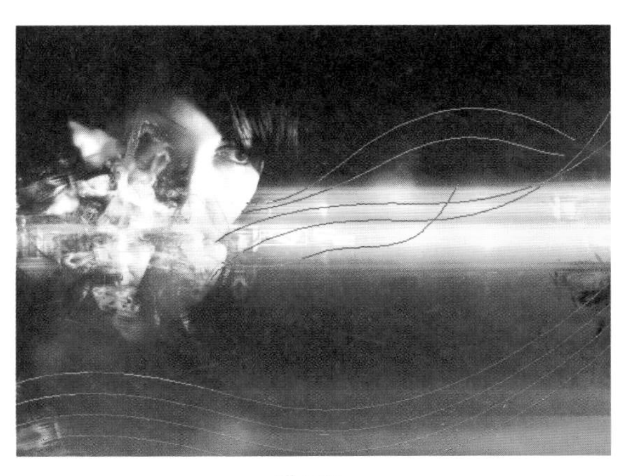
图 6.26

2. 形状动态

“画笔设置”面板中的画笔笔尖形状包括形状动态、散布、纹理、双重画笔、颜色动态、传递以及画笔笔势等，配合各种参数设置即可得到丰富的画笔效果。在“画笔设置”面板中选中“形状动态”复选框，“画笔设置”面板显示如图6.25所示。

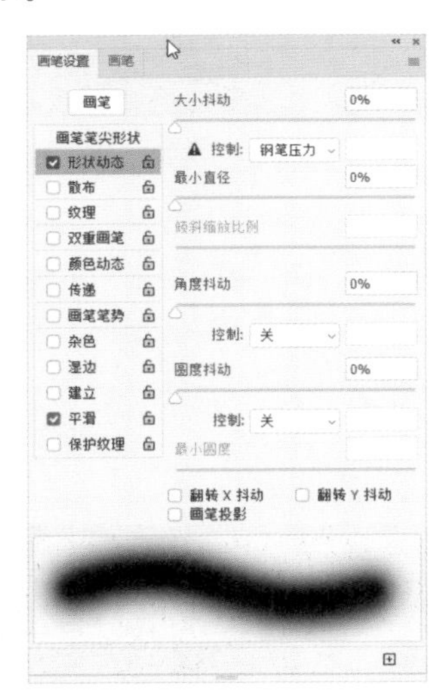

图 6.25

- 大小抖动：此参数控制画笔尺寸在绘制过程中的波动幅度，数值越大，波动的幅度越大。如图6.26所示为原路径状态。如图6.27所示是分别设置“大小抖动”为30%和100%后描边路径得到的图像效果。可以看出，描边的线条中出现了大大小小、断断续续的不规则边缘效果。

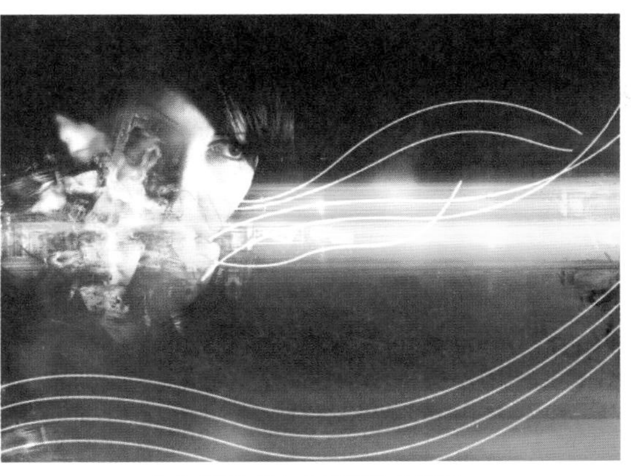
(a) 设置“大小抖动”为30%

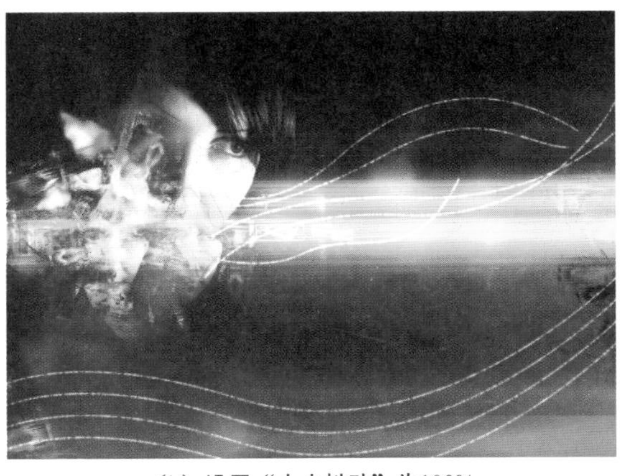
(b) 设置“大小抖动”为100%

图 6.27

在进行路径描边时，此处将画笔工具选项栏中的“模式”设置为“颜色减淡”。

- 控制：在此下拉列表中包括6种用于控制画笔波动方式的选项，有关、Dial、渐隐、钢笔压力、钢笔斜度和光笔轮。选择

“渐隐”选项，将激活其右侧的文本框，在此可以输入数值以改变画笔笔尖渐隐的步长。数值越大，画笔消失的速度越慢，其描绘的线段越长。如图6.28所示是将“大小抖动”设置为0%，然后分别设置“渐隐”为600和1200时得到的描边效果。

(a) 设置“渐隐”为600

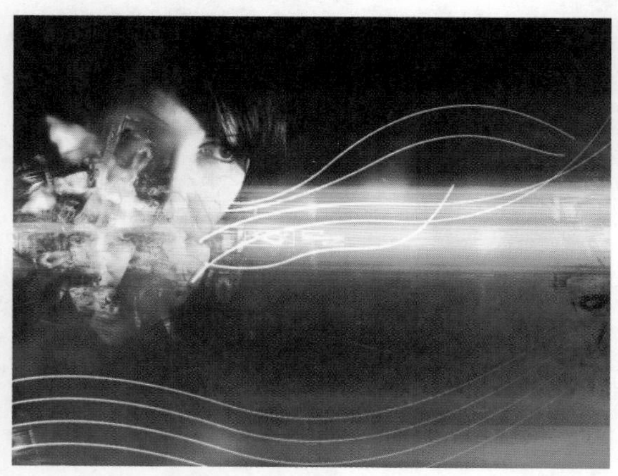

(b) 设置“渐隐”为 1200

图 6.28

钢笔压力、钢笔斜度、光笔轮这3种方式都需要压感笔的支持。如果没有安装此硬件，当选择这些选项时，在“控制”参数左侧将显示标记。

- 最小直径：此参数控制在尺寸发生波动时画笔笔尖的最小尺寸。数值越大，发生波动的范围越小，波动的幅度也会相应变小，画笔的动态达到最小时尺寸最大。如图6.29所示为设置“最小直径”为0%和80%时进行绘制的对比效果。

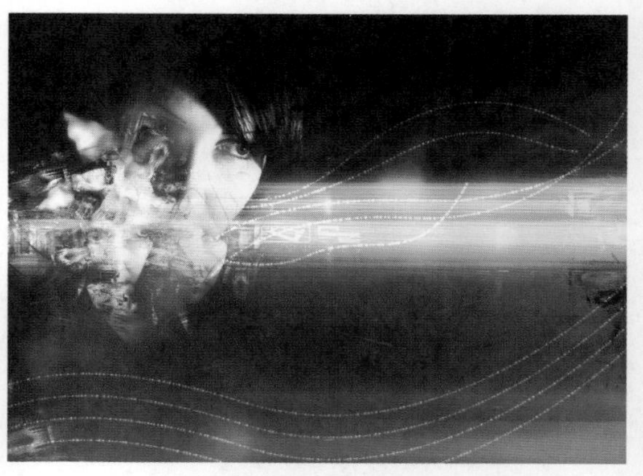

(a) 设置“最小直径”为0%

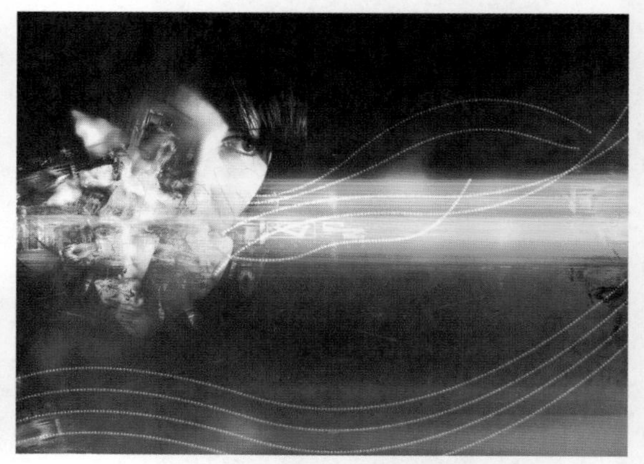

(b) 设置“最小直径”为80%

图 6.29

- 角度抖动：此参数控制画笔笔尖的角度波动幅度，数值越大，波动的幅度越大，笔触显得越紊乱。如图6.30所示为将画笔的“圆度”设置为50%，然后分别设置“角度抖动”为100%和0%时的描边对比效果。

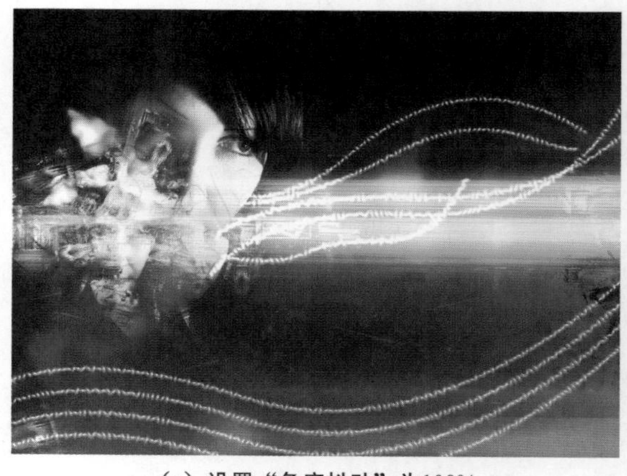

(a) 设置“角度抖动”为100%

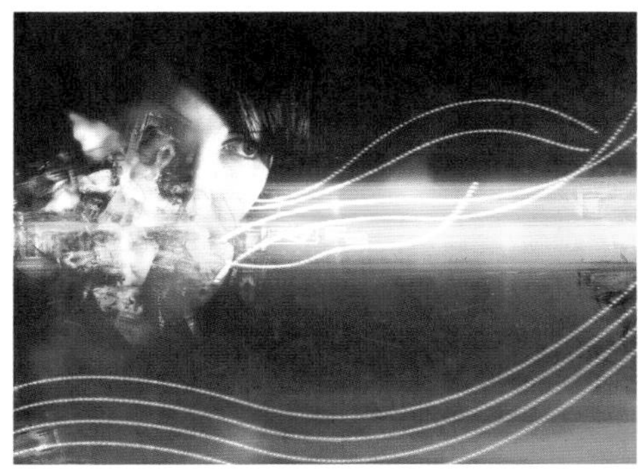

（b）设置“角度抖动”为0%

图 6.30

- 圆度抖动：此参数控制画笔笔尖的圆度波动幅度，数值越大，波动的幅度越大。如图6.31所示为设置“圆度抖动”为0%和100%时的对比效果。

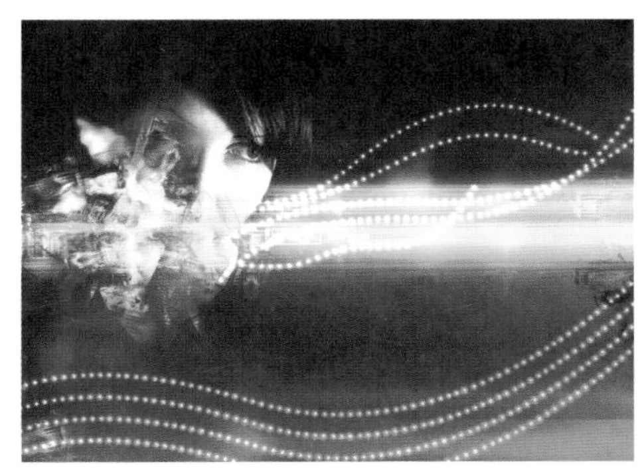

（a）设置“圆度抖动”为0%

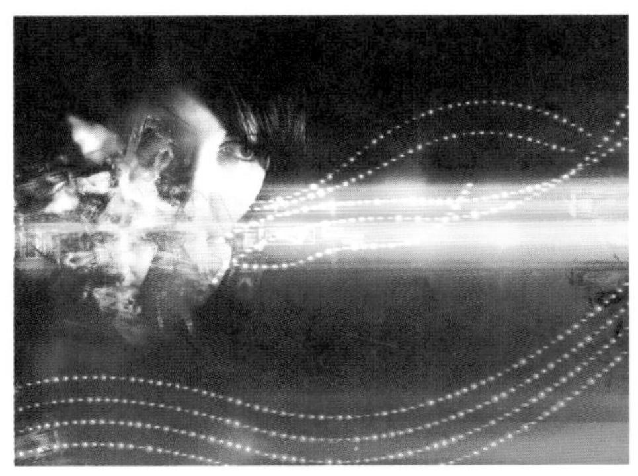

（b）设置“圆度抖动”为100%

图 6.31

- 最小圆度：此参数控制画笔笔尖在圆度发生波动时其最小圆度尺寸，数值越大，发生波动的范围越小，波动的幅度也会相应变小。
- 画笔投影：选中此复选框后，在“画笔笔势”选项中设置倾斜及旋转参数，可以在绘制时得到带有倾斜和旋转属性的笔尖效果。如图6.32所示为未选中“画笔投影”复选框时的描边效果，如图6.33所示是在选中“画笔投影”复选框，并在“画笔笔势”选项中设置“倾斜x”和“倾斜y”为100%时的描边效果。

图 6.32

图 6.33

3. 散布

在“画笔设置”面板中选中“散布”复选框，“画笔设置”面板显示如图6.34所示。

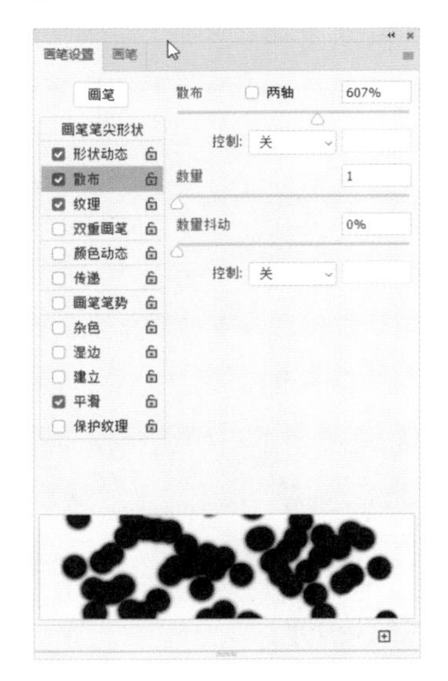

图 6.34

- 散布：此参数控制在画笔笔尖发生偏离时绘制的笔画的偏离程度，数值越大，偏离的程度越大。如图6.35所示是分别设置“散布”为200%和1000%时笔画在图像中涂抹的对比效果。

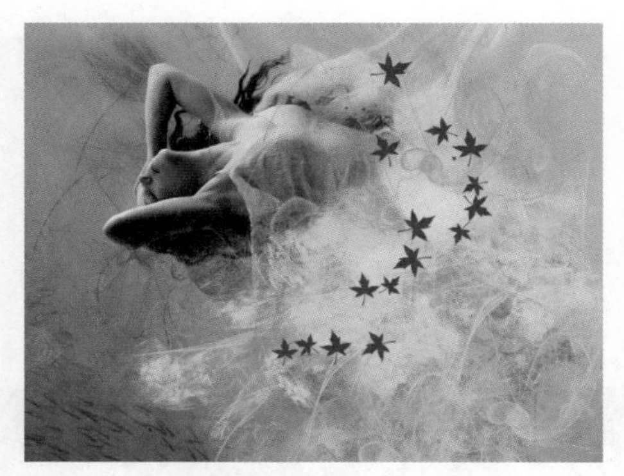

（a）设置“散布”为200%

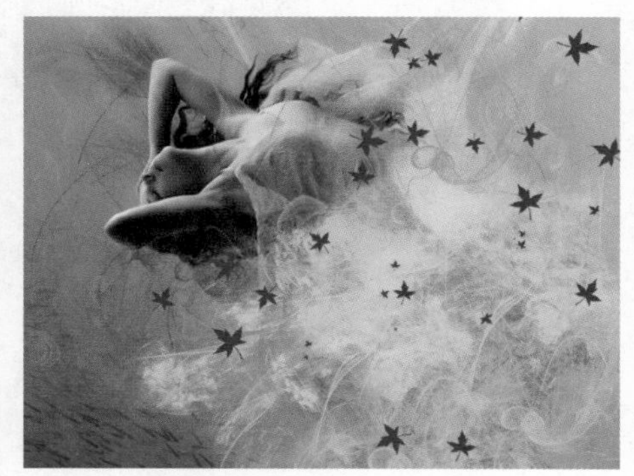

（b）设置“散布”为1000%

图 6.35

- 两轴：选中此复选框，在X和Y两个轴向上发生分散；不选中此复选框，则只在X轴向上发生分散。
- 数量：此参数控制构成笔尖的点的数量。数值越大，构成笔尖的点越多。如图6.36所示是分别设置“数量”为10和3时，从星球的右侧向画布的右上角绘制光点时得到的对比效果。

（a）设置“数量”为1

（b）设置“数量”为3

图 6.36

- 数量抖动：此参数控制数量的波动幅度，数值越大，数量波动幅度越大。

4. 颜色动态

在“画笔设置”面板中选中“颜色动态”复选框，“画笔设置”面板显示如图6.37所示。选择此选项后，可以动态地改变画笔的颜色效果。

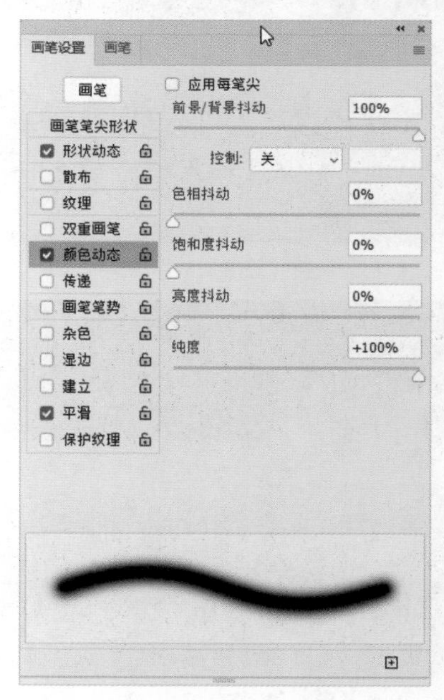

图 6.37

- 应用每笔尖：选中此复选框，在绘画时，针对每个笔触进行颜色动态变化；反之，则仅使用第一个笔触的颜色。如图6.38所示是选中此复选框前后的描边效果对比。

图 6.38

- 前景/背景抖动：此参数用于控制笔尖的颜色变化情况。数值越大，笔尖的颜色发生随机变化时，越接近于背景色；数值越小，笔尖的颜色发生随机变化时，越接近于前景色。
- 色相抖动：此参数用于控制笔尖色相的随机效果。数值越大，笔尖的色相发生随机变化时，越接近于背景色的色相；数值越小，笔尖的色相发生随机变化时，越接近于前景色的色相。
- 饱和度抖动：此参数用于控制笔尖饱和度的随机效果。数值越大，笔尖的饱和度发生随机变化时，越接近于背景色的饱和度；数值越小，笔尖的饱和度发生随机变化时，越接近于前景色的饱和度。
- 亮度抖动：此参数用于控制笔尖亮度的随机效果。数值越大，笔尖的亮度发生随机变化时，越接近于背景色的亮度；数值越小，笔尖的亮度发生随机变化时，越接近于前景色的亮度。
- 纯度：此参数用于控制笔触的纯度。当设置此数值为－100%时，笔触呈现饱和度为0的效果；当设置此数值为100%时，笔触呈现完全饱和的效果。

如图6.39所示为原图像。如图6.40所示是结合形状动态、散布及颜色动态等参数设置后，绘制的彩色散点效果。

图 6.39

图 6.40

5. 传递

在“画笔设置”面板中选中“传递”复选框，“画笔设置”面板显示如图6.41所示。其中“湿度抖动”与“混合抖动”参数主要针对混合器画笔工具。

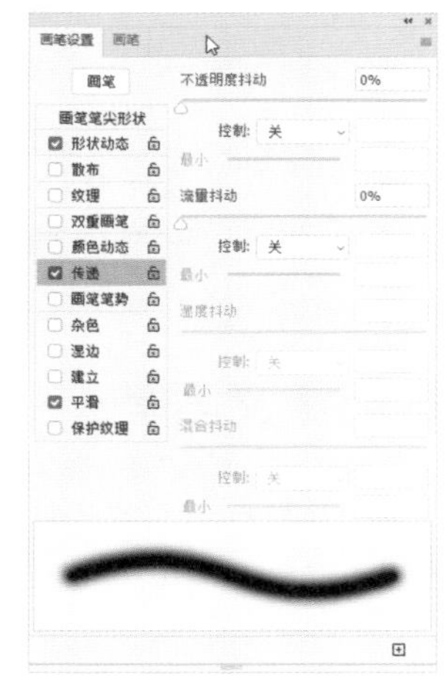

图 6.41

- 不透明度抖动：输入数值或拖动滑块，可以控制笔尖的不透明度变化情况，如图6.42所示为“不透明度抖动”分别设置为10%和100%时的效果。

图 6.42

- 流量抖动：用于控制笔尖速度的变化情况。
- 湿度抖动：在混合器画笔工具选项栏上设置“潮湿”参数后，在此处可以控制其动态变化情况。
- 混合抖动：在混合器画笔工具选项栏上设置“混合”参数后，在此处可以控制其动态变化情况。

6. 画笔笔势

选中“画笔笔势”复选框后，使用画笔或绘图笔进行绘画时，可以设置相关的笔势及笔触效果。

6.2.3 创建自定义画笔

如果需要更具个性化的画笔效果，可以自定义画笔，其操作步骤如下。

01 打开配套素材中的文件“第 6 章\6.2.3- 素材 .jpg”，如图 6.43 所示。

图 6.43

02 如果要将图像中的部分内容定义为画笔，则需要使用选择类工具（如矩形选框工具、套索工具、魔棒工具等）将要定义为画笔的区域选中；如果要将整个图像都定义为画笔，则无须进行任何选择操作。

03 执行“编辑”|“定义画笔预设”命令，在弹出的“画笔名称”对话框中输入画笔的名称，单击“确定”按钮，关闭对话框。

04 在“画笔设置”面板中可以查看新定义的画笔，如图 6.44 所示。

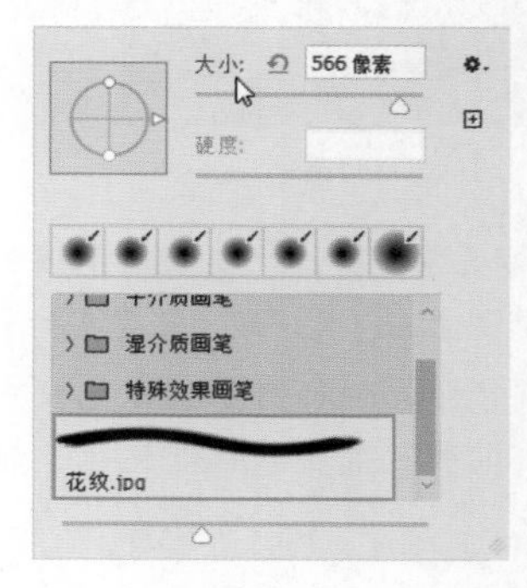

图 6.44

6.2.4 管理画笔预设

“画笔”面板主要用于管理Photoshop中的各种画笔，如图6.45所示。单击此面板右上角的面板按钮，弹出的面板菜单如图6.46所示，在此可以对画笔进行更多的管理和控制。

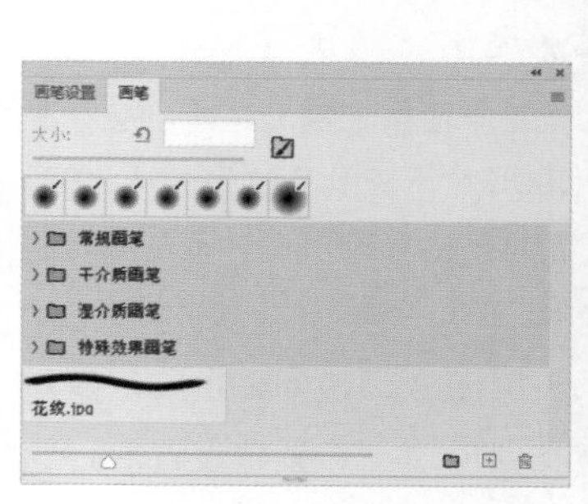

图 6.45

图 6.46

“画笔”面板中常用功能释义如下。

- “创建新组”按钮：在Photoshop 2020中，可以对画笔进行分组管理，单击此按钮并在弹出的对话框中输入名称，即可创建新的画笔分组，用户可以将画笔拖至不同的分组中，便于进行管理。

- “创建新画笔”按钮：单击此按钮，在弹出的对话框中单击“确定”按钮，按当前所选画笔的参数创建一个新画笔。
- “删除画笔”按钮：在选择“画笔预设”选项的情况下，选择一个画笔后，此按钮就会被激活，单击该按钮，在弹出的对话框中单击“确定”按钮即可将此画笔删除。

6.3 渐变工具

渐变工具是绘制图像时经常用到的工具，可用于绘制作品的背景、模拟图像的立体效果等。

6.3.1 绘制渐变的基本方法

渐变工具的使用方法较为简单，操作步骤如下。

01 选择渐变工具，在工具选项栏上的 5 种渐变类型中选择合适的类型。

02 在图像中右击，在弹出的如图 6.47 所示的渐变类型面板中选择合适的渐变效果。

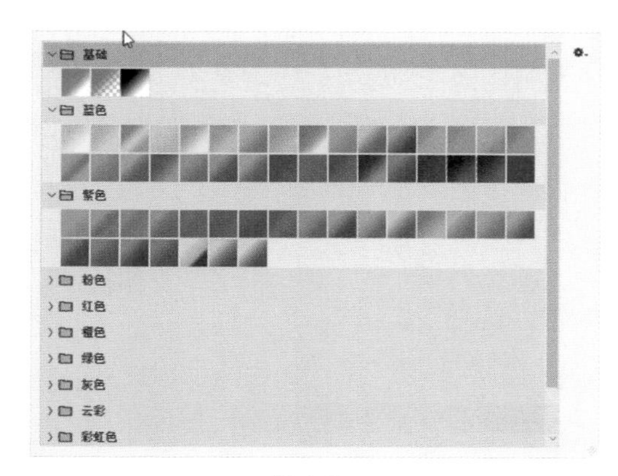

图 6.47

03 设置渐变工具选项栏中的其他选项。

04 使用渐变工具在图像中拖动，即可创建渐变效果。在拖动过程中，拖动的距离越长，渐变过渡越柔和，反之过渡越急促。

6.3.2 创建实色渐变

虽然Photoshop自带的渐变方式足够丰富，但在某些情况下，还是需要自定义新的渐变以配合图像的整体效果。创建实色渐变的步骤如下。

01 在渐变工具选项栏中选择任意一种渐变方式。

02 单击渐变显示条，如图 6.48 所示，调出如图 6.49 所示的渐变预设选择界面。

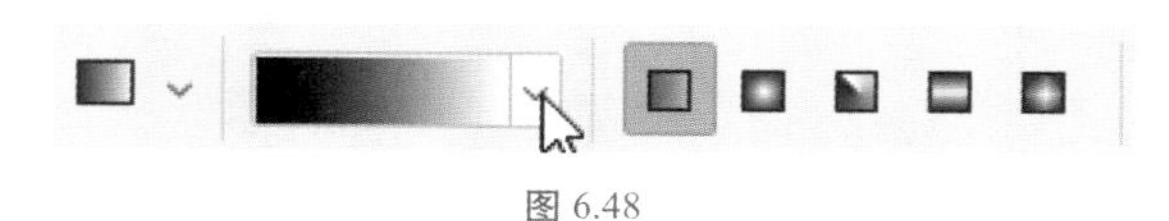

图 6.48

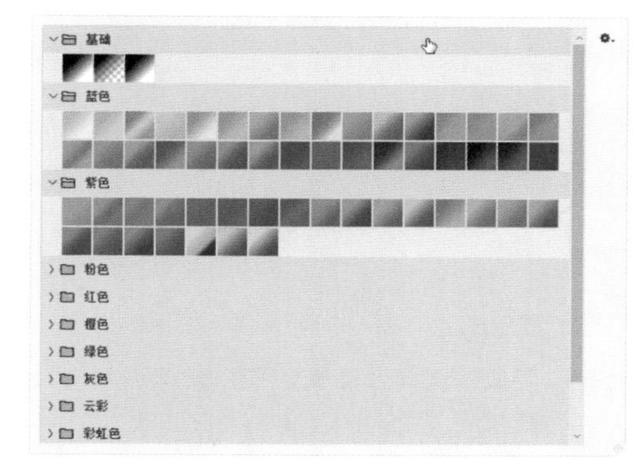

图 6.49

03 单击右上角的设置图标按钮，选择“新建渐变预设”，调出渐变编辑器，并在上面的预设中选择基础渐变，然后基于该渐变创建新的渐变。本例选择的是红色组中的红色 06 预设，如图 6.50 所示。

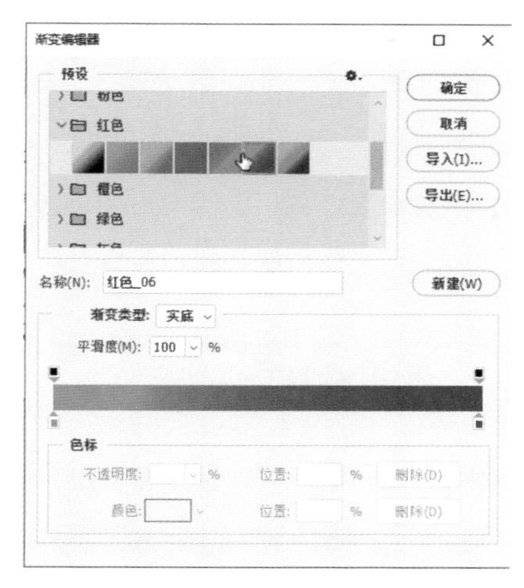

图 6.50

04 在“渐变类型”下拉列表中选择“实底”选项，如图 6.51 所示。

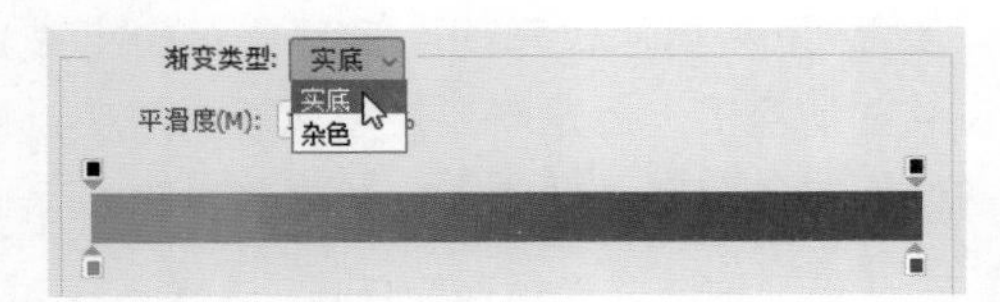

图 6.51

05 单击渐变色条下方起点处的色标并选中，如图 6.52 所示。

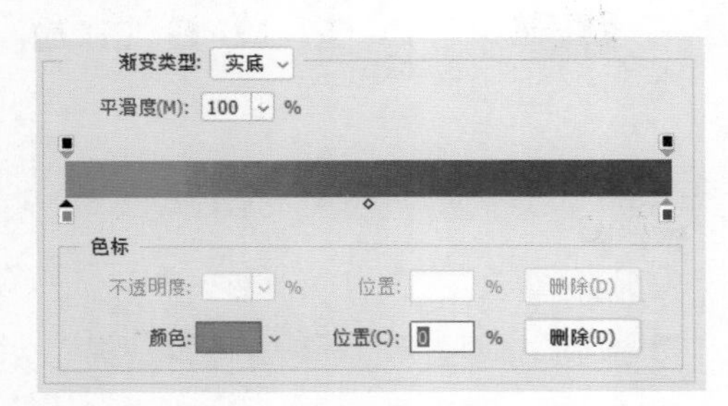

图 6.52

06 单击对话框底部“颜色”右侧的 按钮，弹出选项列表，其中各选项释义如下。

- 前景：选择此选项，可以使此色标定义的颜色随前景色的变化而变化。
- 背景：选择此选项，可以使此色标定义的颜色随背景色的变化而变化。
- 用户颜色：如果需要选择其他颜色来定义此色标，可以单击色块或者双击色标，在弹出的“拾色器（色标颜色）”对话框中选择颜色。

07 按照步骤 05~06 的方法为其他色标定义颜色，在此创建的是黑、红、白的三色渐变，如图 6.53 所示。如果需要在起点色标与终点色标中添加色标以将此渐变定义为多色渐变，可以直接在渐变色条下面的空白处单击，如图 6.54 所示，将此色标设置为黄色，如图 6.55 所示。

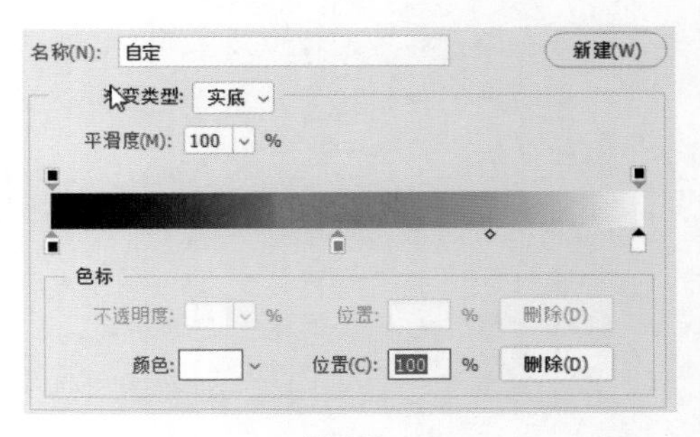

图 6.53

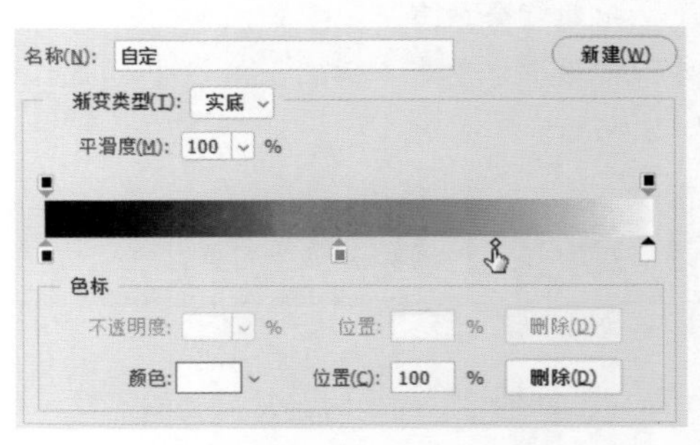

图 6.54

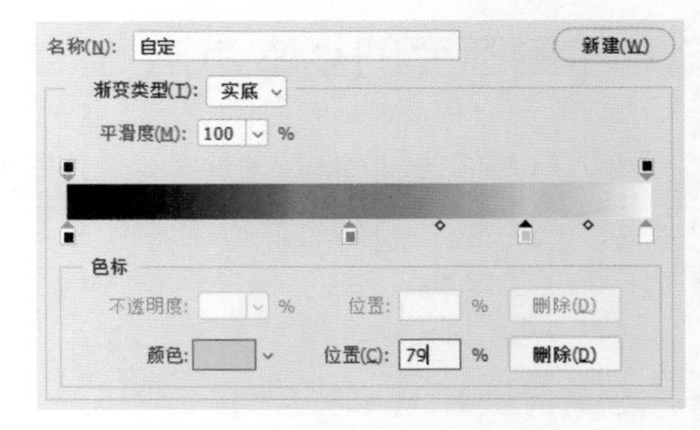

图 6.55

08 要调整色标的位置，可以按住鼠标左键将色标拖动到目标位置，或者在色标被选中的情况下，在“位置”文本框中输入数值，以精确定义色标的位置，如图 6.56 所示为改变色标位置后的状态。

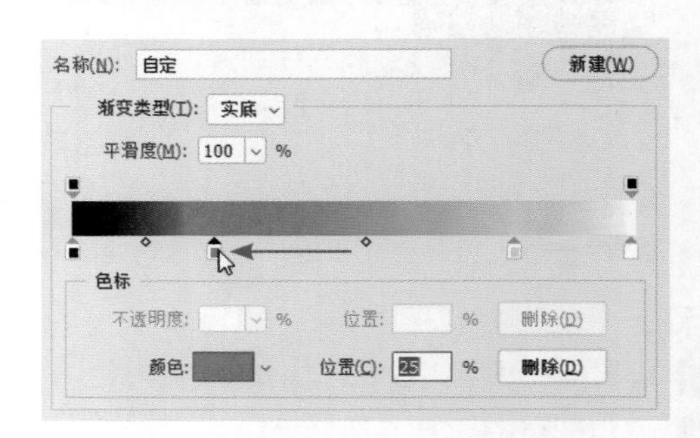

图 6.56

09 如果需要调整渐变的急缓程度，可以单击两个色标中间的菱形滑块并拖动，如图 6.57 所示为向右侧拖动菱形滑块后的状态。

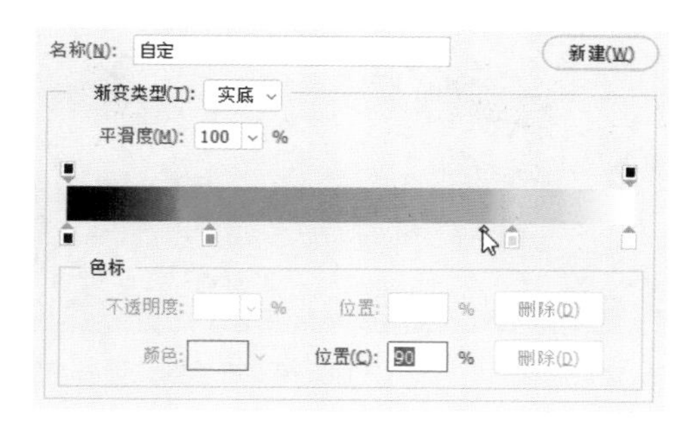

图 6.57

10 如果要删除选中的色标，可以按住鼠标左键向下拖动，直至该色标消失为止，如图 6.58 所示为将最右侧的白色色标删除后的状态。

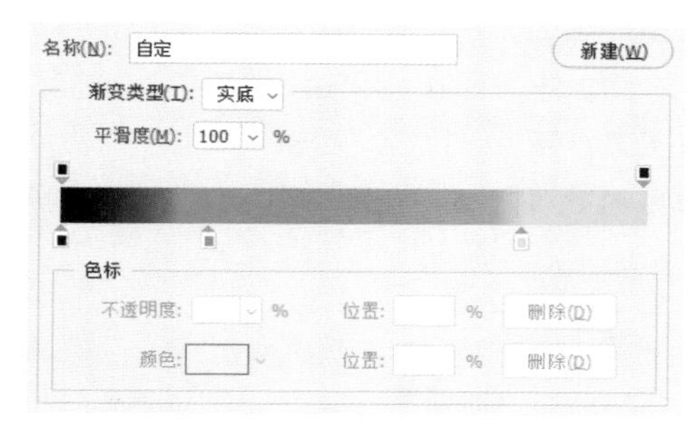

图 6.58

11 完成渐变颜色设置后，在“名称”文本框中输入渐变的名称。

12 如果要将渐变存储在“预设”区域中，可以单击“新建”按钮。

13 单击“确定”按钮，退出“渐变编辑器”对话框，新创建的渐变自动处于被选中的状态。

如图6.59所示为应用前面创建的实色渐变制作的渐变文字“彩铃”。

图 6.59

6.3.3 创建透明渐变

在Photoshop中除了可以创建不透明的实色渐变，还可以创建具有透明效果的实色渐变。创建具有透明效果的实色渐变步骤如下。

01 创建渐变，如图 6.60 所示。

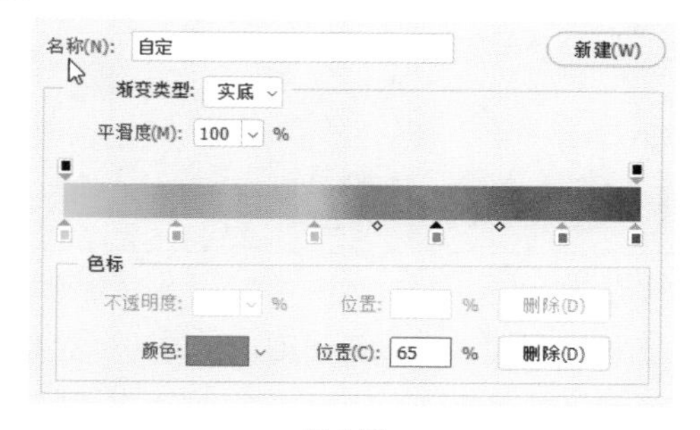

图 6.60

02 在渐变色条上需要产生透明效果的位置上方单击，添加一个不透明度色标。

03 选中此不透明度色标，在“不透明度”文本框中输入数值，如图 6.61 所示。

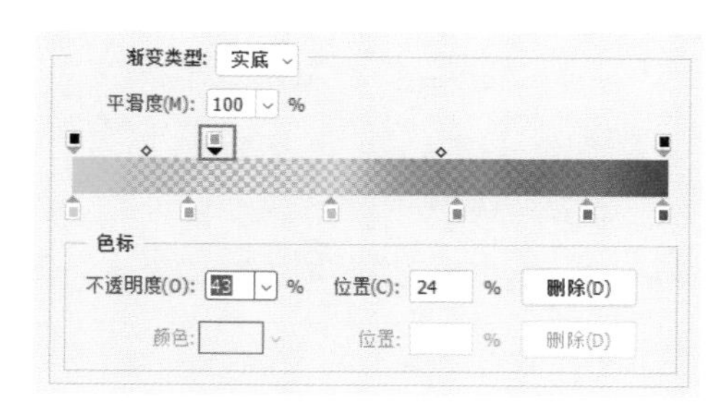

图 6.61

04 如果需要在渐变色条的多处位置产生透明效果，可以在渐变色条上方多次单击，以添加多个不透明度色标。

05 如果需要控制由两个不透明度色标定义的透明效果间的过渡效果，可以拖动两个不透明度色标中间的菱形滑块。

如图6.62所示为一个非常典型的具有多个不透明度色标的透明渐变。

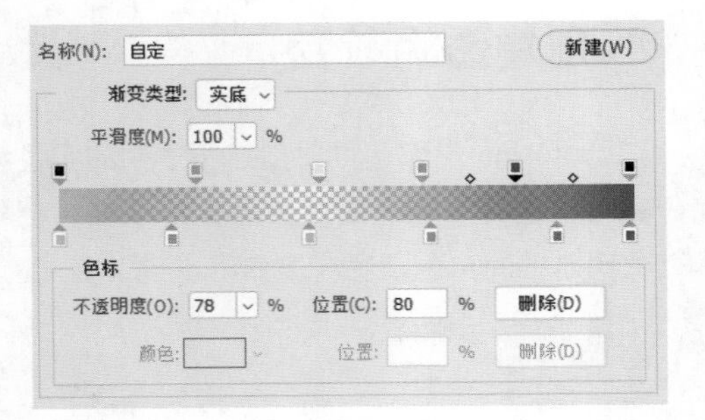

图 6.62

6.4 选区的描边

为选区描边，可以得到沿选区勾边的效果。在存在选区的状态下，执行“编辑”|“描边”命令，弹出如图6.63所示的“描边”对话框。

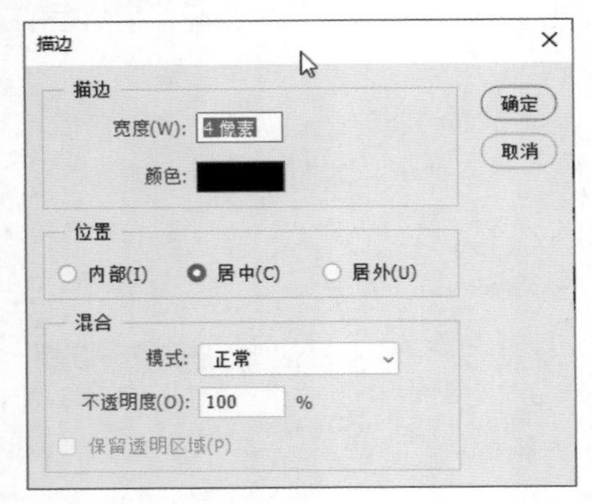

图 6.63

“描边”对话框各参数释义如下。

- 宽度：设置描边线条的宽度。数值越大，线条越宽。
- 颜色：单击色块，在弹出的“拾色器（描边颜色）”对话框中为描边线条选择合适的颜色。
- 位置：通过单击此区域中的3个单选按钮，可以设置描边线条相对于选区的位置，包括内部、居中和居外。
- 混合：可以设置填充的模式、不透明度等属性。

如图6.64所示为选区描边的过程及效果。

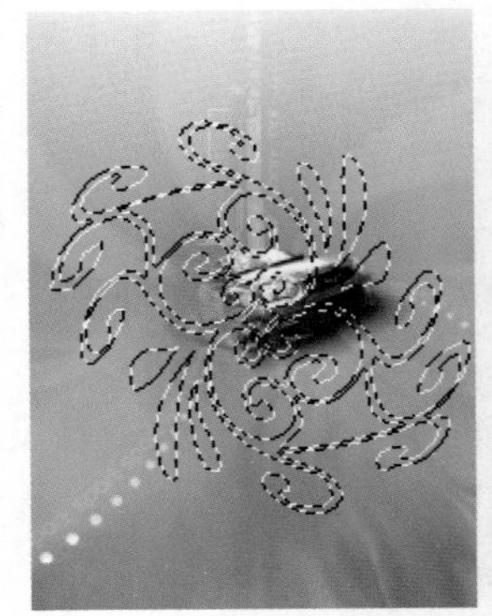

（a）原选区

（b）描边并修饰处理后的效果

图 6.64

6.5 选区的填充

创建选区时，将只对选区以内的范围填充颜色。除此之外，可以利用油漆桶工具填充颜色或者图案，还可以执行“编辑”|“填充”命令，在弹出的“填充”对话框中进行设置。如图6.65所示。

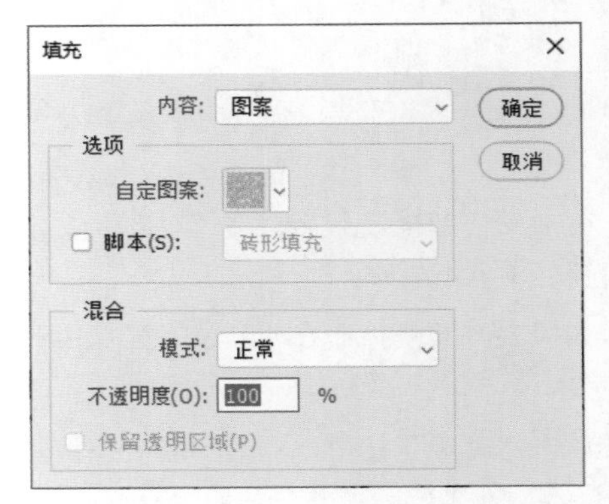

图 6.65

“填充”对话框各参数释义如下。

- 内容：在下拉列表中可以选择填充的类型，包括前景色、背景色、颜色、内容识别、图案、历史记录、黑色、50%灰色、白色。当选择“图案”选项时，其下方的“自定图案”选项被激活，单击“自定图案”右侧预览框的按钮，在弹出的“图案拾色器”面板中可以选择填充的图案。

如图6.66所示为有选区存在的图像。如图6.67所示为填充图案后的效果。如图6.68所示是添加其他设计元素后的效果。

图 6.66

图 6.67

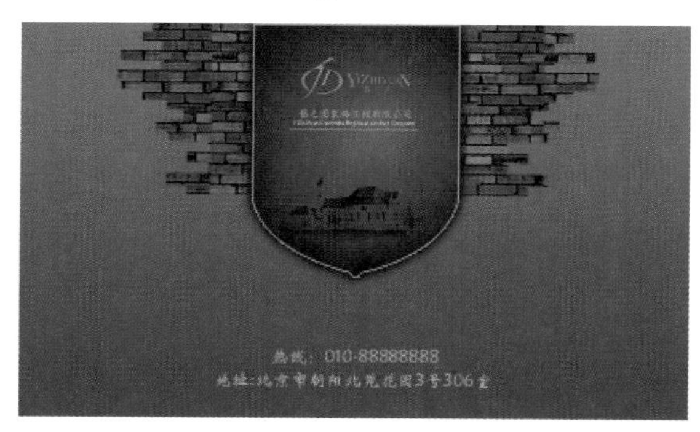

图 6.68

- 混合：可以设置填充的模式、不透明度等属性。

另外，若在“使用”下拉列表中选择“内容识别”选项，在填充选定的区域时，可以根据所选区域周围的图像进行修补，甚至可以在一定程度上“无中生有”，为图像处理提供更智能、更有效率的解决方案。

下面通过一个简单的实例，讲解此功能的使用方法。

01 打开配套素材中的文件“第 6 章 \6.5-2- 素材 .jpg”，如图 6.69 所示。在本例中，将去除画面上方的灯笼。

02 使用多边形套索工具 创建选区，选中将要去除的灯笼。创建选区时，可尽量精确一些，这样填充的结果也会更加准确，但也不要完全贴着灯笼的边缘绘制，否则可能会让填充后的图像产生杂边，如图 6.70 所示。

图 6.69

图 6.70

03 使用 Shift+Backspace 组合键或执行“编辑”|“填充”命令，在弹出的对话框中设置参数如图 6.71 所示。

04 单击“确定”按钮，退出对话框，使用 Ctrl+D 组合键取消选区，将得到如图 6.72 所示的填充结果。可以看出，多余的灯笼已经基本被修除，除了中心位置还留有一些痕迹，其他区域已经基本替换为较接近的图像。

图 6.71

图 6.72

05 如果对效果不满意，可以使用修补工具 或仿制图章工具 ，将残留的痕迹修补干净，得到如图 6.73 所示的效果，如图 6.74 所示是本例的整体效果。

图 6.73

图 6.74

若选中“颜色适应”复选框，则可以在修复图像的同时，使修复后的图像色彩也能够与原图像相匹配。

6.6 自定义规则图案

Photoshop提供了大量的预设图案，可以通过预设管理器将其载入并使用，但再多的图案，也无法满足设计师千变万化的需求，所以Photoshop提供了自定义图案的功能。

自定义图案的方法非常简单。打开要定义图案的图像，然后执行“编辑”|“定义图案”命令，在弹出的对话框中输入名称，然后单击“确定”按钮即可。

若要限制定义图案的区域，则可以使用矩形选框工具创建选区，将要定义的范围选中，再执行上述操作即可。

6.7 变换对象

利用Photoshop的变换命令，可以缩放图像、倾斜图像、旋转图像或者扭曲图像。本节将对各个变换命令进行详解。

6.7.1 缩放图像

缩放图像的步骤如下。

01 选择要缩放的图像，执行“编辑”|“变换”|“缩放”命令，或者使用 Ctrl+T 组合键。

02 将光标放置在变换控制框的控制手柄上，当光标变为↔形状时拖动鼠标，即可改变图像的大小。拖动左侧或者右侧的控制手柄，可以在水平方向上改变图像的大小；拖动上方或者下方的控制手柄，可以在垂直方向上改变图像的大小；拖动拐角处的控制手柄，可以同时在水平或者垂直方向上改变图像的大小。

03 得到需要的效果后释放鼠标，并双击变换控制框以确认缩放操作。

如图6.75所示为原图像。如图6.76所示为放大轮胎后的效果。

图 6.75

图 6.76

> 提示：在拖动控制手柄时，尝试分别按住Shift键及不按住Shift键进行操作，会得到不同的效果。

6.7.2 旋转图像

旋转图像的步骤如下。

01 打开配套素材中的文件“第 6 章 \6.7.2- 素材 .psd”，如图 6.77 所示，其对应的“图层”面板如图 6.78 所示。

图 6.77

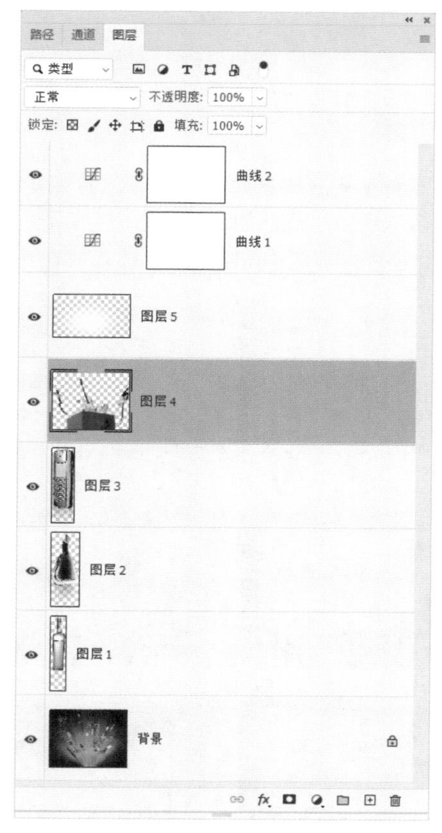

图 6.78

02 选择“图层 1”，并使用 Ctrl+T 组合键，弹出自由变换控制框。

03 将光标置于控制框外围，当光标变为弯曲箭头⤴时拖动鼠标，即可以中心点为基准旋转图像，如图 6.79 所示。按 Enter 键确认变换操作。

图 6.79

04 按照上一步的方法分别对“图层 2”和“图层 3”中的图像进行旋转，直至得到如图 6.80 所示的效果。

图 6.80

> 提示：如果需要按15° 的增量旋转图像，可以在拖动鼠标的同时按住Shift键，得到需要的效果后，双击变换控制框即可。如果要将图像旋转180°，可以执行“编辑”|“变换”|“旋转180度”命令。如果要将图像顺时针旋转90°，可以执行“编辑”|“变换”|“旋转90度（顺时针）”命令。如果要将图像逆时针旋转90°，可以执行“编辑”|“变换”|“旋转90度（逆时针）”命令。

6.7.3 斜切图像

斜切图像是指按平行四边形的方式移动图像。斜切图像的步骤如下。

01 打开配套素材中的文件“第 6 章 \6.7.3- 素材 .psd”，选择要斜切的图像，执行“编辑”|“变换”|“斜切”命令。

02 将光标放置到变换控制框附近，当光标变为箭头形状时拖动鼠标，即可使图像在光标移动的方向上发生斜切变形。

03 得到需要的效果后释放鼠标，并在变换控制框中双击以确认斜切操作。

如图6.81所示为斜切图像的操作过程。

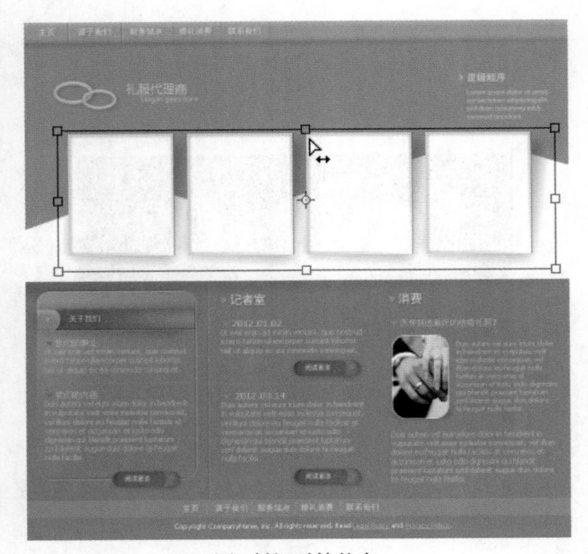

(a) 斜切时的状态

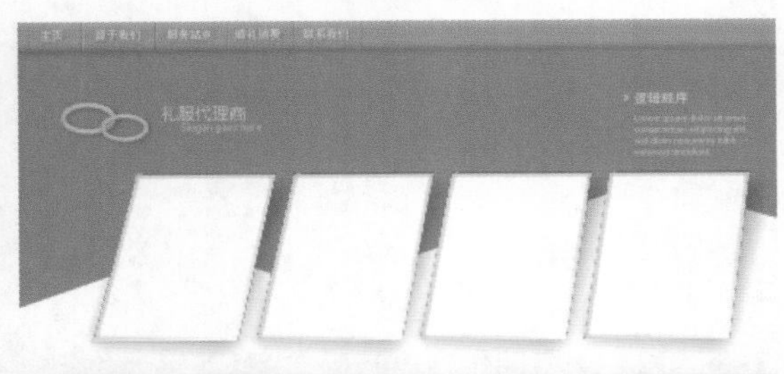

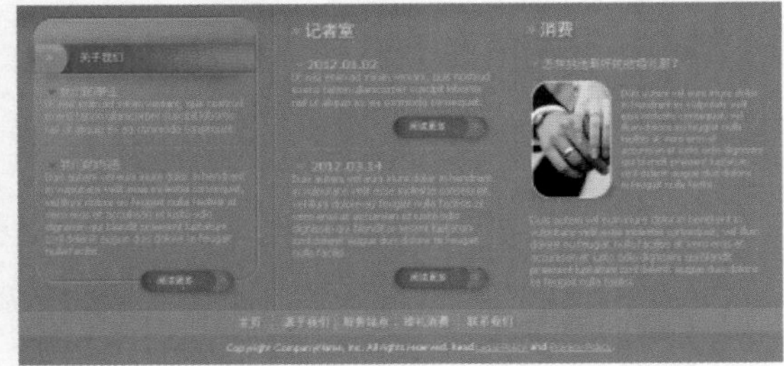

(b) 斜切后的效果

图 6.81

6.7.4 扭曲图像

扭曲图像是应用频繁的一类变换操作。通过此类变换操作，可以使图像根据任何一个控制手柄的变动而发生变形。扭曲图像的步骤如下。

01 分别打开配套素材中的文件“第 6 章 \6.7.4- 素材 1.jpg”和“6.7.4- 素材 2.jpg”，使用移动工具 将“素材 1”中的图像拖至“素材 2”文件中。

02 执行“编辑”|“变换”|“扭曲”命令，将光标放置到变换控制框附近或控制手柄上，当光标变为箭头形状 时拖动鼠标，即可将图像拉斜变形。

03 得到需要的效果后释放鼠标，并在变换控制框中双击以确认扭曲操作。

如图6.82所示为扭曲图像的操作过程。

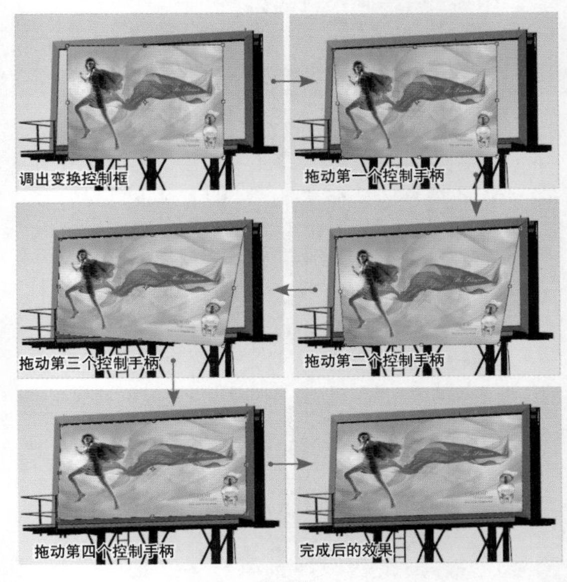

图 6.82

6.7.5 透视图像

通过对图像进行透视变换，可以使图像具有透视效果。透视变换的步骤如下。

01 打开配套素材中的文件“第 6 章 \6.7.5- 素材 .psd”，执行“编辑”|“变换”|“透视”命令。

02 将光标移动到控制手柄上，当光标变为箭头形状 时拖动鼠标，即可使图像发生透视变换。

03 得到需要的效果后释放鼠标，双击变换控制框以确认透视操作。

为图像添加透视效果的操作过程如图6.83所示，其中的最终效果图为设置了图层的混合模式及添加其他元素后的效果，从而将水面与木桥融合在一起。

图 6.83

> 提示：执行此操作时，应该尽量缩小图像的观察比例，多显示一些图像外围的灰色区域，以便于拖动控制手柄进行调整。

6.7.6 翻转图像

翻转图像包括水平翻转和垂直翻转两种。翻转图像的步骤如下。

01 打开配套素材中的文件“第 6 章\6.7.6- 素材 .psd”，如图 6.84 所示，选择要水平或垂直翻转的图像。

02 执行“编辑”|“变换”|“水平翻转”命令或“编辑”|“变换”|“垂直翻转”命令。

如图6.85所示为执行“水平翻转”命令后的效果。

图 6.84

图 6.85

6.7.7 再次变换

如果已进行过任何一种变换操作，可以执行“编辑”|“变换”|“再次”命令，以相同的参数再次对当前操作图像进行变换操作，使用此命令可以确保前后两次变换操作的效果相同。例如，上一次将图像旋转90°，执行此命令，可以对任意操作图像完成旋转90°的操作。

如果在执行此命令时按住Alt键，则可以对被操作图像进行变换操作并进行复制。如果要制作多个复制连续变换的操作效果，此操作非常有效。

下面通过一个添加背景效果的实例讲解此操作。

01 打开配套素材中的文件“第 6 章\6.7.7- 素材 .psd”，如图 6.86 所示。为了便于操作，首先隐藏最顶部的图层。

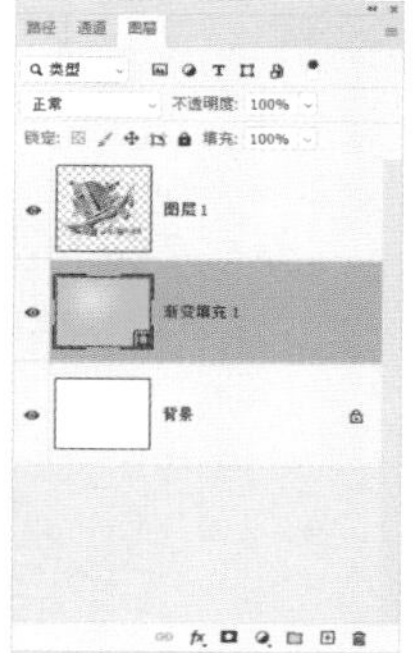

图 6.86

02 选择钢笔工具 ，在其工具选项栏上选择“形状”选项，在图中绘制如图 6.87 所示的形状。

图 6.87

> 提示：关于形状图层的详细讲解，请参见本书第7.4节的内容。

03 单击钢笔工具选项栏上“填充”右侧的图标，在弹出的面板设置参数，如图 6.88 所示。此时的图像效果如图 6.89 所示。

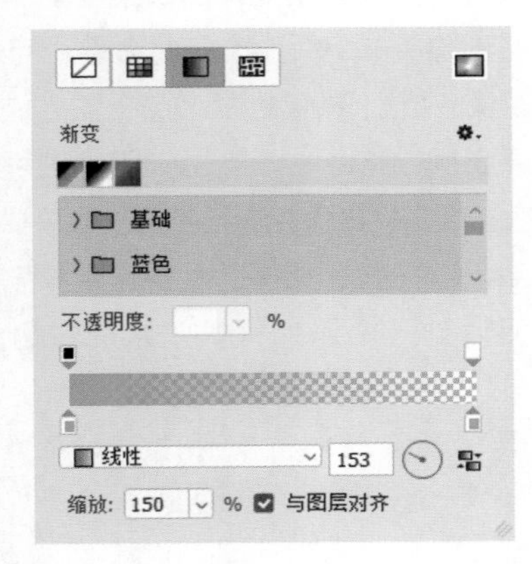

图 6.88

图 6.89

04 使用 Ctrl+Alt+T 组合键，调出自由变换控制框。将光标放置在左上角的控制手柄上，如图 6.90 所示。

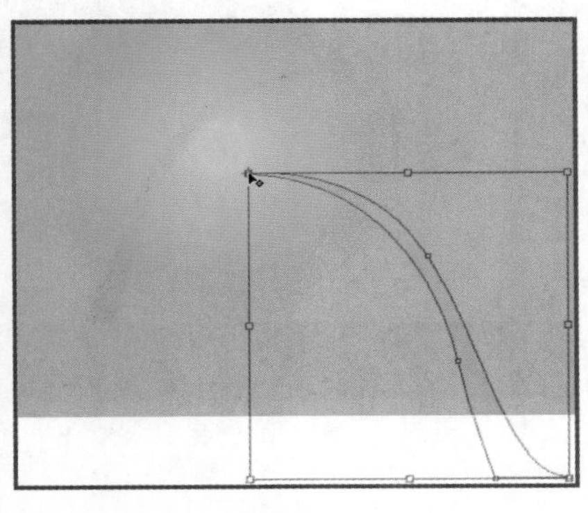

图 6.90

05 拖动控制框顺时针旋转 −15°，可直接在工具选项栏上输入数值 -15.0 度，得到如图 6.91 所示的变换效果。

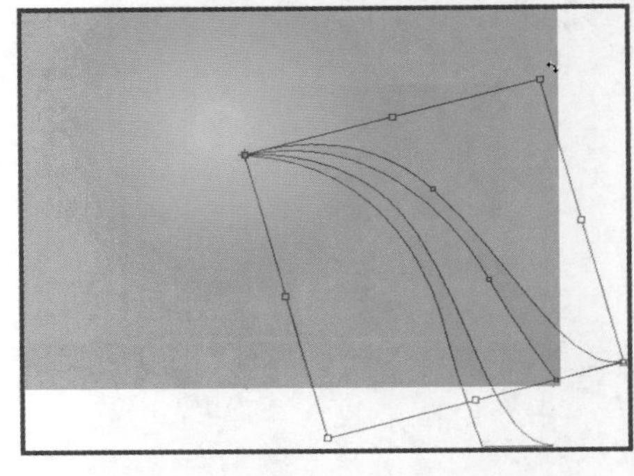

图 6.91

06 按 Enter 键，确认变换操作，连续使用 Ctrl+Alt+Shift+T 组合键，执行连续变换并复制操作，直至得到如图 6.92 所示的效果。如图 6.93 所示是显示图像整体的状态，如图 6.94 所示是显示步骤 01 隐藏的图层后的效果，对应的“图层”面板如图 6.95 所示。

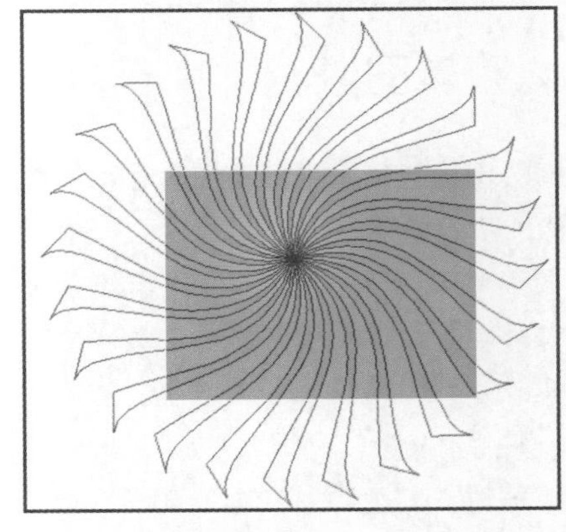

图 6.92

图 6.93

图 6.94

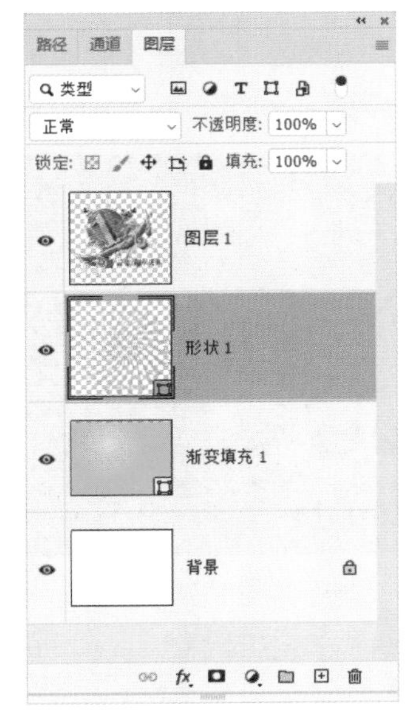

图 6.95

6.7.8 变形图像

执行“变形”命令，可以对图像进行更为灵活、细致地变换操作，如制作页面折角及翻转胶片等效果。执行“编辑”|“变换”|“变形”命令即可调出变形控制框，同时工具选项栏将显示为如图6.96所示的状态。

在调出变形控制框后，可以采用以下两种方法对图像进行变形操作。

- 直接在图像内部、锚点或控制手柄上拖动，直至将图像变形为所需的效果。
- 在工具选项栏的“变形”下拉列表中选择适当的形状。

图 6.96

变形工具选项栏中的各参数释义如下。

- 变形：在其下拉列表中可以选择15种预设的变形类型。如果选择“自定”选项，则可以随意对图像进行变形操作。

> 提示：选择预设的变形选项后，无法再随意对变形控制框进行编辑。

- “更改变形方向”按钮：单击此按钮，可以改变图像变形的方向。
- 弯曲：输入正值或者负值，可以调整图像的扭曲程度。
- H、V：输入数值，可以控制图像在水平和垂直方向扭曲时的比例。

下面讲解如何使用此命令变形图像。

01 分别打开配套素材中的文件“第 6 章 \6.7.8-素材 1.jpg”和“第 6 章 \6.7.8- 素材 2.jpg”，如图 6.97 和图 6.98 所示，将“素材 2”拖至“素材 1”中，得到“图层 1”。

图 6.97

图 6.98

02 按 F7 键，显示“图层”面板，在“图层 1”的图层名称上右击，在弹出的快捷菜单中执行“转换为智能对象”命令，这样该图层即可记录下所做的所有变换操作。

03 使用 Ctrl+T 组合键，调出自由变换控制框，按住 Shift 键缩小并旋转图像，将其置于白色飘带的上方，如图 6.99 所示。

图 6.99

04 在控制框内右击，在弹出的快捷菜单中执行“变形”命令，以调出变形网格。

05 将光标置于变形网格右下角的控制手柄上，然后向右上方拖动以使图像变形，并与白色飘带的形态变化相匹配，如图 6.100 所示。

图 6.100

06 按照上一步的操作方法，分别调整渐变网格的各个位置，直至得到如图 6.101 所示的状态。

图 6.101

07 对图像进行变形处理后，按 Enter 键，确认变换操作，得到的最终效果如图 6.102 所示。

图 6.102

6.7.9 操控变形

利用操控变形功能可以用更细腻的网格、更自由的编辑方式对图像进行变形。选中要变形的图像，执行“编辑”|“操控变形”命令，即可调出其网格，此时的工具选项栏如图6.103所示。

模式: 正常 密度: 正常 扩展: 2 像素 显示网格 图钉深度: 旋转: 自动 0 度

图 6.103

“操控变形”命令选项栏的参数释义如下。

- 模式：在此下拉列表中选择不同的选项，变形的程度也各不相同。如图6.104所示是分别选择不同的选项，将飘带拖至相同位置时的不同变形效果。

图 6.104

- 密度：在此下拉列表中可以选择网格的密度。越密的网格占用的系统资源越多，但变形也越精确，在实际操作时应注意根据情况进行选择。
- 扩展：在此输入数值，可以设置变形风格相对于当前图像边缘的距离，此数值可以为负数，即可以向内缩减图像。
- 显示网格：选中此复选框时，将在图像内部显示网格，反之则不显示网格。
- “将图钉前移”按钮：单击此按钮，可以将当前选中的图钉向前移一个层次。
- “将图钉后移”按钮：单击此按钮，可以将当前选中的图钉向后移一个层次。
- 旋转：在此下拉列表中选择“自动”选项，则可以手动拖动图钉调整其位置；如果在后面的数值框中输入数值，则可以精确地定义图钉的位置。
- “移去所有图钉”按钮：单击此按钮，可以清除当前添加的图钉，同时还会复位当前所做的所有变形操作。

在调出变形网格后，光标将变为状态，此时在变形网格内部单击即可添加图钉，用于编辑和控制图像的变形。如图6.105所示为原图像，选中人物所在的图层后，执行“编辑”|“操控变形”命令，调出网格。如图6.106所示是添加并编辑图钉后的变形效果。

图 6.105

图 6.106

> 提示：在进行操控变形时，可以将当前图像所在的图层转换为智能对象图层，这样所做的操控变形就可以记录下来，以供下次继续进行编辑。

第7章 路径与形状功能详解

7.1 初识路径

7.1.1 路径的基本组成

路径是基于贝赛尔曲线建立的矢量图形，所有使用矢量绘图软件或矢量绘图工具制作的线条，原则上都可称为路径。

一条完整的路径由锚点、控制手柄、路径线构成，如图7.1所示。

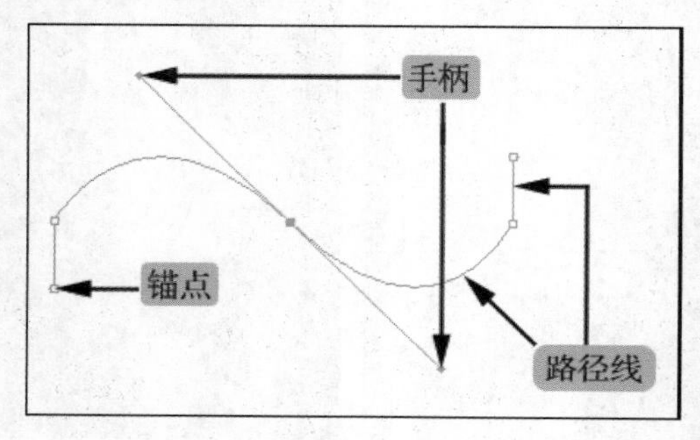

图 7.1

路径可能表现为一个点、一条直线或者是一条曲线，除了点以外的其他路径均由锚点、锚点间的线段构成。如果锚点间的线段曲率不为零，则锚点的两侧有控制手柄。锚点与锚点之间的相对位置关系，决定了这两个锚点之间路径线的位置。锚点两侧的控制手柄控制该锚点两侧路径线的曲率。

7.1.2 路径的分类

在Photoshop中经常会使用以下几类路径。

01 开放型路径：起始点与结束点不重合，如图7.2 所示。

02 闭合型路径：起始点与结束点重合，从而形成封闭线路，如图 7.3 所示。

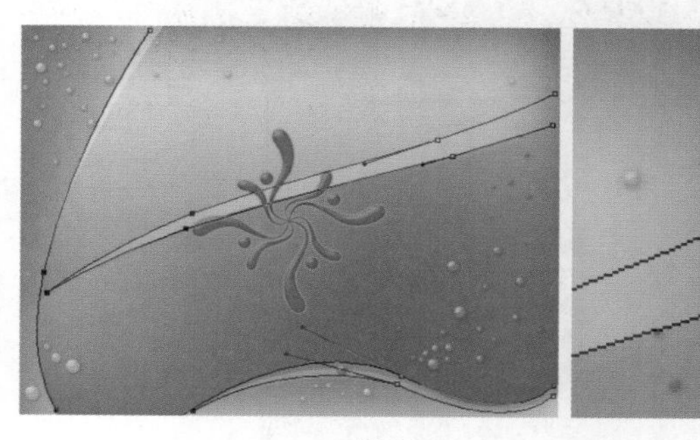

图 7.2

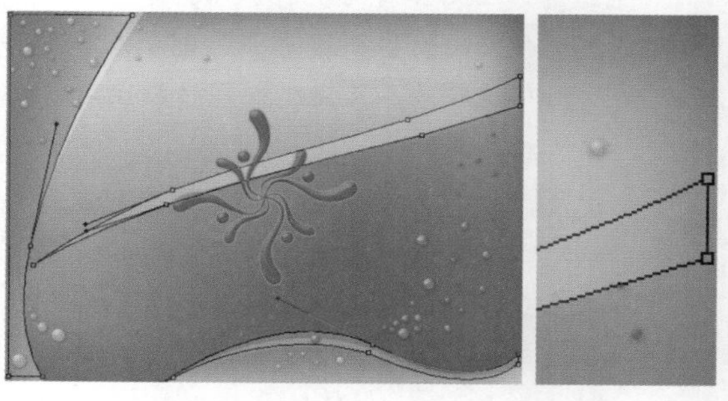

图 7.3

03 直线型路径：两侧没有控制手柄，锚点两侧的路径线曲率为零，表现为直线段通过锚点，如图 7.4 所示。

图 7.4

04 曲线型路径：路径线的曲率有角度，两侧最少有一个控制手柄，如图 7.5 所示。

图 7.5

7.1.3 设置路径的显示选项

在Photoshop 2020中，用户可以自定义路径的显示选项，便于直观地绘制路径。

在任意一个路径绘制工具的工具选项栏上，用户可以单击“设置”按钮，在弹出的面板中设置路径的显示属性，如图7.6所示。

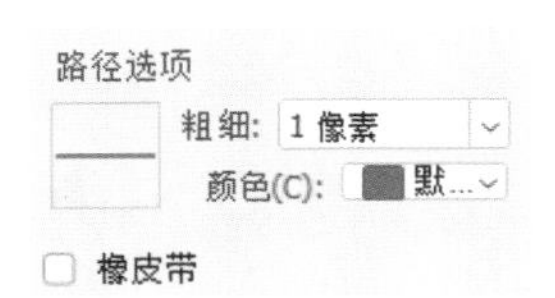

图 7.6

其中“粗细”参数可设置路径显示的粗细；在“颜色”下拉列表中可选择路径的颜色。对习惯使用旧版路径显示效果的，将路径的颜色设置为“黑色”即可。

7.2 使用钢笔工具绘制路径

7.2.1 钢笔工具

可以使用钢笔工具和自由钢笔工具绘制路径。选择两种工具中的任意一种，都需要在如图7.7所示的工具选项栏中选择绘制方式，其中有2种方式可选。

图 7.7

- 形状：选择此选项，可以绘制形状。
- 路径：选择此选项，可以绘制路径。

选择钢笔工具，在其工具选项栏中单击“设置”按钮，可以选择“橡皮带”选项。在“橡皮带”选项被选中的情况下，绘制路径时可以依据锚点与光标间的线段判断下一段路径线的走向。

7.2.2 掌握路径绘制方法

1. 绘制开放型路径

如果需要绘制开放型路径，可以在得到所需要的开放型路径后，按Esc键放弃对当前路径的选择；也可以随意再向下绘制一个锚点，然后按Delete键删除该锚点。与前一种方法不同的是，使用此方法得到的路径将保持被选择的状态。

2. 绘制闭合型路径

如果需要绘制闭合型路径，必须使路径的最后一个锚点与第一个锚点重合，即绘制到路径结束点处时，将光标放置在路径起始点处，此时在光标的右下角显示一个小圆圈，如图7.8所示，单击该处即可使路径闭合，如图7.9所示。

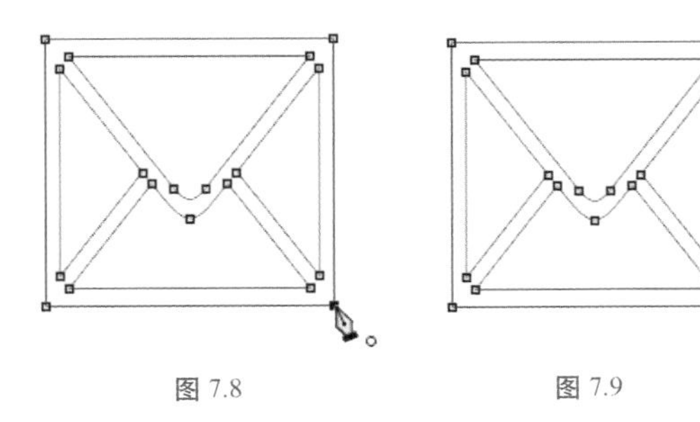

图 7.8　　图 7.9

3. 绘制直线型路径

最简单的路径是直线型路径，构成此类路径的锚点都没有控制手柄。绘制此类路径时，先将光标放置在绘制直线路径的起始点处，单击以定义第一个锚点的位置，在直线结束的位置处再次单击以定义第二个锚点的位置，两个锚点之间将创建一条直线型路径，如图7.10所示。

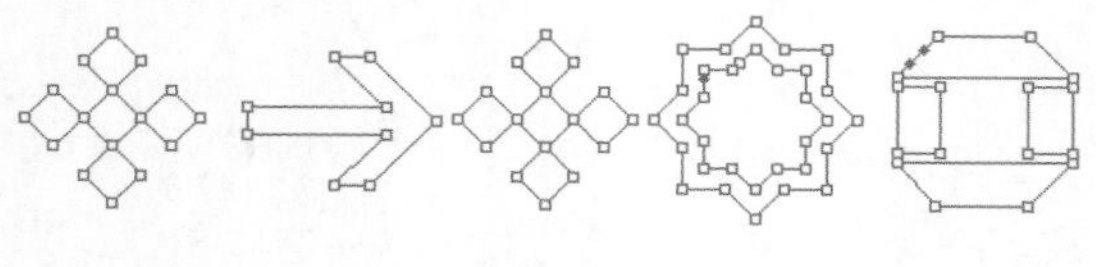

图 7.10

> 提示：绘制路径时，按住Shift键，观察是否能够绘制水平、垂直或者呈45°角的直线型路径。

4. 绘制曲线型路径

如果某一个锚点有两个位于同一条直线上的控制手柄，则该锚点被称为曲线型锚点。相应地，包含曲线型锚点的路径被称为曲线型路径。绘制曲线型路径的步骤如下。

01 在绘制时，将光标放置在要绘制路径的起始点位置，单击以定义第一个点作为起始锚点，此时光标变成箭头形状。

02 当单击以定义第二个锚点时，按住鼠标左键不放，并向某方向拖动鼠标，此时在锚点的两侧出现控制手柄，拖动控制手柄直至路径线出现合适的曲率，按此方法不断进行绘制，即可绘制一段段相连接的曲线型路径。

拖动鼠标时，控制手柄的拖动方向及长度决定了曲线型路径的方向及曲率。如图7.11所示为不同控制手柄的长度及方向对路径效果的影响。

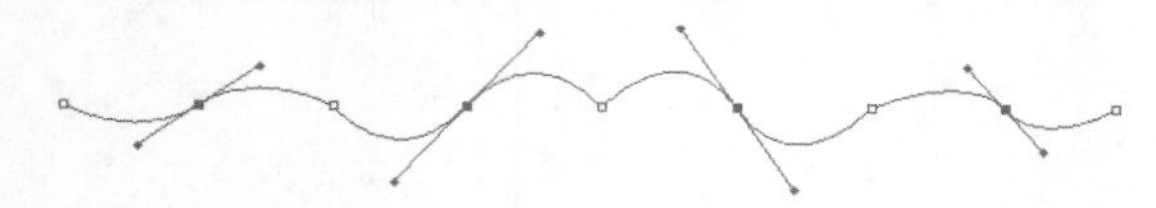

图 7.11

如图7.12所示为使用此方法绘制的曲线型路径。

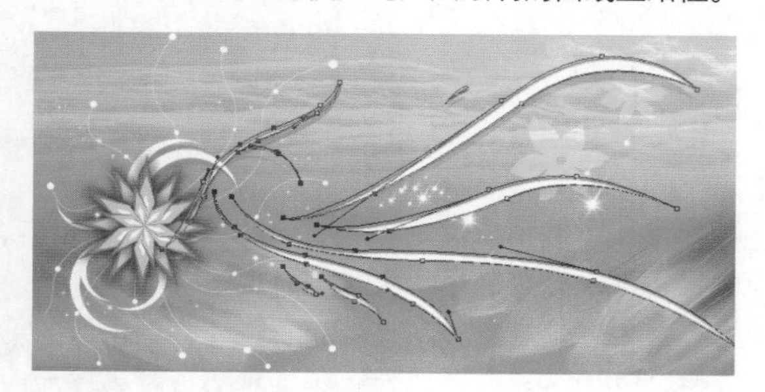

图 7.12

5. 绘制拐角型路径

拐角型锚点具有两个控制手柄，但两个控制手柄不在同一条直线上。通常情况下，如果某锚点具有两个控制手柄，则两个控制手柄在一条水平线上，并且会相互影响，即当拖动其中一个手柄时，另一个手柄将向相反方向移动，此情况下无法绘制出如图7.13所示的包含拐角型锚点的拐角型路径。

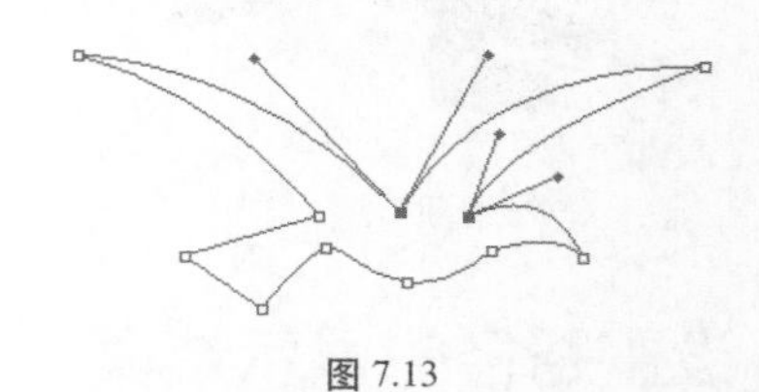

图 7.13

绘制拐角型路径的步骤如下。

01 按照绘制曲线型路径的方法定义第二个锚点，如图 7.14 所示。

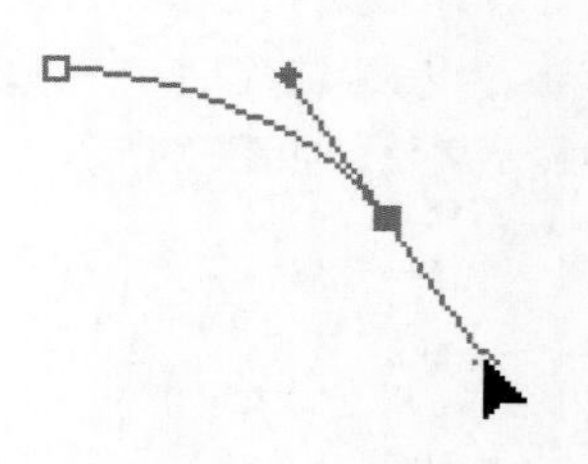

图 7.14

02 释放鼠标左键前按住 Alt 键，此时仅可以移动一个手柄而不会影响另一个手柄，如图 7.15 所示。

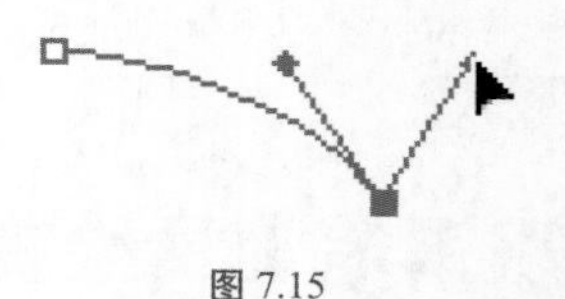

图 7.15

03 先释放鼠标左键，再释放 Alt 键，绘制第三个锚点，如图 7.16 所示。

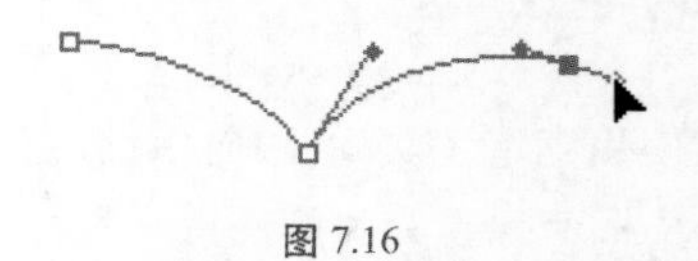

图 7.16

6. 在曲线型路径后接直线型路径

通过拖动鼠标创建一个具有双向手柄的锚点

时，因为双向手柄存在相互制约的关系，所以按照通常的方法绘制下一段路径线时将无法得到直线型路径，如图7.17所示。

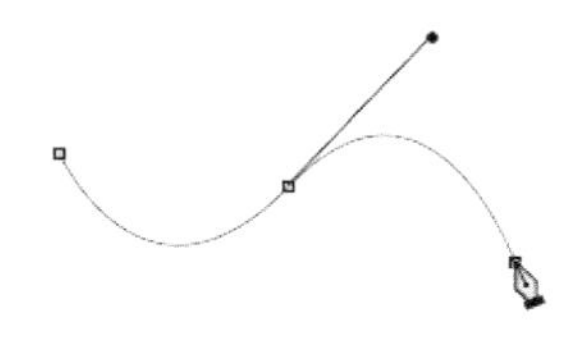

图 7.17

在曲线型路径后绘制直线型路径的步骤如下。

01 按通常绘制曲线型路径的方法定义第二个锚点，使该锚点的两侧位置出现控制手柄。

02 按住 Alt 键并单击锚点中心，取消一侧的控制手柄，如图 7.18 所示。

图 7.18

03 继续绘制直线型路径，效果如图 7.19 所示。

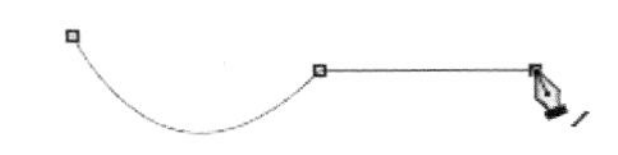

图 7.19

7. 连接路径

在绘制路径的过程中经常会遇到连接两条开放型路径的情况，步骤如下。

01 使用钢笔工具 单击开放型路径的最后一个锚点，如果位置正确，则光标将变为连接钢笔光标形状，如图 7.20 所示。

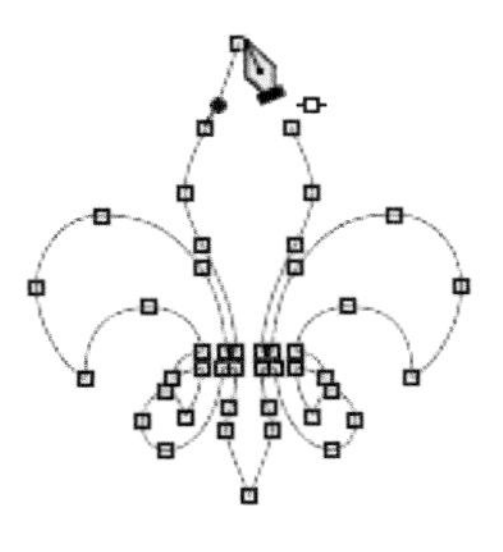

图 7.20

02 单击此锚点，使钢笔工具 与锚点相连接，单击另一处断开位置，此时光标变为形状，在此位置单击即可连接两条开放型路径，使其成为闭合型路径，如图 7.21 所示。

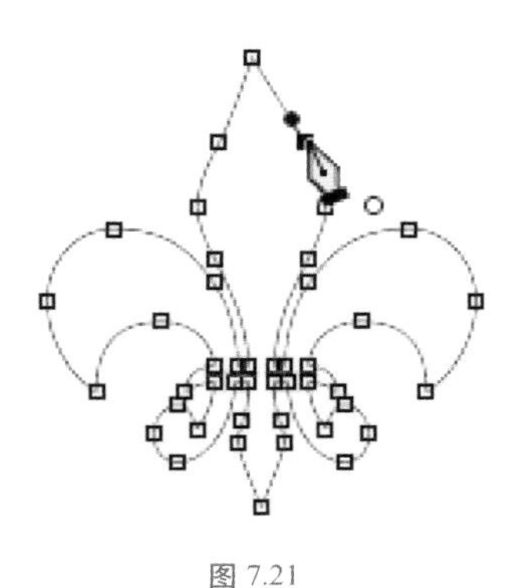

图 7.21

8. 切断连续的路径

如果将一条闭合型路径转换为一条开放型路径，或者将一条开放型路径转换为两条开放型路径，则需要切断连续的路径。要切断路径，可以先使用直接选择工具 选择要断开位置处的路径线，再按Delete键。

7.2.3 使用弯度钢笔工具绘制路径

Photoshop 2020的弯度钢笔工具 可以像钢笔工具 一样用于绘制各种曲线型路径，其特点在于，可以更方便地编辑曲线型路径。

弯度钢笔工具 在添加锚点、删除锚点等基础操作上，与钢笔工具 基本相同，故不再详细说明，下面针对弯度钢笔工具 的一些特殊操作进行说明。

1. 绘制直线型路径

使用弯度钢笔工具 绘制直线型路径时，除第一个锚点外，需要执行双击操作，才可以绘制直线型路径。

2. 绘制曲线型路径

在使用弯度钢笔工具 绘制曲线型路径时，至少要单击3次以在不同的位置创建3个锚点，才能形成一条曲线型路径，如图7.22所示。

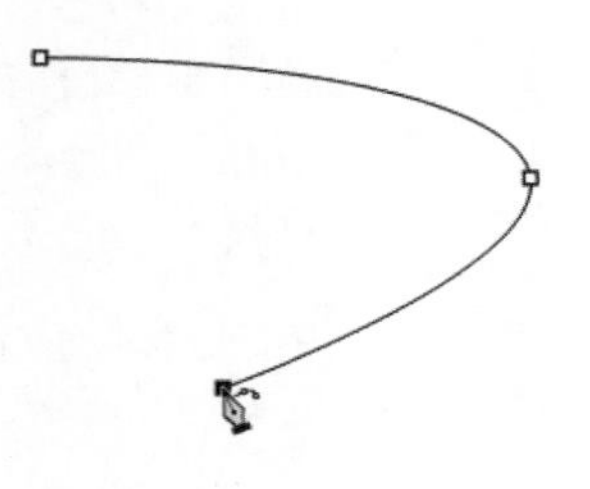

图 7.22

若在创建第3个锚点时按住鼠标左键并拖动，可以改变曲线型路径的形态，如图7.23所示。

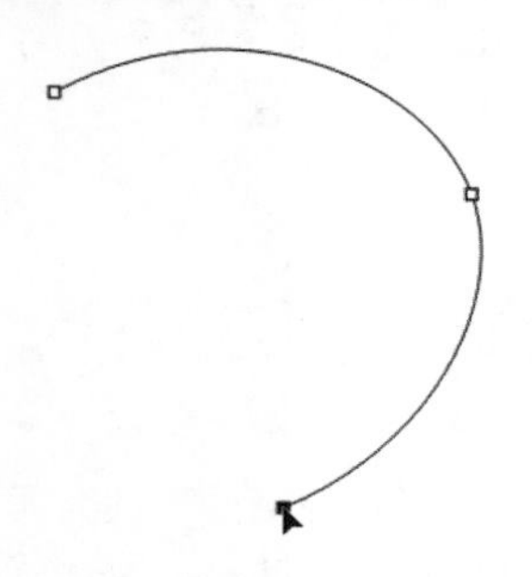

图 7.23

在继续添加第4个或更多锚点时，将根据最近的3个锚点确定路径线的弧度，如图7.24所示。

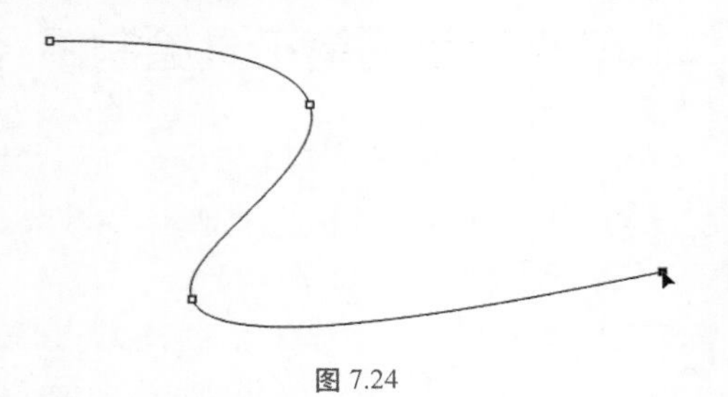

图 7.24

3. 编辑锚点

对已存在的锚点，可以在选择弯度钢笔工具后，将光标置于锚点上并按住鼠标左键拖动，即可改变路径线的形态，如图7.25所示。

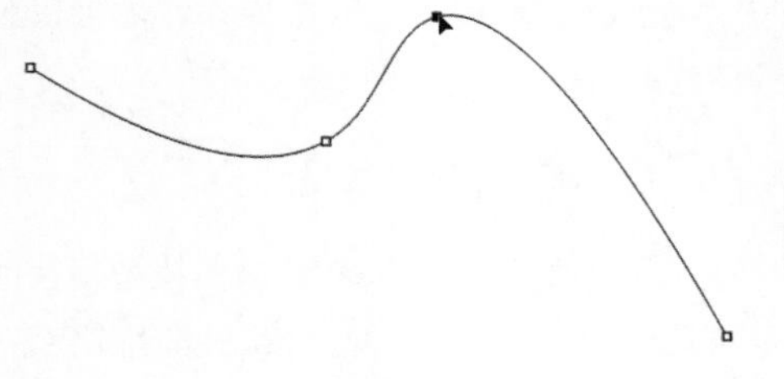

图 7.25

若要将当前的曲线型锚点转换为拐角型锚点，可以使用弯度钢笔工具在锚点上双击，如图7.26所示是转换中间两个锚点后的效果。

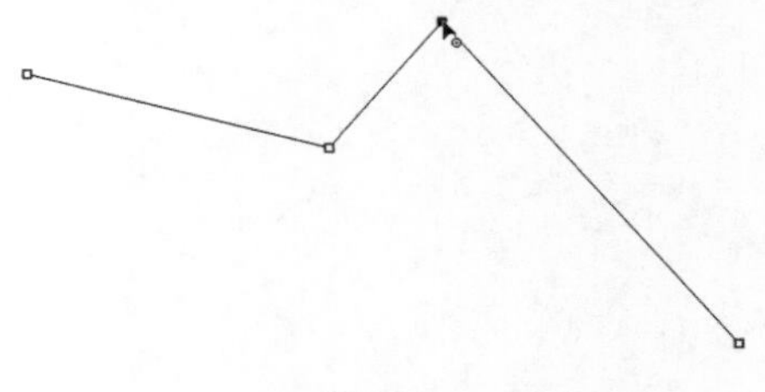

图 7.26

7.3 使用形状工具绘制路径

利用Photoshop中的形状工具，可以非常方便地创建各种几何形状或路径。在工具箱中的形状工具组上右击，将弹出隐藏的形状工具。使用这些工具可以绘制各种标准的几何图形。用户可以在图像处理或设计的过程中，根据实际需要选择这些工具。如图7.27所示就是一些采用形状工具绘制的图形应用于设计作品后的效果。

图 7.27

7.3.1 精确创建图形

从Photoshop CS6开始，在使用矩形工具 、椭圆工具 、自定形状工具 等图形绘制工具时，可以在画布中单击，此时会弹出相应的对话框。以使用椭圆工具 在画布中单击为例，将弹出如图7.28所示的对话框，在其中设置适当的参数，然后单击“确定”按钮，即可精确地创建椭圆。

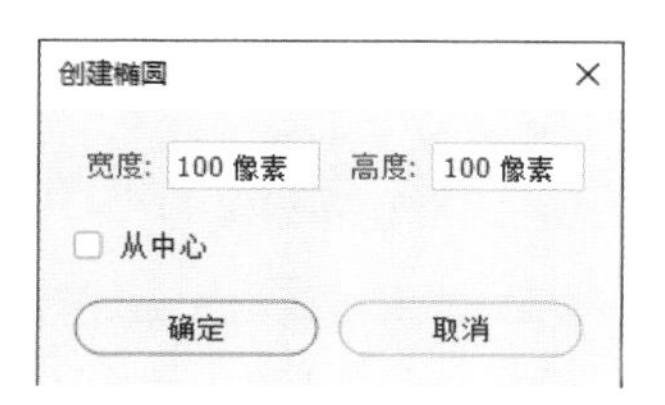

图 7.28

7.3.2 调整形状属性

在Photoshop中，使用路径选择工具 选择要改变大小的路径后，在工具选项栏或“属性”面板中输入W和H数值，即可改变其大小。若是单击W与H之间的链接形状的宽度和高度按钮 ，则可以等比例调整当前选择路径的大小。

此外，在“属性”面板中还可以设置更多的参数，如图7.29所示。例如，对于使用矩形工具 绘制的路径，可以在“属性”面板中设置其圆角属性，若绘制的是形状图层，则可以设置填充色、描边色及各种描边属性。

图 7.29

7.3.3 创建自定义形状

如果在工作时经常要用到某一种路径，可以将此路径保存为形状，以便直接使用此自定义形状绘制所需要的路径，从而提高工作效率。

创建自定义形状的步骤如下。

01 选择钢笔工具 ，绘制所需要的形状的轮廓，效果如图 7.30 所示。

图 7.30

02 选择路径选择工具 ，将路径全部选中。

03 执行“编辑”|“定义自定形状”命令，在弹出的“形状名称”对话框中输入新形状的名称，然后单击“确定”按钮进行确认。

04 选择自定形状工具 ，在“自定形状拾色器”面板中可选择自定义的形状。

7.4 形状图层

7.4.1 创建形状图层

通过在图像上方创建形状图层，可以在图像上方创建填充前景色的几何形状，此类图层具有非常灵活的矢量特性。

创建形状图层的操作步骤如下。

01 在工具箱中选择任意一种形状工具。

02 选择工具选项栏中的“形状”选项。

03 设置“前景色”要使用的填充色。

04 使用形状工具在图像中绘制形状。

通过以上步骤即可得到一个新的形状图层，如图7.31所示为使用多个形状图层绘制的标志，

此时的“图层”面板如图7.32所示。

图 7.31

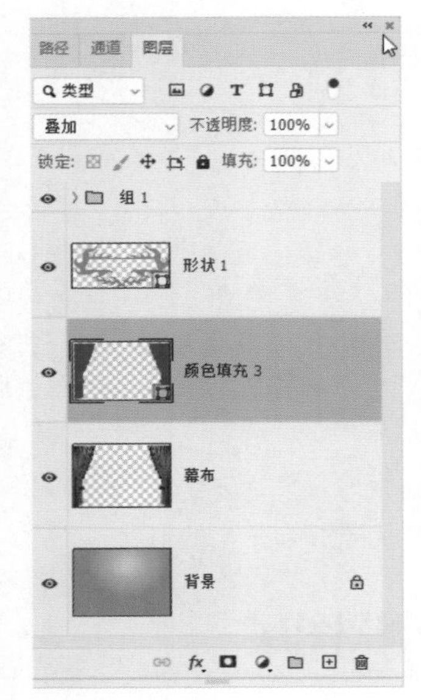

图 7.32

通过观察“图层”面板，可以看出以下特点。

- 形状图层自动以“形状X”命名（此处的X代表形状图层的层数值）。
- 形状图层的实质是颜色填充图层与路径剪贴蒙版的结合体。
- 形状图层的填充颜色取决于前景色。

7.4.2 为形状图层设置填充与描边

在Photoshop中，可以直接为形状图层设置多种渐变及描边的颜色、粗细、线型等属性，从而更加方便地对矢量图形进行控制。

要为形状图层中的图形设置填充或描边属性，可以在“图层”面板中选择相应的形状图层，然后在工具箱中选择任意一种形状工具或路径选择工具，在工具选项栏上即可显示类似图7.33所示的参数。

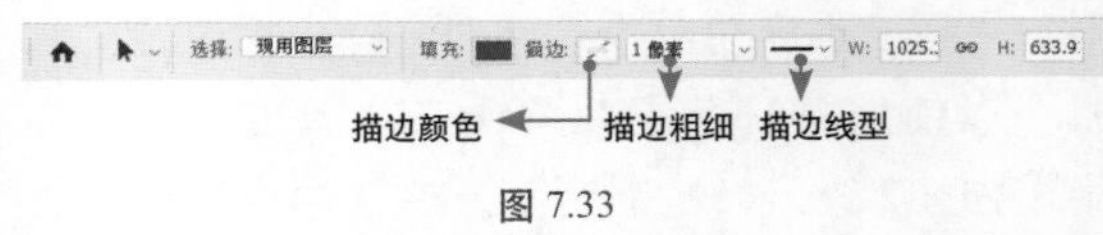

图 7.33

- 填充或描边颜色：单击“填充颜色”或“描边颜色”按钮，在弹出的类似图7.34所示的面板中可以选择形状的填充或描边颜色，可以设置的填充或描边颜色类型为无、纯色、渐变和图案4种。
- 描边粗细：在此可以设置描边的线条粗细。如图7.35所示是将描边颜色设置为橙色，且描边粗细为2像素时得到的效果。

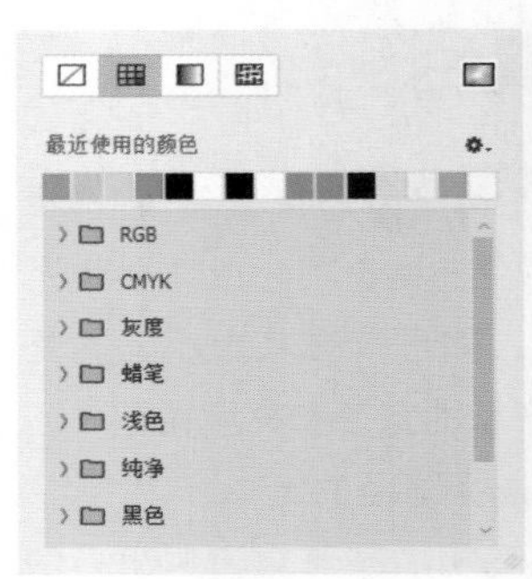

图 7.34　　图 7.35

- 描边线型：在此下拉列表中，如图7.36所示，可以设置描边的线型、对齐方式、端点及角点的样式。若单击“更多选项”按钮，将弹出如图7.37所示的对话框，在其中可以更详细地设置描边的线型属性。如图7.38所示是将描边设置为虚线时的效果。

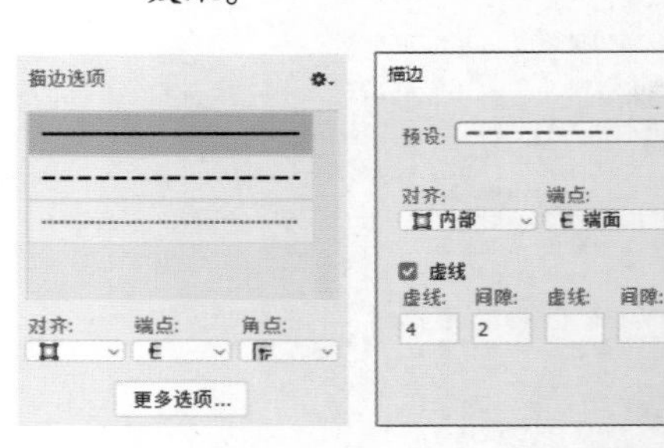

图 7.36　　图 7.37

图 7.38

7.4.3 将形状图层复制为SVG格式

SVG是一种矢量图形格式，由于此格式被网页、交互设计支持，而且是一种基于XML的语言，继承了XML的跨平台性和可扩展性，因此在图形可重用性方面表现出色。

从Photoshop CC 2017开始，支持快捷地将形状图层复制为SVG格式，以便于在其他程序中进行设计和编辑。选中一个形状图层并右击其图层名称，在弹出的菜单中执行“复制SVG”命令即可。

7.4.4 栅格化形状图层

由于形状图层具有矢量特性，因此在此图层中无法进行像素级别的编辑，例如，用画笔工具 绘制线条或者执行“滤镜”菜单中的命令等，这样就限制了对其进行进一步处理的可能性。

要去除形状图层的矢量特性以使其像素化，可执行“图层”|“栅格化”|“形状”命令。

> 提示：由于形状图层具有矢量特性，因此不用担心会因缩放等操作而降低图像质量。在操作过程中，尽量不要栅格化形状图层，如果一定要栅格化，最好复制一个形状图层作为备份。

7.5 编辑路径

7.5.1 调整路径线与锚点的位置

如果要调整路径线，选择直接选择工具 ，然后单击需要移动的路径线并进行拖动。要删除路径线，使用直接选择工具 选择要删除的路径线，然后按Backspace键或者Delete键。

如果要移动锚点，同样选择直接选择工具 ，然后单击并拖动需要移动的锚点。

7.5.2 添加、删除锚点

使用添加锚点工具 和删除锚点工具 ，可以在路径中添加或者删除锚点。

01 如果要添加锚点，选择添加锚点工具 ，将光标放置在要添加锚点的路径线上，如图 7.39 所示，单击即可。

02 如果要删除锚点，选择删除锚点工具 ，将光标放置在要删除的锚点上，如图 7.40 所示，单击即可。

图 7.39

图 7.40

7.5.3 转换点工具

直角型锚点、光滑型锚点与拐角型锚点是路径中的三大类锚点，工作中往往需要在这3类锚点之间进行切换。

01 要将直角型锚点改变为光滑型锚点，可以选择转换点工具，将光标放置在需要更改的锚点上，然后拖动此锚点（拖动时两侧的控制手柄都会动）。

02 要将光滑型锚点改变为直角型锚点，可以选择转换点工具，再单击此锚点。

03 要将光滑型锚点改变为拐角型锚点，可以选择转换点工具，再拖动锚点两侧的控制手柄（只有拖动的控制手柄有变化）。

如图7.41所示为原路径状态，如图7.42~图7.44所示分别为将直角型锚点改变为光滑型锚点、将光滑型锚点改变为直角型锚点，以及将光滑型锚点改变为拐角型锚点时的状态。

图 7.41

图 7.42

图 7.43

图 7.44

7.6 选择路径

7.6.1 路径选择工具

利用路径选择工具只能选择整条路径。在整条路径被选中的情况下，路径上的锚点全部显示为黑色小正方形，如图7.45所示，在这种状态下可以方便地对整条路径执行移动、变换等操作。

图 7.45

另外，在路径选择工具的工具选项栏上，可以在“选择”下拉列表中选择“现用图层”和“所有图层”两个选项，其作用如下所述。

- 现用图层：选择此选项时，将只选择当前选中的一个或多个形状图层或路径层内的路径。
- 所有图层：选择此选项时，无论当前选择的是哪个图层，都可以通过在图像中单击，选择任意形状图层中的路径。

如图7.46所示为原图像，如图7.47所示是对应的“图层”面板。在选中“图层1”至“图层6”以后，使用路径选择工具，并选择“现有图层”选项，则只能选中这6个图层中的路径，如图7.48所示；若选择“所有图层”选项，执行拖动选择操作，将选中该范围内的所有路径，如图7.49所示。

图 7.46　　图 7.47

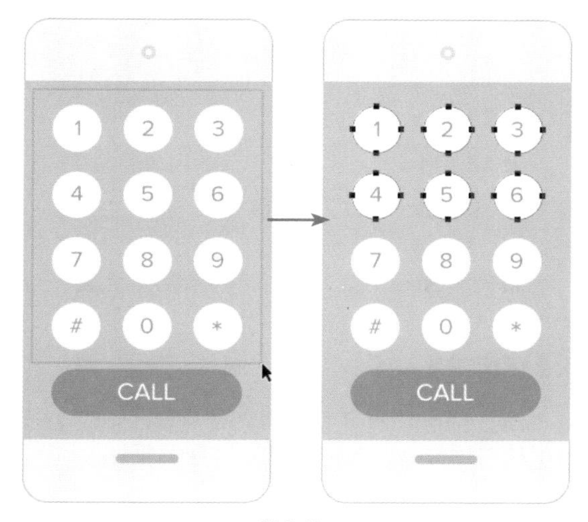

图 7.48

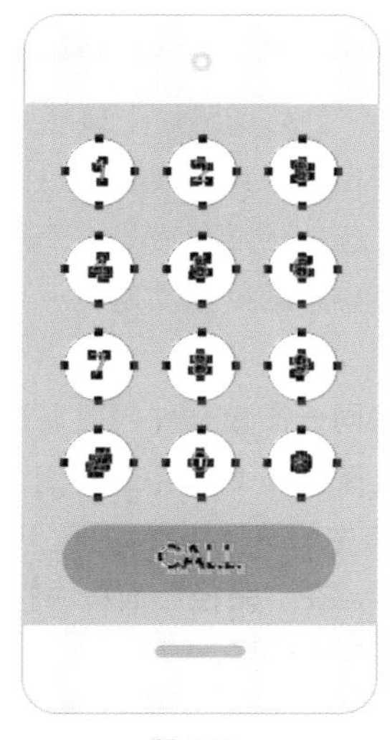

图 7.49

> 提示：若选中的形状图层被锁定，此时将无法使用路径选择工具 ▶.选中其中的路径；此时仍然可以在“路径”面板中选中其路径，但无法执行除删除以外的编辑操作。

7.6.2 直接选择工具

利用直接选择工具 ▷.，可以选择路径的一个或者多个锚点，如果单击并拖动锚点，还可以改变其位置。使用此工具既可以选择一个锚点，也可以框选多个锚点进行编辑。当处于被选中状态时，锚点显示为黑色小正方形，未选中的锚点则显示为空心小正方形，如图7.50所示。

图 7.50

7.7 使用路径面板管理路径

要管理使用各种方法绘制的路径，必须掌握“路径”面板。使用此面板，可以完成复制、删除、新建路径等操作。执行“窗口”|“路径”命令，即可显示如图7.51所示的“路径”面板。

图 7.51

"路径"面板中各按钮释义如下。

- "用前景色填充路径"按钮●：单击此按钮，可以对当前选中的路径填充前景色。
- "用画笔描边路径"按钮○：单击此按钮，可以对当前选中的路径进行描边操作。
- "将路径作为选区载入"按钮◌：单击此按钮，可以将当前路径转换为选区。
- "从选区生成工作路径"按钮◇：单击此按钮，可以将当前选区转换为工作路径。
- "添加矢量蒙版"按钮◘：单击此按钮，可以为当前路径添加矢量蒙版。
- "创建新路径"按钮⊞：单击此按钮，可以新建路径。
- "删除当前路径"按钮🗑：单击此按钮，可以删除当前选中的路径。

7.7.1 选择或取消路径

要选择路径，在"路径"面板中单击此路径的名称即可将其选中。

通常状态下，绘制的路径以黑色线显示于当前图像中，这种显示状态将影响用户所做的其他大多数操作。

单击"路径"面板上的灰色区域，如图7.52所示箭头所指的区域，可以取消所有路径的选中状态，即隐藏路径线。也可以在选择路径选择工具▶.或直接选择工具▷.的情况下，按Esc键或Enter键，隐藏当前显示的路径。

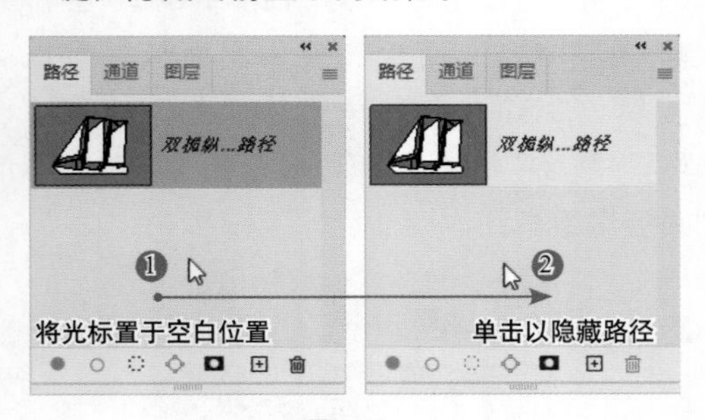

图 7.52

7.7.2 创建新路径

在"路径"面板中单击"创建新路径"按钮⊞，能够创建用于保存路径组件的空路径，其名称由Photoshop系统默认为"路径1"。此时，再绘制的路径组件都会被保存在"路径1"中，直至放弃对"路径1"的选中状态。

> 提示：为了区分新建路径时得到的路径与使用钢笔工具✎.绘制的路径，这里将通过在"路径"面板中单击"创建新路径"按钮创建的路径称为"路径"，而将使用钢笔工具✎.等工具绘制的路径称为"路径组件"。"路径"面板中的一条路径能够保存多个路径组件。在此面板中选中某一路径时，将同时选中此路径包含的多个路径组件。通过单击也可以仅选择某一个路径组件。

7.7.3 保存"工作路径"

绘制新路径时，Photoshop会自动创建一条"工作路径"，而该路径一定要在保存后才可以永久保留下来。

要保存工作路径，可以双击路径的名称，在弹出的对话框中单击"确定"按钮即可。

7.7.4 复制路径

要复制路径，可以将"路径"面板中要复制的路径拖动至"创建新路径"按钮⊞上，这与复制图层的方法相同。如果要将路径复制到另一个图像文件中，选中路径并在另一个图像文件可见的情况下，直接将路径拖动到另一个图像文件中即可。

如果要在同一图像文件内复制路径组件，可以使用路径选择工具▶.选中路径组件，然后按住Alt键拖动被选中的路径组件即可。用户还可以像复制图层一样，在"路径"面板中按住Alt键拖动路径层，以复制路径层。

7.7.5 删除路径

不需要的路径可以删除。利用路径选择工具▶选择要删除的路径，然后按Delete键即可。

如果需要删除某路径中包含的所有路径组件，可以将该路径拖动到“删除当前路径”按钮🗑上；也可以在该路径被选中的状态下，单击“路径”面板中的“删除当前路径”按钮🗑，在弹出的信息提示对话框中单击“是”按钮。

7.8 路径运算

路径运算是非常优秀的功能。通过路径运算，可以利用简单的路径得到非常复杂的路径。

要应用路径运算功能，需要先选择绘制路径的工具，然后在工具选项栏中单击图标（此图标会根据上一次选择的选项发生变化），此时将弹出如图7.53所示的面板。

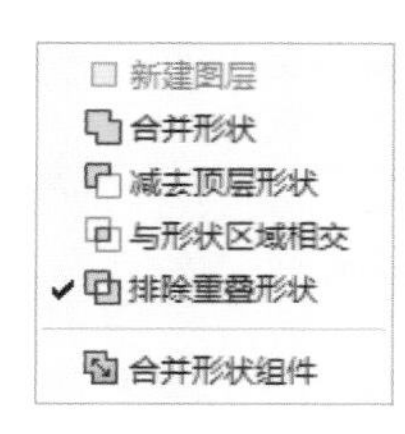

图 7.53

在工具选项栏中选择“路径”选项时，各按钮的释义如下。

- 合并形状：使两条路径进行加运算，其结果是向现有路径中添加新路径所定义的区域。
- 减去顶层形状：使两条路径进行减运算，其结果是从现有路径中删除新路径与原路径的重叠区域。
- 与形状区域相交：使两条路径进行交集运算，其结果是生成的新区域被定义为新路径与现有路径的交叉区域。
- 排除重叠形状：使两条路径进行排除运算，其结果是定义生成新路径和现有路径的非重叠区域。
- 合并形状组件：使两条或两条以上的路径进行排除运算，使路径的锚点及路径线发生变化，以路径间的运算模式定义新的路径。

要注意的是，如前所述，路径之间也是有上、下层关系的，虽然不像图层那样可以明显地看到，但却实实在在地存在，即最先绘制的路径位于最下方，这对于路径运算有极大的影响。从实用角度来说，与其研究路径之间的层次关系，不如直接使用形状图层来完成复杂的运算操作。

7.9 为路径设置填充与描边

7.9.1 填充路径

为路径填充实色的方法非常简单。选择需要进行填充的路径，然后单击“路径”面板底部的“用前景色填充路径”按钮●，即可为路径填充前景色。如图7.54所示为在一幅黄昏画面中为绘制的树形路径填充颜色前后的效果对比。

路径填充颜色前

路径填充颜色后

图 7.54

如果要控制填充路径的参数及样式，可以按住Alt键单击“用前景色填充路径”按钮●，或者单击“路径”面板右上角的面板按钮≡，在弹出

的菜单中执行“填充路径”命令，弹出如图7.55所示的“填充路径”对话框。此对话框的上半部分与“填充”对话框相同，其参数的作用和应用方法也相同，在此不再赘述。

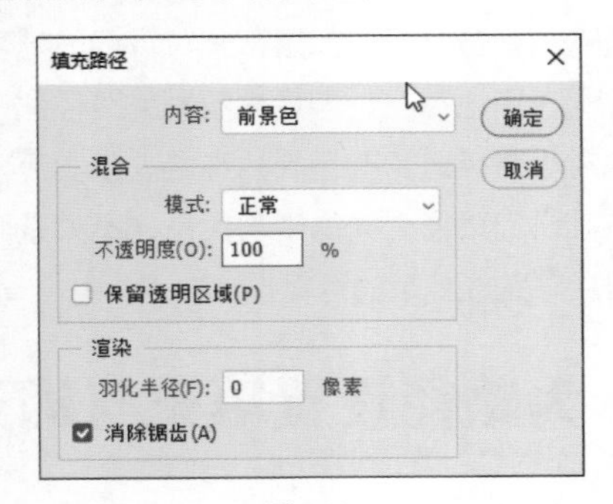

图 7.55

“填充路径”对话框中部分参数释义如下。

- 羽化半径：在此文本框中输入大于0的数值，可以使填充具有柔边效果。如图7.56所示是将“羽化半径”设置为6时填充路径的效果。

图 7.56

- 消除锯齿：选中该复选框，可以消除填充时的锯齿。

7.9.2 描边路径

通过对路径进行描边操作，可以得到白描或其他特殊效果的图像。

对路径做描边处理，可以按下述步骤操作。

01 在“路径”面板中选择需要进行描边的路径。

02 在工具箱中设置描边所需的前景色。

03 在工具箱中选择用来描边的工具。

04 在工具选项栏上设置用来描边的工具的参数，选择合适的笔刷。

05 在“路径”面板中单击“用画笔描边路径”按钮。

如果当前路径中包含的路径线不止一条，则需要选择要描边的路径。

按住Alt键，单击“用画笔描边路径”按钮，或执行“路径”面板菜单中的“描边路径”命令，将弹出“描边路径”对话框，在此对话框中可以选择用来描边的工具，如图7.57所示。

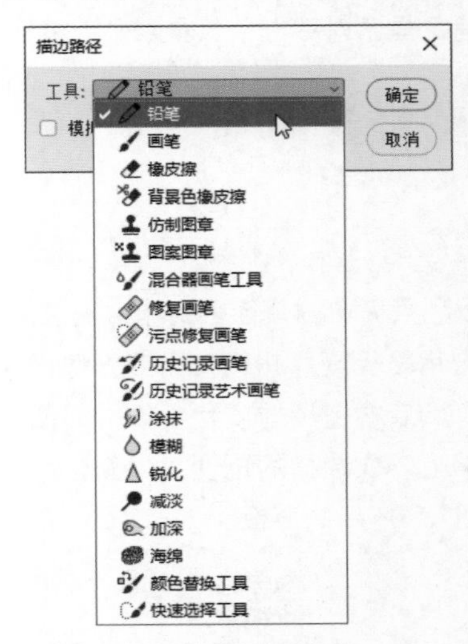

图 7.57

如图7.58所示为原图像，如图7.59所示为应用圆形画笔进行描边后的效果。

图 7.58

图 7.59

第8章 图层的合成处理功能

8.1 设置不透明度属性

通过设置图层的“不透明度”，可以改变图层的透明度。当图层的“不透明度”为100%时，当前图层完全遮盖下方的图层；当图层的“不透明度”小于100%时，可以隐约显示下方图层中的图像。通过改变图层的“不透明度”，可以改变图层的整体效果。

如图8.1所示是设置红色牡丹花图像所在图层的“不透明度”为100%和60%时的对比效果。

设置“不透明度”为100%

设置“不透明度”为60%

图 8.1

> 提示：要控制图层的透明度，除了可以在“图层”面板中改变“不透明度”外，还可以在未选中绘图类工具的情况下，直接按键盘上的数字键，其中0代表100%，1代表10%，2代表20%，其他数值以此类推。如果快速按2个数字键，则可以得到相应的百分数值。例如，快速按数字键3和4，则代表34%。

> 提示：在“图层”面板中，还存在一个“填充”参数，即“填充不透明度”，其与图层样式功能的联系较为紧密。

8.2 设置图层混合模式

图层的混合模式是与图层蒙版同等重要的核心功能。在Photoshop中，提供了多达27种图层混合模式，下面就对各个混合模式及相关操作进行讲解。

在Photoshop中，混合模式非常重要，几乎每一种绘画与润饰工具都有混合模式选项，而在“图层”面板中，混合模式更占据着重要的位置。正确、灵活地运用混合模式，能够创造出丰富的图像效果。

工具箱中的绘图工具（如画笔工具、铅笔工具、仿制图章工具）与润饰类工具（如加深工具、减淡工具）具有的混合模式，与图层混合模式完全相同，且混合模式在图层中的应用非常广泛，故在此重点讲解混合模式在图层中的应用，其中包含了27种不同效果的混合模式。

8.2.1 正常类混合模式

1. 正常

选择此混合模式，上、下图层间的混合与叠加关系由上方图层的“不透明度”及“填充”确定。如果设置上方图层的“不透明度”为100%，则完全覆盖下方图层；随着“不透明度”的降低，下方图层的显示效果会越来越清晰。

2. 溶解

选择此混合模式，当图层中的图像出现透明像素时，依据图像中透明像素的数量显示出颗粒化效果。

8.2.2 变暗类混合模式

1. 变暗

选择此混合模式，Photoshop将对上、下两层图像的像素进行比较，上方图层中的较暗像素代替下方图层中与之相对应的较亮像素，且下方图层中的较暗像素代替上方图层中的较亮像素，因此叠加后整体图像变暗。

如图8.2所示为设置“图层1”的混合模式为“正常”时的图像叠加效果及对应的“图层”面板。如图8.3所示为将“图层1”的混合模式改为“变暗”后得到的效果。

图 8.2

图 8.3

可以看出，上方图层中较暗的书法字及印章全部显示出来，而背景中的白色区域则被下方图层中的图像代替。

2. 正片叠底

选择此混合模式，Photoshop将上、下两层中的颜色相乘并除以255，最终得到的颜色比上、下两个图层中的颜色都要暗。选择此混合模式后，使用黑色描绘能够得到更多的黑色，而使用白色描绘则无效。

如图8.4所示为原图像及对应的“图层”面板。如图8.5所示为将“图层 1”的混合模式改为“正片叠底”后的效果及对应的“图层”面板。

图 8.4

图 8.5

3. 颜色加深

选择混合模式，可以加深图像的颜色，通常用于创建非常暗的阴影效果，或者降低图像局部的亮度。如图8.6所示为将“图层2”的混合模式设置为“颜色加深”后的效果及对应的“图层”面板。

图 8.6

4. 线性加深

选择此混合模式，可以查看每一个颜色通道的颜色信息，加暗所有通道的基色，并通过提高其他颜色的亮度来反映混合颜色。此混合模式对于白色无效。

如图8.7所示为将“图层 1”的混合模式改为“线性加深”后的效果及对应的“图层”面板。

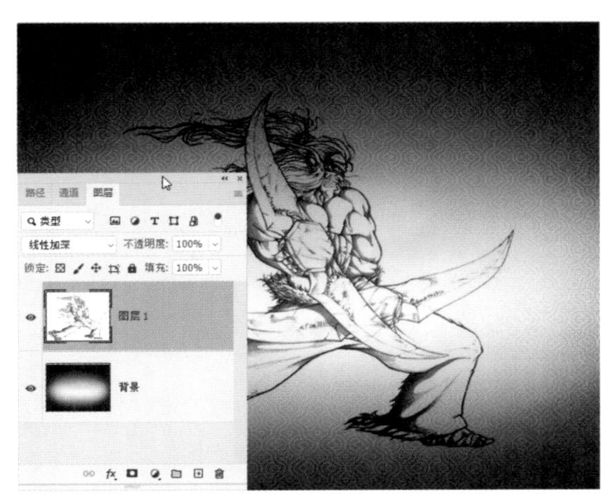

图 8.7

5. 深色

选择此混合模式，可以依据图像的饱和度，使用当前图层中的颜色直接覆盖下方图层中暗调区域的颜色。

8.2.3 变亮类混合模式

1. 变亮

选择此混合模式，Photoshop上方图层中的较亮像素代替下方图层中与之相对应的较暗像素，且下方图层中的较亮像素代替上方图层中的较暗像素，因此叠加后整体图像呈亮色调。

2. 滤色

选择此混合模式，可以在整体效果上显示出由上方图层及下方图层中较亮像素合成的图像效果，通常用于显示下方图层中的高光部分。

如图8.8所示为应用“滤色”混合模式后的效果及对应的“图层”面板。可以看出，此混合模式将上方图层中亮调区域的图像很好地显示出来。

图 8.8

3. 颜色减淡

选择此混合模式，可以生成非常亮的合成效果，其原理为将上方图层的像素值与下方图层的像素值以一定的算法进行相加。此混合模式通常被用来制作光源中心点极亮的效果。

如图8.9所示为将图像使用此模式叠加在一起后的效果及对应的“图层”面板。

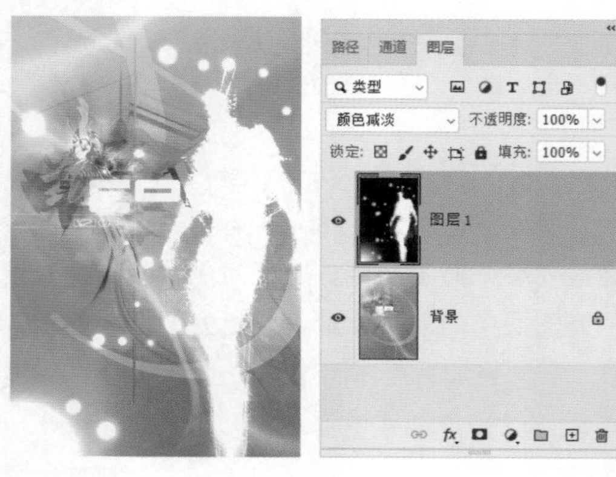

图 8.9

4. 线性减淡（添加）

选择此混合模式，可以基于每一个颜色通道的颜色信息来加亮所有通道的基色，并通过降低其他颜色的亮度来反映混合颜色，此混合模式对于黑色无效。如图8.10所示为将“图层 1”的混合模式设置为“线性减淡（添加）”后的效果及对应的“图层”面板。

图 8.10

5. 浅色

与“深色”混合模式刚好相反，选择此混合模式，可以依据图像的饱和度，使用当前图层中的颜色直接覆盖下方图层中高光区域的颜色。

8.2.4 融合类混合模式

1. 叠加

选择此混合模式，图像的最终效果取决于下方图层中的图像内容，但上方图层中的明暗对比效果也直接影响整体效果，叠加后下方图层中的亮调区域与暗调区域仍被保留。

如图8.11所示为原图像。如图8.12所示为在此图像所在图层上方添加一个颜色值为#00ffa8的图层，并选择“叠加”混合模式，然后设置“不透明度”后的效果及对应的“图层”面板。

图 8.11

图 8.12

2. 柔光

选择此混合模式，Photoshop将根据上、下图层中的图像内容，使整体图像的颜色变亮或者变暗，变化的具体程度取决于像素的明暗程度。如果上方图层中的像素比50% 灰度亮，则图像变亮；反之，则图像变暗。

此混合模式常用于刻画场景以加强视觉冲击力。如图8.13所示为原图像，如图8.14所示为设置“图层1”的混合模式为“柔光”后的效果及对应的“图层”面板。

图 8.13

图 8.14

3. 强光

此混合模式的叠加效果与“柔光”模式类似，但其加亮与变暗的程度较“柔光”混合模式强烈许多。如图8.15所示为设置“强光”混合模式后的效果及对应的“图层”面板。

图 8.15

4. 亮光

选择此混合模式时，如果混合色比50%灰度亮，则图像通过降低对比度来使图像变亮；反之，则通过提高对比度来使图像变暗。

5. 线性光

选择此混合模式时，如果混合色比50%灰度亮，则图像通过提高对比度来使图像变亮；反之，则通过降低对比度来使图像变暗。

6. 点光

选择此混合模式，可以通过置换颜色像素来混合图像，如果混合色比50%灰度亮，比原图像暗的像素会被置换，而比原图像亮的像素则无变化；反之，比原图像亮的像素会被置换，而比原图像暗的像素无变化。

7. 实色混合

选择此混合模式，可以创建一种具有较硬边缘的图像效果，类似于多块实色相混合。如图8.16所示为原图像。复制图层“背景”，得到图层“背景拷贝”，设置其混合模式为“实色混合”，设置“填充”为40%，然后再复制图层，得到图层“背景拷贝 2”，设置其混合模式为“颜色”，设置“填充”为100%，最终的图像效果及对应的“图层”面板如图8.17所示。

图 8.16

图 8.17

8.2.5 异像类混合模式

1. 差值

选择此混合模式，可以从上方图层中减去下方图层中相应处像素的颜色值。原图像及对应的“图层”面板如图8.18所示。新建一个图层，设置前景色为黑色，背景色的颜色值为#850000，应用“云彩”滤镜并添加图层蒙版进行涂抹，然后设置图层的混合模式为“差值”，其效果及对应的“图层”面板如图8.19所示。

图 8.18

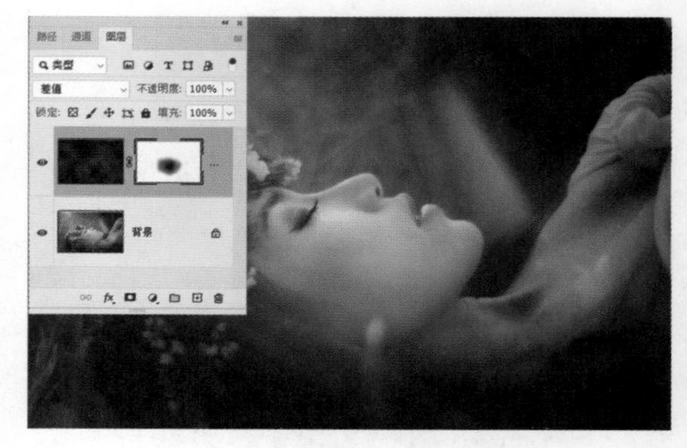

图 8.19

2. 排除

选择此混合模式，可以创建一种与“差值”混合模式相似，但对比度较低的效果。

3. 减去

选择此混合模式，可以使用上方图层中亮调的图像隐藏下方的图像内容。

4. 划分

选择此混合模式，可以在上方图层中加上下方图层相应处像素的颜色值，通常用于使图像变亮。

8.2.6 色彩类混合模式

1. 色相

选择此混合模式，最终图像的像素值由下方图层的亮度值与饱和度值及上方图层的色相值构成。

如图8.20所示为使用此模式前的原图像及对应的“图层”面板，“图层1”为填充为粉红色的图层。如图8.21所示为将“图层1”的混合模式设置为“色相”后的效果及对应的“图层”面板。除了填充实色外，如果需要改变图像局部的颜色，则可以尝试增加具有渐变效果的图层与局部有填充色的图层。

图 8.20

图 8.21

2. 饱和度

选择此混合模式，最终图像的像素值由下方图层的亮度值与色相值及上方图层的饱和度值构成。

如图8.22所示为原图像。增加一个“不透明度”为30%的黄色填充图层，将该图层的混合模式改为“饱和度”，效果如图8.23所示。

图 8.22

图 8.23

设置“不透明度”为30%时，最终图像的饱和度明显降低；而设置“不透明度”为80%时，最终图像的饱和度明显提高。

3. 颜色

选择此混合模式，最终图像的像素值由下方图层的亮度值及上方图层的色相值与饱和度值构成。

如图8.24所示为原图像。增加一个填充颜色值为#6d5244的图层，将该图层的混合模式改为“颜色”，其效果及对应的“图层”面板如图8.25所示。

图 8.24

图 8.25

4. 明度

选择此混合模式，最终图像的像素值由下方图层的色相值与饱和度值及上方图层的亮度值构成。

8.3 剪贴蒙版

8.3.1 剪贴蒙版的工作原理

Photoshop提供了一种被称为剪贴蒙版的技术，用于创建以一个图层控制另一个图层显示形状及透明度的效果。

剪贴蒙版实际上是一组图层的总称，由基底图层和内容图层组成，如图8.26所示。在一个剪贴蒙版中，基底图层只能有一个且位于剪贴蒙版的底部，而内容图层则可以有很多个，且每个内容图层前面都会有一个↲图标。

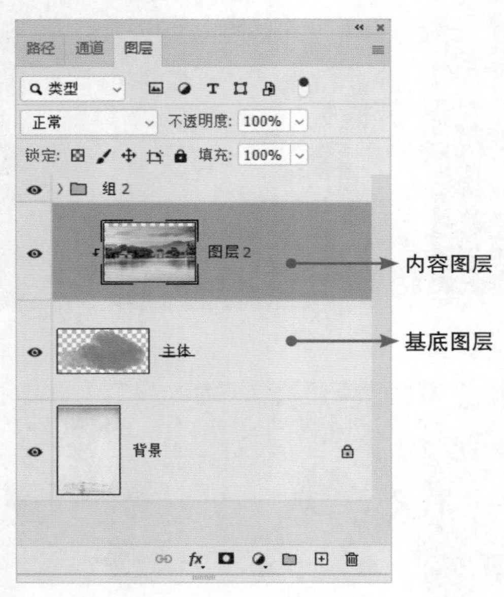

图 8.26

剪贴蒙版可以由多种类型的图层组成，如文字图层、形状图层，以及在后面将讲到的调整图层等，这些都可以用来作为剪贴蒙版中的基底图层或者内容图层。

使用剪贴蒙版能够定义图像的显示区域。如图8.27所示为原图像及对应的“图层”面板。如图8.28所示为创建剪贴蒙版后的图像效果及对应的“图层”面板。

图 8.27

图 8.28

8.3.2 创建剪贴蒙版

要创建剪贴蒙版，可以执行以下操作之一。

01 执行“图层”|“创建剪贴蒙版”命令。

02 在选择了内容图层的情况下，使用 Ctrl+Alt+G 组合键，创建剪贴蒙版。

03 按住 Alt 键，将光标放置在基底图层与内容图层之间，当光标变为↲□形状时单击。

04 如果要在多个图层间创建剪贴蒙版，可以选中内容图层，并确认该图层位于基层的上方，按照上述方法执行“创建剪贴蒙版”命令即可。

在创建剪贴蒙版后，仍可以为各图层设置混合模式、不透明度，以及在后面将讲到的图层样式等。只有在两个连续的图层之间才可以创建剪贴蒙版。

创建剪贴蒙版后，可以通过移动内容图层，

在基底图层界定的显示区域内显示不同的图像效果。仍以8.3.1中的图像为例，如图8.29所示是移动内容图层后的效果。如果移动的是基底图层，则会使内容图层中显示的图像相对于画布的位置发生变化，如图8.30所示。

图 8.29

图 8.30

8.3.3 取消剪贴蒙版

如果要取消剪贴蒙版，可以执行以下操作之一。

01 按住 Alt 键，将光标放置在“图层”面板中 2 个编组图层的分隔线上，当光标变为↙□形状时单击分隔线。

02 在“图层”面板中选择内容图层中的任意一个图层，执行“图层”|“释放剪贴蒙版”命令。

03 选择内容图层中的任意一个图层，按 Ctrl+Alt+G 组合键。

8.4 图框蒙版

8.4.1 图框蒙版概述

图框蒙版的基本原理是通过创建或转换得到图框，然后在其中添加图像，从而达到使用图框限制图像显示范围的目的。

如图8.31所示为原图像及对应的“图层”面板，如图8.32所示是使用图框工具⊠绘制得到的3个矩形图框及对应的“图层”面板，如图8.33所示是将3幅素材图像分别置入图框并适当调整大小后的效果及对应的“图层”面板。

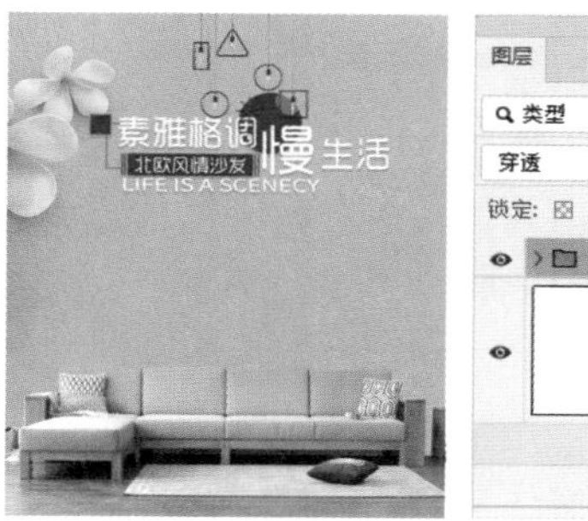

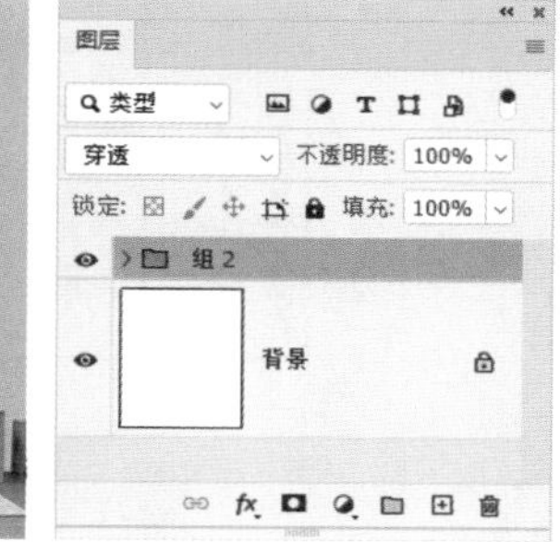

图8.31

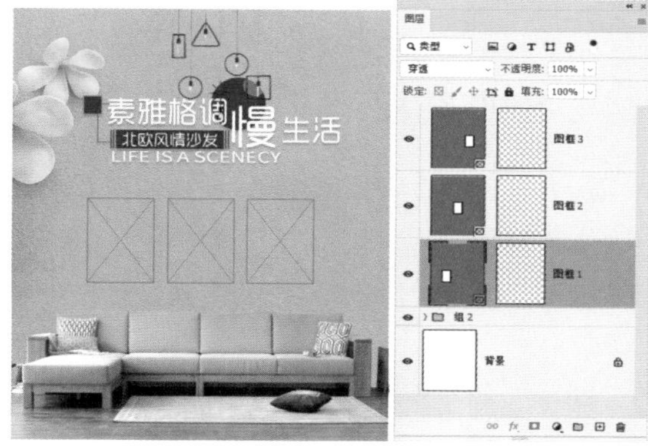

图8.32

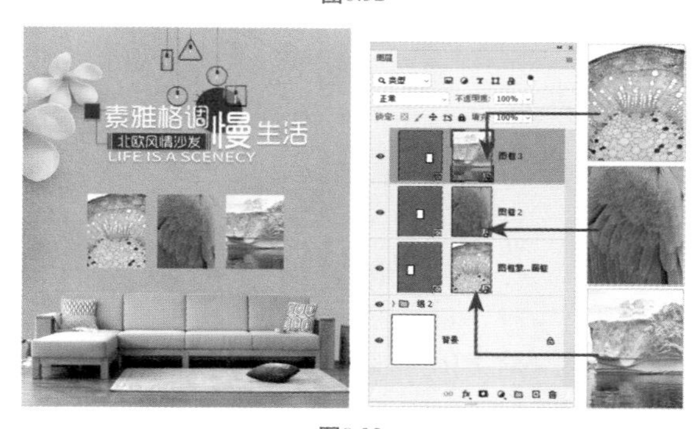

图8.33

通过上面的讲解可以看出，图框蒙版主要分为两部分，其中左侧缩略图代表图框，用于界定图框蒙版的范围，右侧缩略图代表图像内容，用于界定图框蒙版的内容，如图8.34所示。图框范围内的图像可以显示出来，而超出图框范围的图像则被隐藏起来。

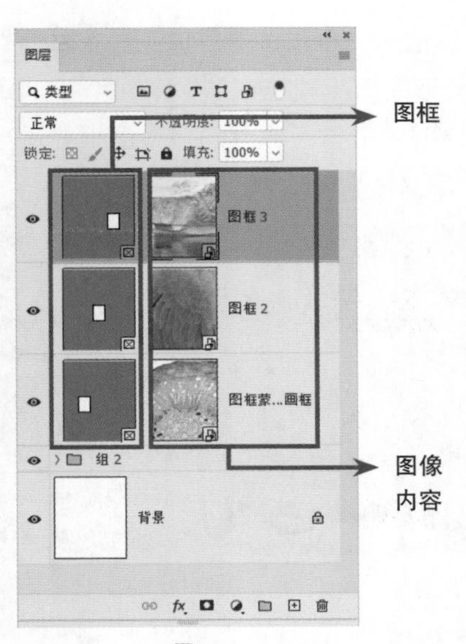

图8.34

8.4.2 制作图框

要使用图框蒙版，首先就要掌握制作图框的方法。在Photoshop 2020中，主要可以使用绘制和转换两种方法制作图框，下面分别讲解其制作方法。

1. 绘制图框

在Photoshop 2020中，图框工具⊠的工具选项栏如图8.35所示，用户可以在其中选择绘制矩形或圆形的图框。

图8.35

图框工具的用法与矩形工具▭或椭圆工具◯的用法基本相同，即使用此工具在画布中拖动，从而绘制图框。

在绘制过程中，如果是在某个图像上绘制图框，则默认情况下自动以此图像为内容，创建图框蒙版。如图8.36所示为原图像，中间的小图是在一个独立的图层上，如图8.37所示是使用图框工具⊠在上面绘制一个圆形图框时的状态，如图8.38所示是绘制图框完毕后，自动创建图框蒙版后的效果及对应的“图层”面板。

图8.36

图8.37

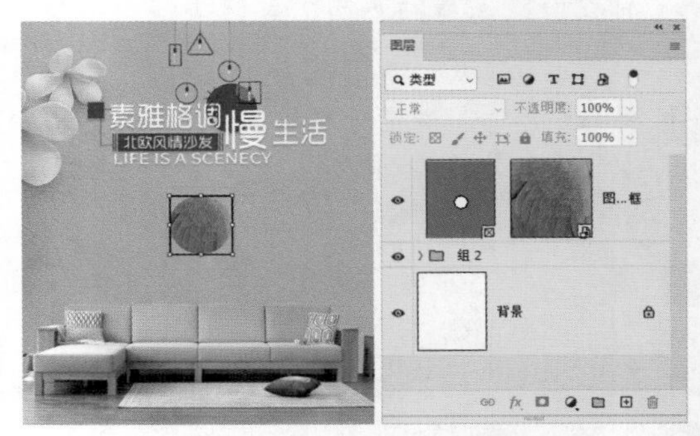

图8.38

2. 转换图框

在Photoshop 2020中，用户可以将形状图层或文本图层转换为图框。如图8.39所示为原图像及对应的“图层”面板，其中的“牛扎糖”文字有对应的文字图层，此时可以在文字图层上右击，在弹出的菜单中执行“转换为图框”命令，将弹出提示框，如图8.40所示，在其中可以设置图框的名称及尺寸，单击“确定”按钮即可将文字图层转换为图框，如图8.41所示为转换效果及对应的“图层”面板。

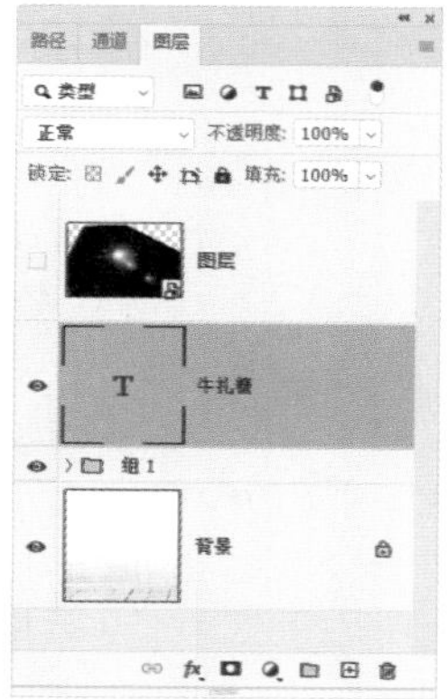

图8.39

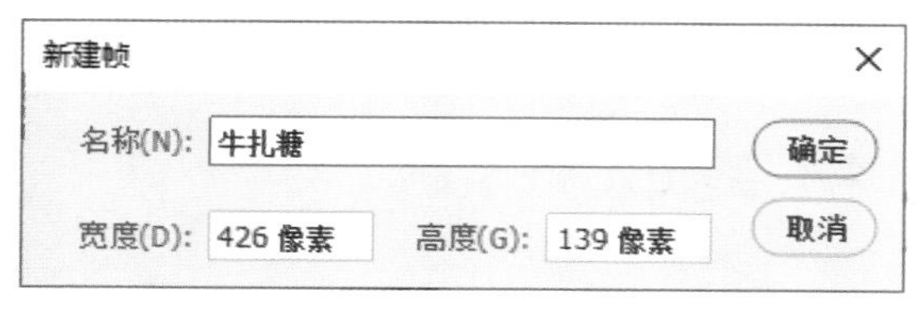

图8.40

图8.41

如图8.42所示是向文字图框中添加图像后的效果及对应的“图层”面板。

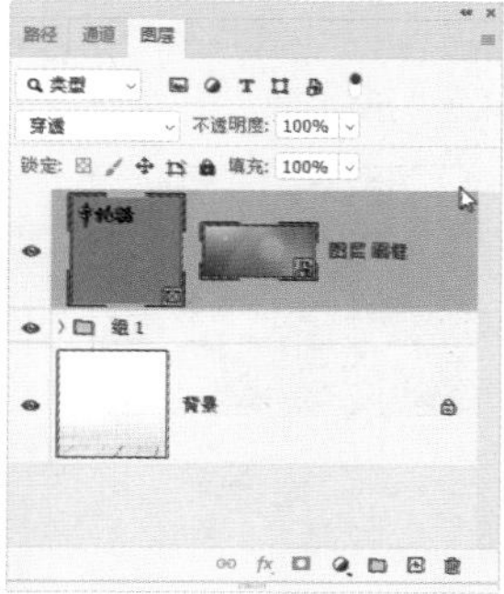

图8.42

8.4.3 向图框添加图像

制作好图框后，可向其中添加图像，具体方法如下。

1. 插入或置入图像

选择一个图框图层后，可以在“属性”面板的“插入图像”下拉列表中选择图像的来源。

- 在Adobe Stock上查找：选择此选项后，可打开Adobe Stock网站选择图像。
- 打开库：选择此选项后，将打开Photoshop中的“库”面板，并在其中选择要使用的图像。
- 从本地磁盘置入－嵌入式/从本地磁盘置入－链接式：选择这两个选项中的任意一个，都可以在弹出的对话框中，从本地磁盘中打开要使用的图像，并将图像转换为智能对象图层。二者的唯一差别在于是否将图像嵌入当前的文档中。如图8.43所示为原图像及选中的图框、对应的“图层”面板，如图8.44所示是选择“从本地磁盘置入－嵌入式”选项后打开1幅图像后的效果及对应的“图层”面板。

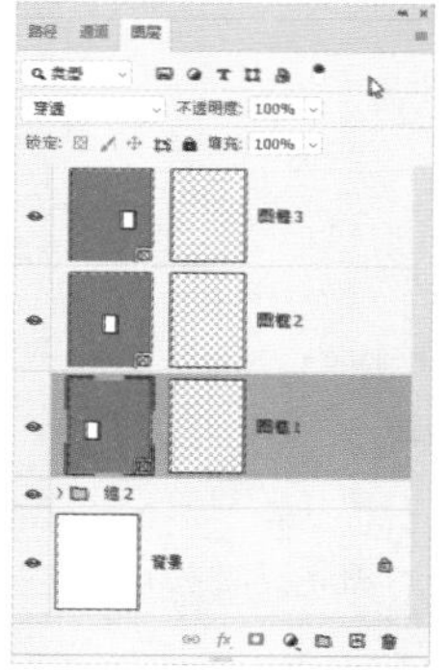

图8.43

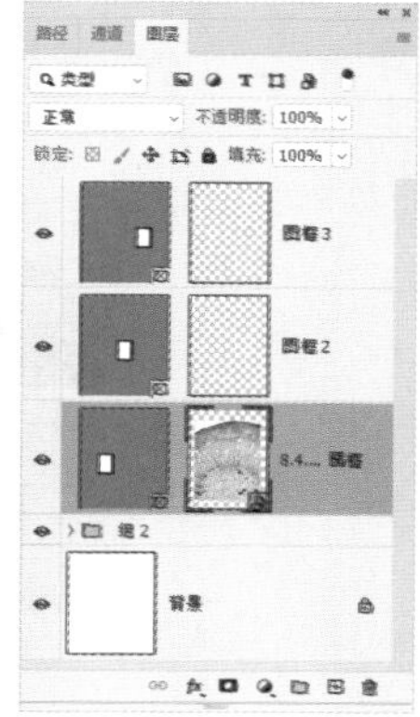

图8.44

- 复制要置入的图像，然后选中图框并使用

Ctrl+V组合键，粘贴。

- 也可以直接从本地磁盘中，将要置入的图像选中并拖至相应的图框中，即可向图框添加图像。

在选中一个图框图层后，在“文件”菜单中执行“置入嵌入对象”或“置入链接的智能对象”命令，在弹出的对话框中打开图像，可以向图框添加图像。

> 提示：若图框没有添加任何图像，则图框不会显示在最终的输出结果中。

2. 拖动图层中的图像

制作好图框后，可以直接将某个图层选中并拖至图框图层中，从而为其添加图像内容。如图8.45所示的文字图框及对应的“图层”面板，如图8.46所示是拖动“图层”到“牛扎糖”图框上的状态，释放鼠标后，即可将其添加至“牛扎糖”图框中，如图8.47所示。

图8.45

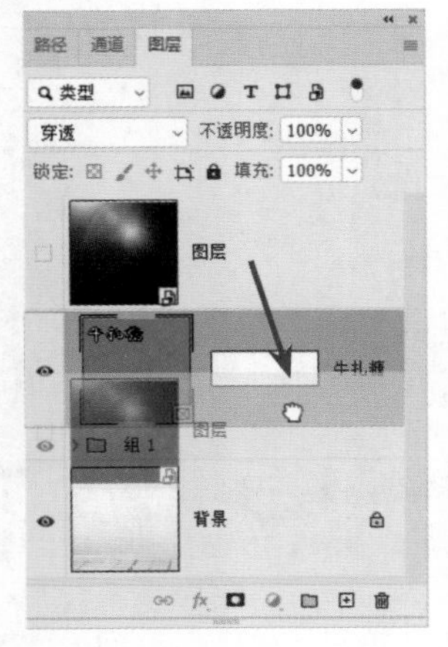

图8.46

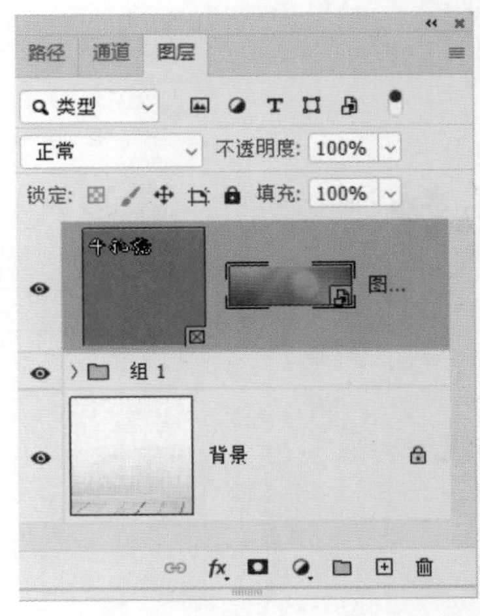

图8.47

8.4.4 编辑图框蒙版

图框蒙版主要分为图框和图像内容两部分，在编辑过程中，分为选择图框、图像及同时选中二者这3种编辑情况，下面分别讲解图框蒙版的常见编辑操作。

1. 编辑图框

要编辑图框，首先要在“图层”面板中单击要编辑的图框，使之成为被激活的状态，此时图框将显示编辑控件，如图8.48所示。拖动各个控制手柄即可调整图框的大小，从而改变图框蒙版的显示范围，如图8.49所示。

图8.48

图8.49

2. 编辑图像

与编辑图框相似，要编辑图框蒙版中的图像，在“图层”面板中单击其缩略图即可，如图8.50所示。例如，使用移动工具 可以移动图像，使用变换功能可以调整大小及角度等，如图8.51所示。

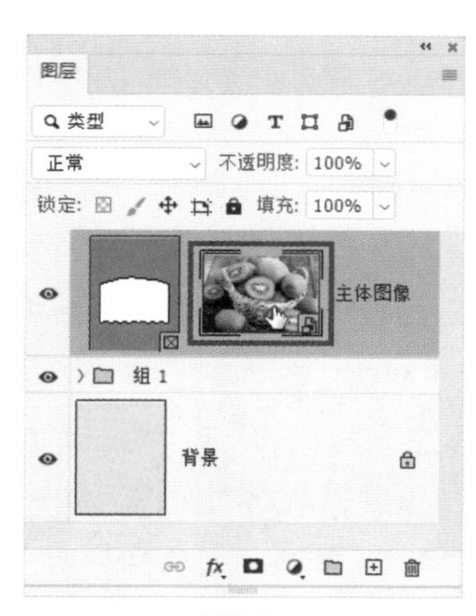

图8.50

图8.51

3. 编辑图框蒙版

这里所说的编辑图框蒙版，是指在同时选中图框及其图像的情况下所做的编辑操作。用户可以在图层名称上单击，同时选中图框缩略图与图像缩略图，如图8.52所示。也可以在选中图框缩略图时按住Shift键单击图像缩略图，从而选中二者。此时再执行移动、变换等操作，就是针对整个图框蒙版的。如图8.53所示是放大图框蒙版后的效果。

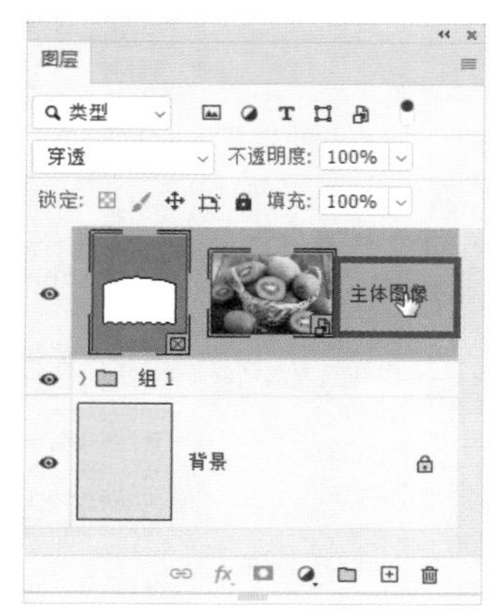

图8.52

图8.53

4. 删除图框蒙版

若是删除整个图框蒙版，即同时删除图框及图像，则可以像删除普通图层那样操作。如果要删除图框蒙版中的某个部分，可以按以下方法操作。

- 删除图框：在图框的缩略图或图层名称上右击，在弹出的菜单中执行“从图层删除图框”命令，如图8.54所示，即可删除图框并保留图像，如图8.55所示。用户也可以在只选中图框缩略图时，在图框缩略图上右击，在弹出的菜单中执行“删除帧”命令，在弹出的提示框中单击“画框和内容”按钮，可删除整个图框蒙版，单击“仅画框”按钮，可删除画框并保留图像内容。

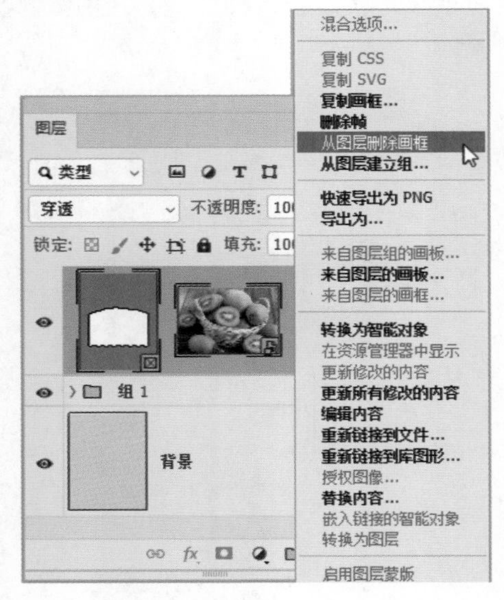

图8.54

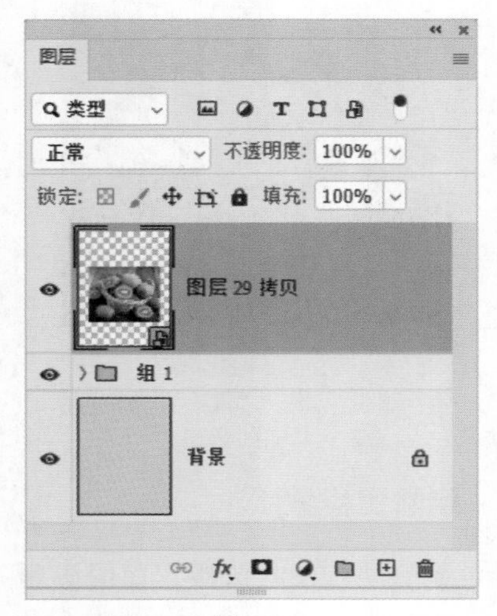

图8.55

- 删除图像：若要删除图框蒙版中的图像，可以选中图像缩略图，在当前不存在选区或路径的情况下，按Delete键即可删除。

8.5 图层蒙版

可以简单地将图层蒙版理解为与图层捆绑在一起、用于控制图层中图像的显示与隐藏的蒙版，且此蒙版中装载的全部为灰度图像，并以蒙版中的黑、白图像来控制图层缩览图中图像的隐藏或显示。

8.5.1 图层蒙版的工作原理

图层蒙版的核心是有选择地对图像进行屏蔽，其原理是Photoshop使用一张具有256级色阶的灰度图（即蒙版）来屏蔽图像，灰度图中的黑色区域隐藏其所在图层的对应区域，从而显示下层图像，而灰度图中的白色区域则能够显示本层图像而隐藏下层图像。由于灰度图具有256级灰度，因此能够创建过渡非常细腻、逼真的混合效果。

如图8.56所示为由两个图层组成的一幅图像，“图层1”中的内容是图像，而“背景”图层中的图像是彩色的，在此通过为“图层1”添加从黑到白的图层蒙版，使“图层 1”中的左侧图像被隐藏，而显示出“背景”图层中的图像。

图 8.56

如图8.57所示为图层蒙版对图层的作用原理示意图。

图 8.57

对比“图层”面板与图层所显示的效果，可以看出以下几点。

- 图层蒙版中的黑色区域可以隐藏图像的对应区域，从而显示底层图像。
- 图层蒙版中的白色部分可以显示当前图层的图像的对应区域，遮盖住底层图像。
- 图层蒙版中的灰色部分，一部分显示底层图像，一部分显示当前层图像，从而使图像在此区域具有半隐半显的效果。

由于所有显示、隐藏图层的操作均在图层蒙版中进行，并没有对图像本身的像素进行操作，因此使用图层蒙版能够保护图像的像素，并使工作有很大的弹性。

8.5.2 添加图层蒙版

在Photoshop中有很多种添加图层蒙版的方法，可以根据不同的情况来决定使用哪种方法。下面就分别讲解各种操作方法。

1. 直接添加图层蒙版

要直接为图层添加图层蒙版，可以使用下面的操作方法之一。

01 选择要添加图层蒙版的图层，单击“图层”面板底部的“添加图层蒙版”按钮，或者执行“图层”|“图层蒙版”|“显示全部”命令，可以为图层添加默认填充为白色的图层蒙版，即显示全部图像，如图 8.58 所示。

图 8.58

02 选择要添加图层蒙版的图层，按住 Alt 键，单击“图层”面板底部的“添加图层蒙版”按钮，或者执行“图层”|“图层蒙版”|“隐藏全部”命令，可以为图层添加默认填充为黑色的图层蒙版，即隐藏全部图像，如图 8.59 所示。

图 8.59

2. 利用选区添加图层蒙版

如果当前图像中存在选区，可以利用该选区添加图层蒙版，并决定添加图层蒙版后是否显示选区内部的图像。可以按照以下操作之一来利用选区添加图层蒙版。

01 依据选区范围添加图层蒙版：选择要添加图层蒙版的图层，在“图层”面板底部单击“添加图层蒙版”按钮，即可依据当前选区的选择范围为图像添加图层蒙版。如图 8.60 所示为选区状态，添加图层蒙版后的状态及对应的“图层”面板如图 8.61 所示。

图 8.60

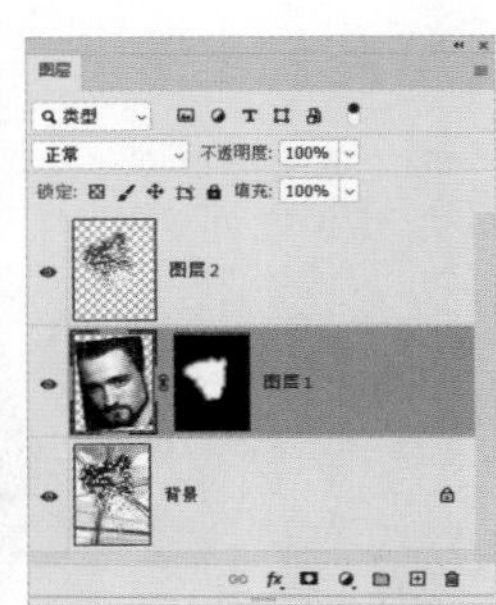

图 8.61

02 依据与选区相反的范围添加图层蒙版：按住Alt 键，在“图层”面板底部单击“添加图层蒙版”按钮，即可依据与当前选区相反的范围为图层添加图层蒙版，此操作的原理是先对选区执行“反向”命令，再为图层添加图层蒙版。

8.5.3 编辑图层蒙版

添加图层蒙版只是完成了应用图层蒙版的第一步，要使用图层蒙版还必须对图层蒙版进行编辑，这样才能取得所需的效果。编辑图层蒙版的操作步骤如下。

01 单击“图层”面板中的图层蒙版缩览图，将其激活。

> 提示：虽然步骤01看上去非常简单，但却是初学者甚至是Photoshop老手在工作中最容易犯错的地方，如果没有激活图层蒙版，则当前操作就是在图像中完成。在这种状态下无论是使用黑色还是白色进行涂抹操作，对于图像本身都是破坏性操作。

02 选择任何一种编辑或绘图工具，按照下述准则进行编辑。

- 如果要隐藏当前图层，用黑色在蒙版中涂抹。
- 如果要显示当前图层，用白色在蒙版中涂抹。
- 如果要使当前图层部分可见，用灰色在蒙版中涂抹。

03 如果要编辑图层而不是编辑图层蒙版，单击“图层”面板中该图层的缩览图，将其激活。

> 提示：如果要将一幅图像粘贴至图层蒙版中，可以按住Alt键并单击图层蒙版缩览图，显示蒙版，然后执行“编辑”|“粘贴”命令，或使用Ctrl+V组合键，执行粘贴操作，即可将图像粘贴至图层蒙版中。

8.5.4 更改图层蒙版的浓度

用“属性”面板中的“浓度”滑块可以调整选定的图层蒙版或矢量蒙版的不透明度，其使用步骤如下。

01 在“图层”面板中，选择包含要编辑的图层蒙版的图层。

02 单击“属性”面板中的按钮或者按钮将其激活。

03 拖动“浓度”滑块，当“浓度”为 100% 时，蒙版完全不透明，并将遮挡住当前图层下面的所有图像。“浓度”越低，图层蒙版下方的图像越可见。

如图8.62所示为原图像，如图8.63所示是对应的面板，如图8.64所示为在“属性”面板中将“浓度”降低时的效果。可以看出，由于图层蒙版中黑色变成为灰色，因此被隐藏的图层中的图像也开始显现出来，如图8.65所示是对应的面板。

图 8.62

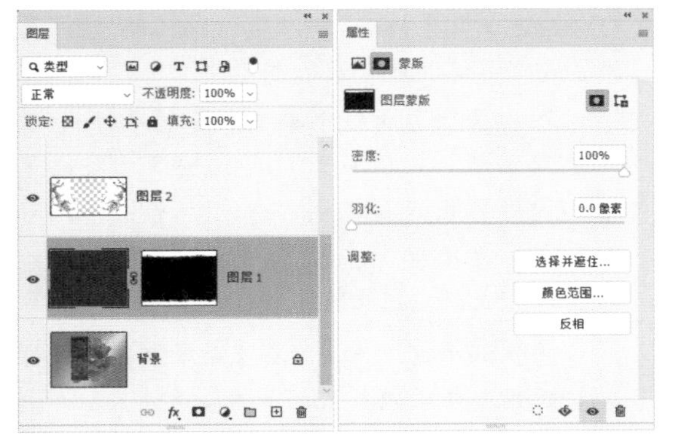

图 8.63

图 8.64

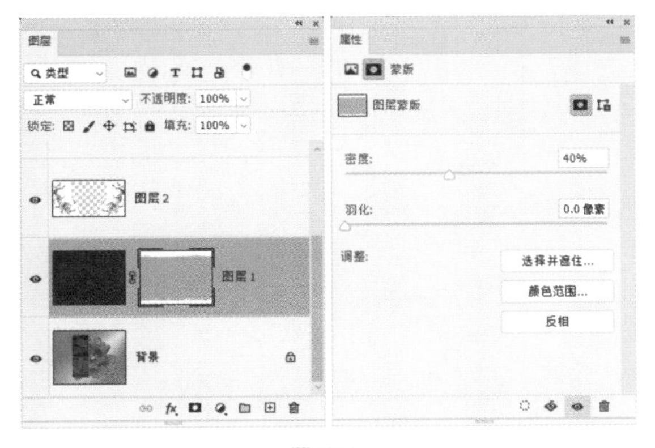

图 8.65

8.5.5 羽化图层蒙版边缘

可以使用“属性”面板中的“羽化”滑块直接控制图层蒙版边缘的柔化程度，而无须像以前那样再使用“模糊”滤镜对图层蒙版进行操作，其使用步骤如下。

01 在“图层”面板中选择包含要编辑的图层蒙版的图层。

02 单击“属性”面板中的 按钮或者 按钮，将其激活。

03 在“属性”面板中拖动“羽化”滑块，将羽化效果应用至图层蒙版的边缘，使图层蒙版边缘在蒙住和未蒙住区域间创建较柔和的过渡。

如图8.62所示为原图像，如图8.66所示为在“属性”面板中将“羽化”提高后的效果及对应的面板。可以看出，图层蒙版边缘柔化了。

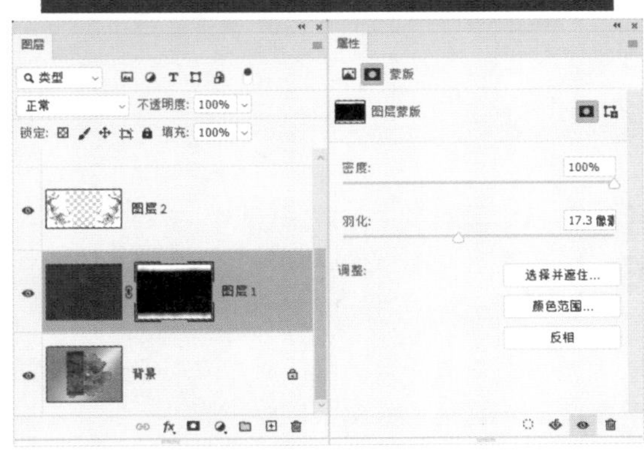

图 8.66

8.5.6 图层蒙版与图层缩览图的链接状态

默认情况下，图层与图层蒙版保持链接状态，即图层缩览图与图层蒙版缩览图之间存在图标。此时使用移动工具移动图层中的图像时，图层蒙版中的图像也会随其一起移动，从而保证图层蒙版与图层图像的相对位置不变。

如果要单独移动图层中的图像或者图层蒙版中的图像，可以单击两者间的图标以使其消失，然后即可独立移动图层或者图层蒙版中的图像。

8.5.7 载入图层蒙版中的选区

要载入图层蒙版中的选区，可以执行下列操作之一。

- 单击“属性”面板中的“从蒙版中载入选区”按钮。
- 按住Ctrl键，单击图层蒙版的缩览图。

8.5.8 应用与删除图层蒙版

应用图层蒙版，可以将图层蒙版中黑色区域对应的图像像素删除，将白色区域对应的图像像素保留，将灰色过渡区域所对应的部分图像像素删除，从而得到一定的透明效果，保证图像效果在应用图层蒙版前后不会发生变化。要应用图层蒙版，可以执行以下操作之一。

01 在“属性”面板底部单击“应用蒙版”按钮。

02 执行“图层”|“图层蒙版”|“应用”命令。

03 在图层蒙版缩览图上单击鼠标右键，在弹出的菜单中执行“应用图层蒙版”命令。

如果不想对图像进行任何修改而直接删除图层蒙版，可以执行以下操作之一。

01 单击“属性”面板底部的“删除蒙版”按钮。

02 执行“图层”|“图层蒙版”|“删除”命令。

03 选择要删除的图层蒙版，直接按 Delete 键，将其删除。

04 在图层蒙版缩览图中右击，在弹出的菜单中执行“删除图层蒙版”命令。

8.5.9 查看与屏蔽图层蒙版

在图层蒙版存在的状态下，只能观察到未被图层蒙版隐藏的部分图像，因此不利于对图像进行编辑。在此情况下，可以执行下面的操作之一，完成停用/启用图层蒙版的操作。

- 在“属性”面板中单击底部的“停用/启用蒙版”按钮，此时该图层蒙版缩览图中将出现红色的“×”，如图8.67所示，再次单击“停用/启用蒙版”按钮，即可重新启用蒙版。
- 按住Shift键，单击图层蒙版缩览图，暂时停用图层蒙版效果，如图8.68所示。再次按住Shift键，单击图层蒙版缩览图，即可重新启用蒙版效果。

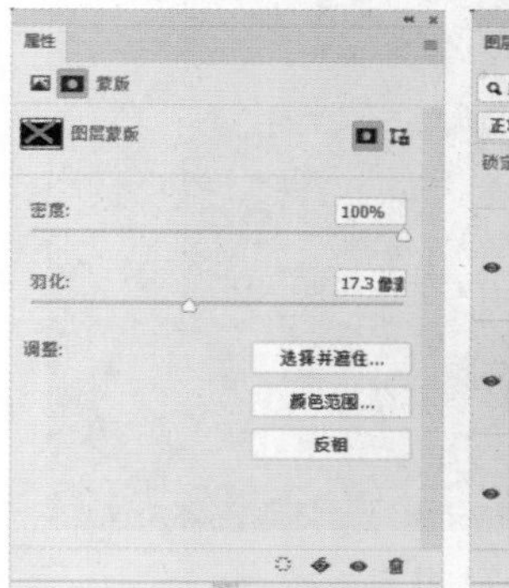

图 8.67

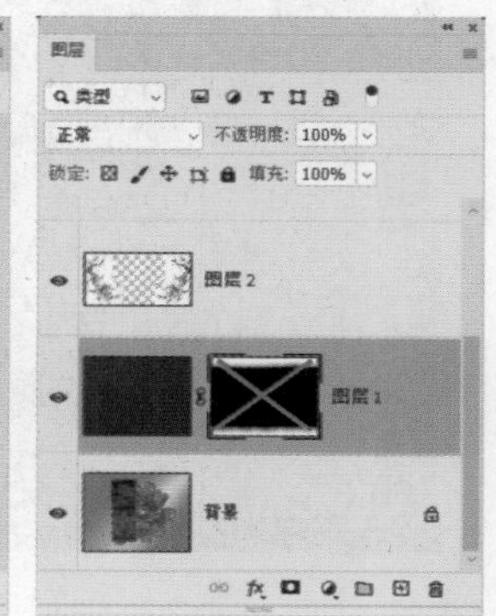

图 8.68

第9章 图层的特效处理功能

9.1 图层样式对话框概述

简单地说，“图层样式”就是一系列能够为图层添加特殊效果的命令，如浮雕、描边、内发光、外发光、投影等。

在“图层样式”对话框中共集成了10种各具特色的图层样式，但该对话框的总体结构大致相同。在此以如图9.1所示的“斜面和浮雕”图层样式参数设置为例，讲解“图层样式”对话框的大致结构。

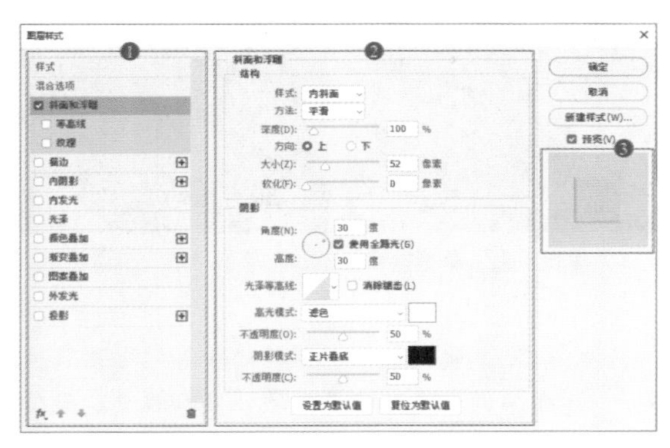

图 9.1

可以看出，“图层样式”对话框在结构上分为3个区域。

01 图层样式列表区：在此区域中列出了所有图层样式，如果要同时应用多个图层样式，只需要选中图层样式名称左侧的复选框即可；如果要对某个图层样式的参数进行修改，直接选择此图层样式，即可在对话框中间的选项区域显示相应的参数。用户还可以将其中部分图层样式进行叠加处理。

02 图层样式选区域：在选择不同图层样式的情况下，此区域会即时显示与之对应的参数设置。单击“设置为默认值”按钮可以将当前的参数保存成为默认的数值，以便后面应用。单击“复位为默认值”按钮，则可以复位到系统或之前保存过的默认参数。

03 图层样式预览区域：在此区域中可以预览当前所设置的所有图层样式叠加在一起时的效果。

值得一提的是，在Photoshop中，除了单个图层外，还可以为图层组添加图层样式，以满足用户多样化的处理需求。

9.2 图层样式功能详解

9.2.1 斜面和浮雕

执行“图层”|“图层样式”|“斜面和浮雕”命令，或者单击“图层”面板底部的“添加图层样式”按钮 fx，在弹出的菜单中执行“斜面和浮雕”命令，弹出“图层样式”对话框。使用“斜面和浮雕”图层样式，可以创建具有斜面或者浮雕效果的图像。

下面将以如图9.2所示的图像及其中的图案为例，讲解“斜面和浮雕”图层样式中各参数的功能。

图 9.2

- 样式：在该下拉列表中可以选择外斜面、内斜面、浮雕效果、枕状浮雕、描边浮雕等选项，对应的效果如图9.3所示。

（a）选择“外斜面”选项　（b）选择“内斜面”选项

（c）选择“浮雕效果”选项　（d）选择“枕状浮雕”选项

（e）选择“描边浮雕”选项

图 9.3

> 提示：在选择“描边浮雕”选项时，必须同时添加“描边”图层样式，否则将不会得到任何浮雕效果。这里将“描边”图层样式效果设置为12像素的红色描边。

- 方法：在其下拉列表中可以选择平滑、雕刻清晰、雕刻柔和等选项，对应的效果如图9.4所示。

（a）选择“平滑”选项　（b）选择“雕刻清晰”选项

（c）选择“雕刻柔和”选项

图 9.4

- 深度：此参数控制“斜面和浮雕”图层样式的深度。数值越大，效果越明显。如图9.5所示是分别设置“深度”为70%和140%时的对比效果。

（a）设置“深度”为70%　（b）设置“深度”为140%

图 9.5

- 方向：此参数控制“斜面和浮雕”图层样式的视觉方向。如果单击“上”单选按钮，在视觉上呈现凸起效果；如果单击“下”单选按钮，在视觉上呈现凹陷效果。如图9.6所示是分别单击这两个单选按钮后所得到的对比效果。

（a）单击“上”单选按钮　（b）单击“下”单选按钮

图 9.6

- 软化：此参数控制“斜面和浮雕”图层样式亮调区域与暗调区域的柔和程度。数值越大，亮调区域与暗调区域越柔和。
- 高光模式、阴影模式：在这两个下拉列表中，可以为形成斜面或者浮雕效果的高光和阴影区域选择不同的混合模式，从而得到不同的效果。如果单击右侧的色块，还可以在弹出的“拾色器（斜面和浮雕高光颜色）”对话框和“拾色器（斜面和浮雕阴影颜色）”对话框中为高光和阴影区域选择不同的颜色。在某些情况下，高光区域并非完全为白色，可能会呈现某种色调；同样，阴影区域也并非完全为黑色。
- 光泽等高线：此参数用于制作特殊效果。Photoshop提供了很多预设的等高线类型，只需要选择不同的等高线类型，就可以得到非常丰富的效果。另外，也可以单击当前等高线的预览框，在弹出的“等高线编辑器”对话框中进行编辑，直至得到满意的浮雕效果为止。如图9.7所示为设置两种不同等高线类型后的“斜面和浮雕”图层样式的对比效果。

图 9.7

9.2.2 描边

使用“描边”图层样式，可以用颜色、渐变、图案3种类型为当前图层中的图像勾绘轮廓。

“描边”图层样式的参数释义如下。

- 大小：此参数用于控制描边的宽度。数值越大，生成的描边宽度越大。
- 位置：在其下拉列表中可以选择外部、内部、居中选项。选择“外部”选项，描边效果完全处于图像的外部；选择“内部”选项，描边效果完全处于图像的内部；选择“居中”选项，描边效果一半处于图像的外部，一半处于图像的内部。
- 填充类型：在其下拉列表中可以设置描边的类型，包括颜色、渐变和图案选项。

如图9.8所示为添加“描边”图层样式前后的效果对比。

(a) 添加“描边”图层样式前

(b) 添加“描边”图层样式后

图 9.8

9.2.3 内阴影

使用“内阴影”图层样式，可以为非“背景”图层添加位于图层不透明像素边缘内的投影，使图层呈凹陷的外观效果。

“内阴影”图层样式的参数释义如下。

- 混合模式：在其下拉列表中可以为内阴影选择不同的混合模式，从而得到不同的内阴影效果。单击其右侧色块，可以在弹出的“拾色器（内阴影颜色）”对话框中为内阴影设置颜色。
- 不透明度：此参数用于定义内阴影的不透明度。数值越大，内阴影效果越明显。
- 角度：在此拨动角度轮盘的指针或者输入数值，可以定义内阴影的投射方向。如果选择“使用全局光”选项，则内阴影使用全局设置；反之，可以自定义角度。
- 距离：此参数用于定义内阴影的投射距离。数值越大，内阴影的三维空间效果越明显；反之，越贴近投射内阴影的图像。

如图9.9所示为添加“内阴影”图层样式前的效果，如图9.10所示为添加“内阴影”图层样式后的效果。

图 9.9

图 9.10

9.2.4 外发光与内发光

使用“外发光”图层样式，可为图层增加发光效果。此类效果常用于具有较暗背景的图像中，以创建发光的效果。

使用“内发光”图层样式，可以在图层中增加不透明像素内部的发光效果。该样式的对话框与“外发光”样式相同。

“内发光”及“外发光”图层样式常被组合在一起使用，以模拟发光的物体。如图9.11所示为添加图层样式前的效果，如图9.12所示为添加“外发光”图层样式后的效果，如图9.13所示为添加“内发光”图层样式后的效果。

图 9.11

图 9.12

图 9.13

9.2.5 光泽

使用“光泽”图层样式，可以在图层内部根据图层的形状应用投影，常用于创建光滑的磨光及金属效果。

如图9.14所示为添加“光泽”图层样式前后的对比效果。

(a) 添加“光泽”图层样式前

(b) 添加“光泽”图层样式后

图 9.14

9.2.6 颜色叠加

使用“颜色叠加”图层样式，可以为图层叠加某种颜色。此图层样式的参数设置非常简单，设置一种叠加颜色，并设置所需要的“混合模式”及“不透明度”即可。

9.2.7 渐变叠加

使用“渐变叠加”图层样式，可以为图层叠加渐变效果。

“渐变叠加”图层样式较为重要的参数释义如下。

- 样式：在此下拉列表中可以选择线性、径向、角度、对称、菱形5种渐变样式。
- 与图层对齐：选中此复选框，渐变效果由图层中最左侧的像素应用至其最右侧的像素。

如图9.15所示是为蝴蝶图像添加“渐变叠加”图层样式前后的对比效果。

(a) 添加“渐变叠加”图层样式前

(b) 添加“渐变叠加”图层样式后

图 9.15

9.2.8 图案叠加

使用“图案叠加”图层样式，可以在图层上叠加图案。

如图9.16所示是在艺术文字上添加“图案叠加”图层样式前后的对比效果。

(a) 添加“图案叠加”图层样式前

（b）添加“图案叠加”图层样式后

图 9.16

9.2.9 投影

使用“投影”图层样式，可以为图层添加投影效果。

“投影”图层样式较为重要的参数释义如下。

- 扩展：此参数用于增加投影的投射强度。数值越大，投射的强度越大。如图9.17所示为原图。如图9.18所示为添加投影，并将“扩展”分别设置为10和40时的“投影”效果。

图9.17

图 9.18

- 大小：此参数用于控制投影的柔化程度。数值越大，投影的柔化效果越明显；反之，则越清晰。如图9.19所示为在其他参数不变的情况下，“大小”分别为0和15时的“投影”效果。

图 9.19

- 等高线：此参数用于定义图层样式效果的外观，其原理类似于“曲线”命令中曲线对图像的调整原理。单击此下拉列表按钮 ⌄，将弹出如图9.20所示的“等高线”列表，可在此列表中选择等高线的类型。默认情况下，Photoshop自动选择线性等高线。

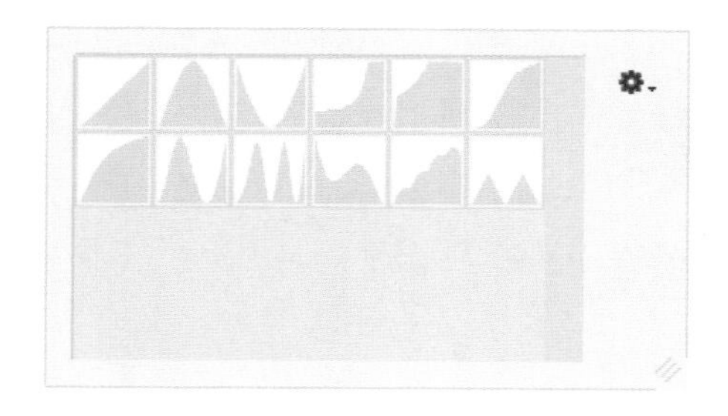

图 9.20

如图9.21所示为在其他参数与选项不变的情况下，选择两种不同的等高线得到的效果。

图 9.21

第10章 特殊图层详解

10.1 填充图层

10.1.1 填充图层简介

填充图层是一类非常简单的图层。使用此类图层，可以创建纯色、渐变、图案3类填充图层。

单击“图层”面板底部的“创建新的填充或调整图层”按钮，在弹出的菜单中选择一种填充类型，在弹出的对话框中设置参数，即可在目标图层之上创建填充图层。

> 提示：填充图层在本质上与普通图层并无太大区别，因此也可以通过改变图层的混合模式或者不透明度、为图层添加蒙版、将其应用于剪切图层等操作获得不同的效果。

10.1.2 创建纯色填充图层

单击“图层”面板底部的“创建新的填充或调整图层”按钮，在弹出的菜单中执行“纯色”命令，然后在弹出的“拾色器（纯色）”对话框中选择一种填充颜色，即可创建颜色填充图层，如图10.1所示。

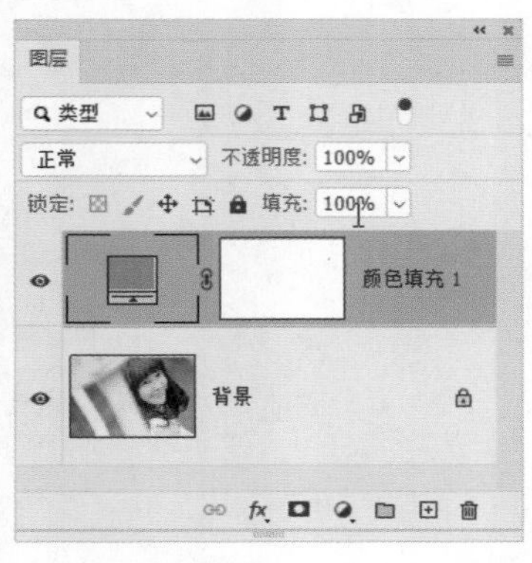

图 10.1

添加“纯色”填充图层后，如果需要修改填充颜色时，只需双击图层缩览图，在弹出的“拾色器（纯色）”对话框中选择一种新的颜色即可。

10.1.3 创建渐变填充图层

单击“图层”面板底部的“创建新的填充或调整图层”按钮，在弹出的菜单中执行“渐变”命令，弹出如图10.2所示的“渐变填充”对话框。

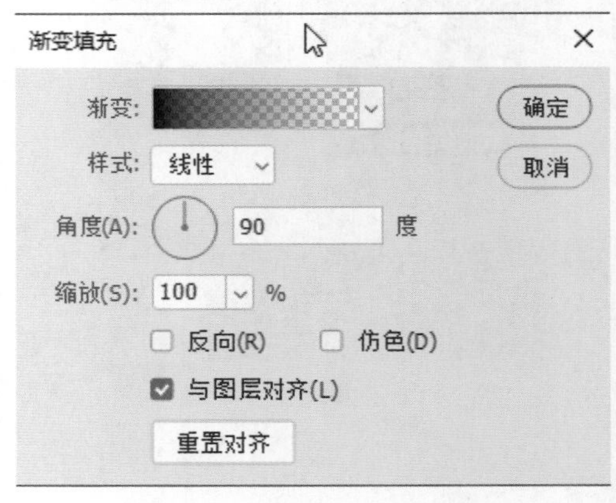

图 10.2

在“渐变填充”对话框中选择一种渐变，并设置适当的“角度”及“缩放”，然后单击“确定”按钮退出对话框，即可添加“渐变”填充图层。

如图10.3所示为原图像。如图10.4所示是添加了“渐变”填充图层并设置适当的图层属性后得到的效果。如图10.5所示是对应的“图层”面板。

图 10.3

图 10.4

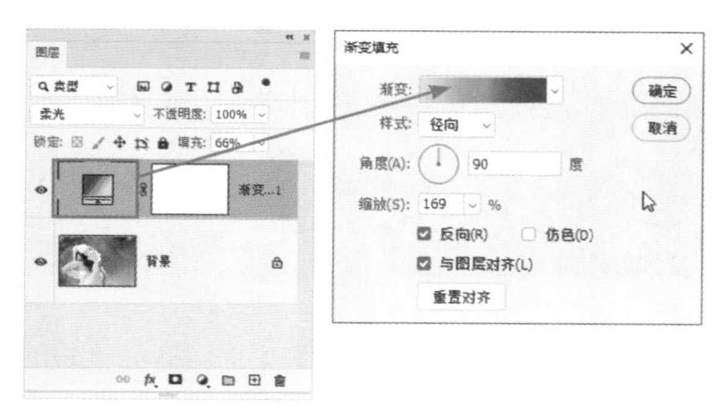

图 10.5

创建“渐变”填充图层后，便于修改渐变样式。编辑时只需要双击“渐变”填充图层的图层缩览图，再次调出“渐变填充”对话框，然后修改参数即可。

10.1.4 创建图案填充图层

单击“图层”面板底部的“创建新的填充或调整图层”按钮 ◐.，在弹出的菜单中执行“图案”命令，弹出如图10.6所示的“图案填充”对话框。

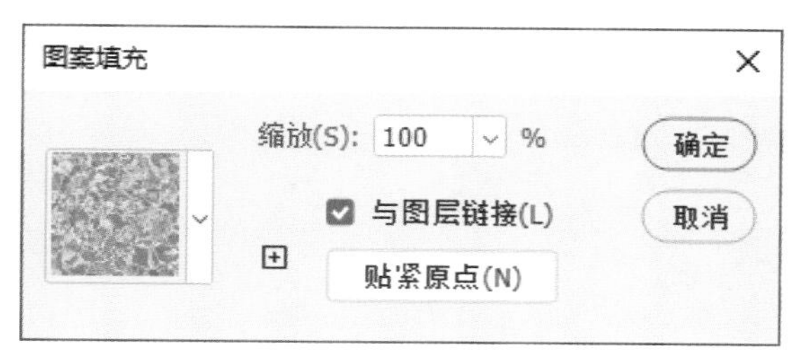

图 10.6

完成图案选择及参数设置后，单击“确定”按钮，即可在目标图层上方创建“图案”填充图层。

如图10.7所示为原图像。如图10.8所示是使用特殊的图案进行填充，并适当设置图层属性后的效果，如图10.9所示是对应的“图层”面板。

图 10.7

图 10.8

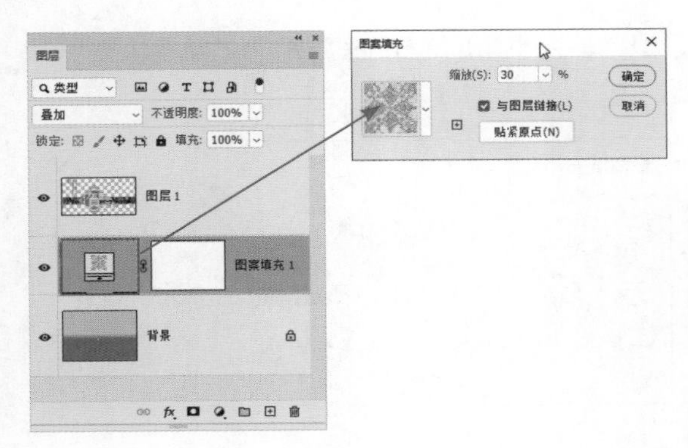

图 10.9

如果要修改图案填充图层的参数，可双击其图层缩览图，调出“图案填充”对话框，修改完毕后单击“确定”按钮即可。

10.1.5 栅格化填充图层

对于颜色、渐变、图案这3种填充图层来说，除了具有各自的图层参数外，几乎不可以再进行其他编辑（如直接进行图像调整或者添加滤镜等），此时可以将填充图层栅格化，以便于进行深入的编辑操作。

栅格化填充图层的操作非常简单，只需要选择要栅格化的填充图层，然后执行下面的操作之一即可。

01 在要栅格化的图层名称上单击鼠标右键，在弹出的菜单中执行“栅格化图层”命令。

02 选择要栅格化的图层，然后执行“图层”|“栅格化”|“填充内容”命令。

10.2 调整图层

10.2.1 无损调整的原理

通过“调整”面板可以创建调整图层，调整图层产生的照片调整效果，不会直接对某个图层的像素本身进行修改，所有的修改内容都是在调整图层内体现，因而可以非常方便地进行反复修改，且不会对原图像的质量和内容造成任何影响。

如图10.10所示的效果使用了“色相/饱和度”和“自然饱和度”两个调整图层来改变色彩并提高色彩饱和度。

图 10.10

如图10.11所示，通过修改两个调整图层的参数，改变图像的颜色。

图 10.11

如图10.12所示，删除了两个调整图层，所有调整效果消失，显示出未调整前的原始照片。

图 10.12

10.2.2 调整图层简介

调整图层是图像处理过程中经常用到的功能，与“图像”|“调整”级联菜单中的“图像调整”命令的功能是完全相同的，只不过前者以图层的形式存在，从而更便于进行编辑和调整。具体来说，调整图层具有以下特点。

1. 可编辑参数

调整图层最大的特点之一就是可以反复编辑其参数，这对调整图像非常有用。

2. 可设置图层属性

调整图层属于图层的一种，可以对其应用很多对普通图层进行的操作。除了最基本的复制、删除等操作外，还可以根据需要，为调整图层设置混合模式、添加蒙版、设置不透明度等，极大地方便了对调整效果的控制。

3. 可调整多个图层

使用调整命令每次只能对一个图层中的图像进行调整，而使用调整图层可以对所有其下方图层中的图像进行调整。当然，如果仅需要调整某个图层中的图像，可以在调整图层与该图层之间创建剪贴蒙版。

10.2.3 调整面板简介

“调整”面板的作用就是在创建调整图层时，不再通过调整对话框设置参数，而是在此面板中设置参数。在没有创建或选择任何调整图层的情况下，执行“窗口”|“调整”命令即可调出“调整”面板。

在选中或创建了调整图层后，即可在“属性”面板中显示相应的参数，如图10.13所示。图10.14所示是选择了“黑白”调整图层时的面板状态。

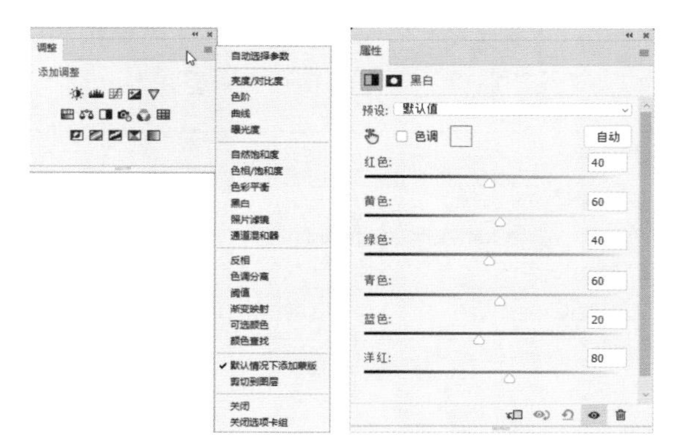

图 10.13　　图 10.14

在此状态下，面板中的按钮功能释义如下。

- “创建剪贴蒙版”按钮：单击此按钮，可以在当前调整图层与下面的图层之间创建剪贴蒙版，再次单击则取消剪贴蒙版。
- “预览最近一次调整结果”按钮：按住此按钮，可以预览本次编辑调整图层参数时，初始时与刚刚调整完参数时的状态对比。
- “复位”按钮：单击此按钮，完全复位到该调整图层默认的参数状态。
- “图层可见性”按钮：单击此按钮，可以控制当前所选调整图层的显示状态。
- “删除此调整图层”按钮：单击此按钮，并在弹出的对话框中单击“是”按钮，可以删除当前所选的调整图层。
- “蒙版”按钮：单击此按钮，将进入选中的调整图层的蒙版编辑状态。此面板能够提供用于调整蒙版的多种控制参数，以便轻松修改蒙版的不透明度、边缘柔化度等属性，并可以方便地增加矢量蒙版、反相蒙版或者调整蒙版边缘等。

使用“属性”面板可以对蒙版进行如羽化、反相及显示/隐藏蒙版等操作。

10.2.4 创建调整图层

在Photoshop中，可以采用以下方法创建调整图层。

- 执行“图层”|“新建调整图层”级联菜单中的命令，此时将弹出如图10.15所示的对话框，此对话框与创建普通图层时的

"新建图层"对话框基本相同，单击"确定"按钮，即可创建一个调整图层。

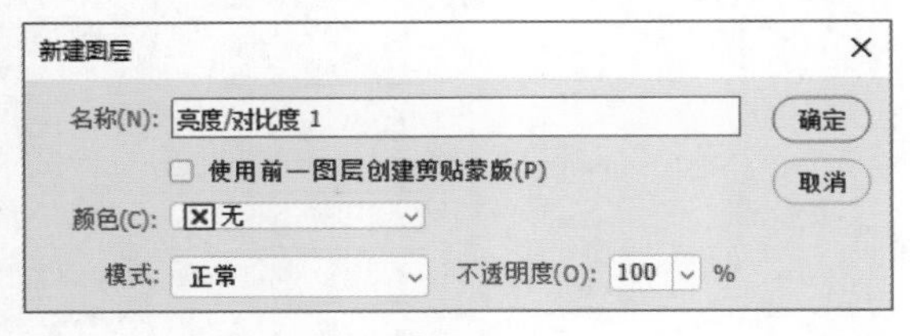

图 10.15

- 单击"图层"面板底部的"创建新的填充或调整图层"按钮，在弹出的菜单中执行需要的命令，然后在"属性"面板中设置参数即可。
- 在"调整"面板中单击各个图标，即可创建对应的调整图层。

10.2.5 编辑调整图层

在创建调整图层后，如果对当前的调整效果不满意，可以对其进行修改至满意为止，这也是调整图层的优点之一。

要重新设置调整图层中包含的参数，可以先选择要修改的调整图层，再双击调整图层的图层缩览图，即可在"属性"面板中调整相应的参数。

> 提示：如果当前已经显示了"属性"面板，则只需要选择要编辑参数的调整图层，即可在面板中进行修改。如果添加的是"反相"调整图层，则无法进行调整，因为该命令没有任何参数。

另外，调整图层也是图层的一种，因此还可以根据需要，为其设置混合模式、不透明度、图层蒙版等属性。

10.3 智能对象

智能对象图层可以像每个PSD格式图像文件一样包含多个图层的图像，其与图层组的功能有些相似，即都用于装载图层。不同的是，智能对象图层是以一个特殊图层的形式来装载这些图层。

10.3.1 智能对象的基本概念及优点

如图10.16所示的"金鸡贺岁"图层就是一个智能对象图层。从外观上看，智能对象图层最明显的特点是其图层缩略图右下角有标志。

在编辑智能对象图层时，会将其中的内容显示在一个新的图像文件中，可以像编辑其他图像文件那样，进行新建或删除图层、调整图层的颜色、设置图层的混合模式、添加图层样式、添加图层蒙版等操作。如图10.17所示就是智能对象图层"金鸡贺岁"中包含的大量图层。

图 10.16

图 10.17

除位图图像外，智能对象包括的内容还可以

是矢量图形。正是由于智能对象图层的特殊性，才拥有其他图层不具备的优点。

- 无损缩放：如果在Photoshop中对图像进行频繁的缩放，会造成图像信息的缺失，最终导致图像变得越来越模糊。如果将一个智能对象在100%比例范围内进行频繁缩放，则不会使图像变得模糊，因为并没有改变外部子文件的图像信息。当然，如果将智能对象放大至超过100%，仍然会对图像的质量有影响，其影响效果等同于直接将图像进行放大。
- 支持矢量图形：可以使用AI、EPS等格式的矢量素材图形提高作品质量。使用这些格式的图形时，最好的选择就是使用智能对象，即将矢量图形以智能对象的形式粘贴至Photoshop中，在不改变矢量图形内容的情况下，可以保留其原有的矢量属性，以便返回至矢量软件中进行编辑。
- 智能滤镜：是指对智能对象图层应用滤镜，并保留滤镜的参数，以便随时进行编辑、修改。
- 记录变形参数：在将图层转换为智能对象的情况下，通过执行“编辑”|“变换”|“变形”命令进行的所有变形处理，都可以被智能对象记录下来，以便进行编辑和修改。
- 便于管理图层：面对较复杂的Photoshop文件时，可以将若干个图层保存为智能对象，从而降低Photoshop文件中图层的复杂程度，以便管理并操作Photoshop文件。

10.3.2 创建链接式与嵌入式智能对象

从Photoshop CC 2015开始，创建的智能对象可分为新增的“链接式”与传统的“嵌入式”。下面分别讲解其操作方法。

1. 链接与嵌入的概念

在学习链接式与嵌入式智能对象之前，用户应该先了解对象的链接与嵌入的概念。

链接式智能对象会保持智能对象与原图像文件之间的链接关系。链接式智能对象的优点是当前图像与链接的文件是相对独立的，可以分别进行编辑处理。链接式智能对象的缺点是链接的文件一定要一直存在，一旦被移动了位置或删除，则在智能对象上会提示链接错误，如图10.18所示，导致无法正确输出和打印。

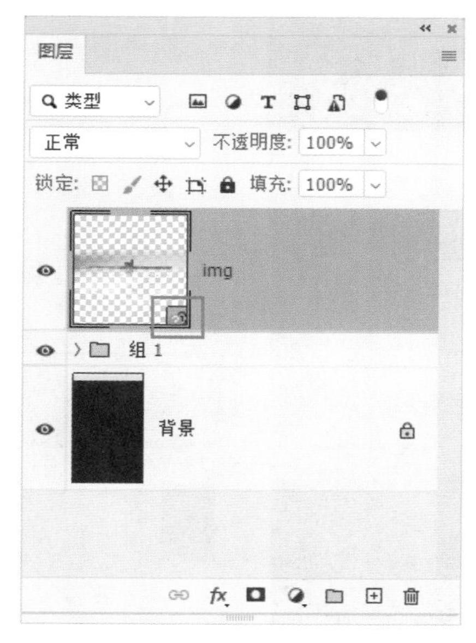

图 10.18

相对保险的方法是将链接的对象嵌入到当前文档中。虽然这样会增加文件的大小，但由于图像已经嵌入，因此无须担心链接错误等问题。在有需要时，也可以将嵌入的对象取消嵌入，将其还原为原来的文件。

2. 创建链接式智能对象

链接式智能对象是从Photoshop CC 2015开始才有的一项功能。可以将一个图像文件以链接的形式置入当前图像中，从而成为一个链接式智能对象。若要创建链接式智能对象，可以执行“文件”|“置入链接的智能对象”命令，在弹出的对话框中打开要处理的图像即可。如图10.19所示为原图像及对应的“图层”面板，如图10.20是在其中以链接的方式置入一个图像文件后的效果及对应的“图层”面板，该图层的缩略图上会显示一

个链接图标。

图 10.19

图 10.20

3. 创建嵌入式智能对象

可以通过以下方法创建嵌入式智能对象。

- 执行“文件”|“置入嵌入的智能对象”命令。
- 使用“置入”命令为当前工作的Photoshop文件置入一个矢量文件或位图文件，甚至是另外一个有多个图层的Photoshop文件。
- 选择一个或多个图层后，在“图层”面板中执行“转换为智能对象”命令或执行“图层”|“智能对象”|“转换为智能对象”命令。
- 在Illustrator软件中复制矢量对象，然后在Photoshop中粘贴对象，在弹出的对话框中选择“智能对象”选项，单击“确定”按钮即可。
- 执行“文件”|“打开为智能对象”命令，将一个符合要求的文件直接打开成为一个智能对象。
- 从外部直接将图像文件拖入当前图像窗口内，即可将其以智能对象的形式嵌入当前图像中。

通过上述方法创建的智能对象均为嵌入式智能对象，此时，即使外部文件被编辑，其修改也不会反映在当前图像中。如图10.21所示为原图像，如图10.22所示是对应的“图层”面板。选择除图层“背景”以外的所有图层，然后执行“图层”|“智能对象”|“转换为智能对象”命令，此时的“图层”面板如图10.23所示。

图 10.21

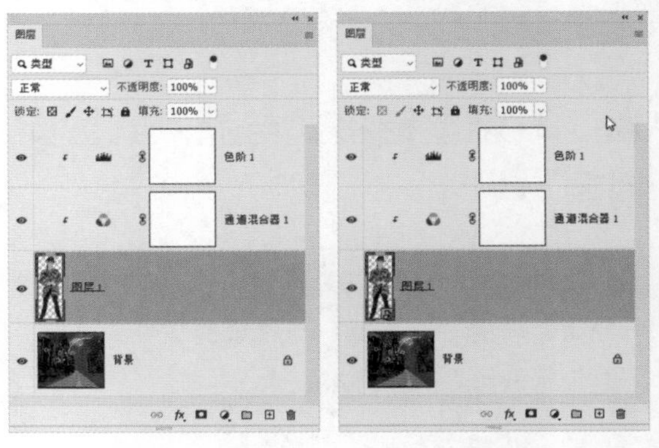

图 10.22　　图 10.23

10.3.3 编辑智能对象的源文件

智能对象的优点是能够在外部编辑智能对象的源文件，并使所有改变反映在当前工作的Photoshop文件中。要编辑智能对象的源文件，可以按照以下步骤操作。

01 直接双击智能对象图层。

02 执行“图层”|“智能对象”|“编辑内容”命令。

03 在“图层”面板菜单中执行“编辑内容”命令，在弹出的提示对话框中单击“确定”按钮，进入智能对象的源文件中。

在源文件中进行修改后，执行“文件”|“存储”命令，保存所做的修改，然后关闭此文件即可，所做的修改将反映在智能对象中。

以上对智能对象的编辑操作，适用于嵌入式与链接式智能对象。值得一提的是，对于链接式智能对象，除了上述操作外，可以直接编辑源文件，保存修改后，图像文件中的智能对象会自动进行更新。

10.3.4 转换链接式与嵌入式智能对象

在Photoshop中，嵌入式与链接式智能对象可以相互转换，下面分别讲解具体操作。

1. 将链接式智能对象转换为嵌入式智能对象

若要将链接式智能对象转换为嵌入式智能对象，可以执行以下操作之一。

- 执行“图层”|“智能对象”|“嵌入链接的智能对象”命令。
- 在智能对象图层的名称上右击，在弹出的快捷菜单中执行“嵌入链接的智能对象”命令。

执行上述任意一个操作后，即可嵌入所选的智能对象。

2. 将嵌入式智能对象转换为链接式智能对象

要将嵌入式智能对象转换为链接式智能对象，可以执行以下操作之一。

- 执行“图层”|“智能对象”|“转换为链接对象”命令。
- 在智能对象图层的名称上右击，在弹出的快捷菜单中执行“转换为链接对象”命令。

执行上述任意一个操作后，在弹出的对话框中选择文件保存的名称及位置，然后保存即可。

3. 嵌入所有的智能对象

若要将当前图像文件中所有的链接式智能对象转换为嵌入式智能对象，可以执行“图层”|“智能对象”|“嵌入所有链接的智能对象”命令。

10.3.5 解决链接式智能对象的文件丢失问题

链接式智能对象的缺点之一是可能会出现链接的图像文件丢失的问题，在打开该图像文件时，会弹出类似图10.24所示的对话框，询问是否进行修复处理。

图 10.24

单击对话框中的“重新链接”按钮，在弹出的对话框中可以重新指定链接的文件；若是已经退出上述对话框，则可以直接双击丢失了链接的智能对象的缩略图，在弹出的对话框中重新指定链接的文件。

> 提示：将智能对象文件与图像文件置于同一级目录下，在打开时可自动找到链接的文件。

10.3.6 复制智能对象

可以在Photoshop文件中对智能对象进行复制以创建新的智能对象。新的智能对象与原智能对象可以是链接关系，也可以是非链接关系。

如果两者保持链接关系，则无论修改两个智能对象中的哪一个，都会影响另一个；反之，如果两者是非链接关系，则两个智能对象之间没有相互影响的关系。

如果希望新的智能对象与原智能对象是链接关系，可以执行下面的操作。

01 打开配套素材中的文件“第 10 章\10.3.6- 素材 .psd”，选择智能对象图层。

02 执行“图层”|“新建”|“通过拷贝的图层”命令，也可以直接将智能对象图层拖动至“图层”面板底部的“创建新图层”按钮 ⊞ 上。

如图10.25所示是按照上面的方法，复制多个智能对象图层并对其中的图像进行缩放及适当排列后得到的效果。

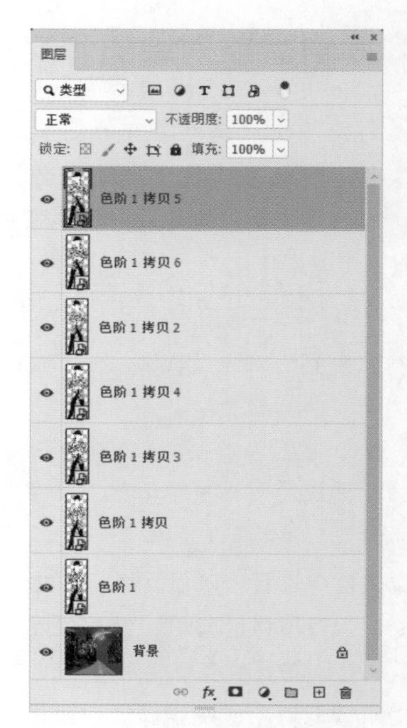

图 10.25

如果希望新的智能对象与原智能对象是非链接关系，可以执行下面的操作。

01 选择智能对象图层。

02 执行“图层”|“智能对象”|“通过拷贝新建智能对象”命令。

这样复制智能对象的优点是复制得到的智能对象的内容虽然都是相同的，但二者是相对独立的。如果编辑其中一个智能对象，其他以此种方式复制得到的智能对象不会发生变化。如果复制得到的智能对象与原智能对象是链接关系，那么修改其中一个智能对象后，所有链接的智能对象都会发生相同的变化。

10.3.7 栅格化智能对象

由于智能对象对编辑操作有许多限制，因此如果希望对智能对象进行进一步编辑（如添加滤镜），则必须要将智能对象栅格化，即将智能对象图层转换为普通图层。

选择智能对象图层后，执行“图层”|“智能对象”|“删格化”命令，即可将智能对象图层转换为普通图层。

第11章 输入与编辑文字

11.1 输入文字

11.1.1 输入水平/垂直文字

Photoshop具有很强的文字处理能力，使用户不仅可以很方便地制作出各种精美的具有艺术效果的文字，甚至可以在Photoshop中进行排版操作。本节讲解在Photoshop中输入文字的相关知识。

可以利用任何一种输入法输入文字。由于文字的字体和大小决定其显示状态，因此需要恰当地设置文字的字体、字号。

输入水平或垂直文字的方法基本相同，下面以输入水平文字为例，讲解输入文字的操作步骤。

01 打开配套素材中的文件“第 11 章 \11.1.1- 素材 .jpg”，在工具箱中选择横排文字工具 T.。

02 在横排文字工具选项栏中设置参数，如图 11.1 所示。

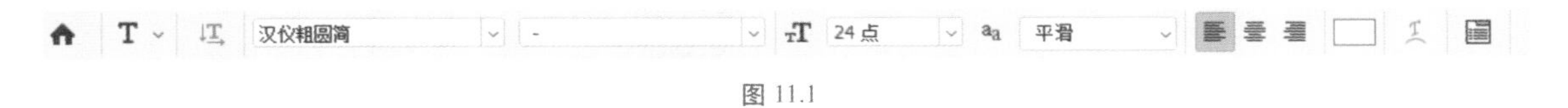

图 11.1

03 使用横排文字工具 T.在画布中要放置文字的位置单击，插入光标，效果如图 11.2 所示，在光标后面输入要添加的文字，效果如图 11.3 所示。

04 如果在输入文字时希望文字出现在下一行，可以按 Enter 键，使光标出现在下一行，效果如图 11.4 所示，然后输入其他文字，效果如图 11.5 所示。

图 11.2

图 11.3

图 11.4

图 11.5

05 对于已经输入的文字，可以在文字间插入光标，再按 Enter 键，将一行文字打断成为两行。如果在一行文字的不同位置多次执行此操作，则可以得到多行文字，效果如图 11.6 所示。

06 如果希望将两行文字连接成为一行，可以在上一行文字最后插入光标，并按 Delete 键。如图 11.7 所示为将两行文字“决定”及“生存价值”连接成为一行文字后的效果。

图 11.6

图 11.7

07 完成输入后，单击工具选项栏中的“提交所有当前编辑”按钮✓，确认已输入的文字；若单击“取消所有当前编辑”按钮⊘，则可以取消文字输入操作。若按 Esc 键，将弹出提示框，询问在输入文字时，按 Esc 键执行的功能，此处的设置将应用于以后所有的操作。

11.1.2 转换水平文字与垂直文字

在需要的情况下，可以相互转换水平文字及垂直文字的排列方向，其操作步骤如下。

01 打开配套素材中的文件“第 11 章\11.1.2- 素材 .psd”。

02 利用横排文字工具 T. 或直排文字工具 IT. 输入文字。

03 确认在工具箱中选择一种文字工具。

04 执行下列操作中的任意一种，即可改变文字方向。

- 单击工具选项栏中的“切换文本取向”按钮，可以转换水平及垂直文字。
- 执行“文字”|“取向”|“垂直”命令，将文字转换成为垂直文字。
- 执行“文字”|“取向”|“水平”命令，将文字转换成为水平文字。
- 选择要转换的文字图层，在其图层名称上右击，在弹出的快捷菜单中执行“垂直”命令或者“水平”命令。

如图11.8所示为原图像。单击“更改文字方向”按钮后，可以将垂直文字转换为水平文字，效果如图11.9所示。

图 11.8

图 11.9

11.1.3 输入点文字

点文字及段落文字是文字在Photoshop中存在的两种不同形式，无论用哪一种文字工具创建文字，都将以这两种形式之一存在。

点文字的文字行是独立的，即文字行的长度随文字的增加而变长，且不会自动换行，如果需要换行必须按Enter键。

输入点文字的操作步骤如下。

01 打开配套素材中的文件“第 11 章\11.1.3- 素材 .psd”。

02 使用横排文字工具 T. 在画布中单击，插入光标，效果如图 11.10 所示。

图 11.10

03 在工具选项栏、“字符”面板或者“段落”面板中设置文字属性。

04 在光标后面输入所需要的文字后，单击“提交所有当前编辑”按钮 ✓ 确认操作，如图 11.11 所示为点文字效果。

图 11.11

11.1.4 输入段落文字

段落文字与点文字的不同之处是段落文字显示的范围由一个文本框界定，当输入的文字到达文本框的边缘时，文字会自动换行；当调整文本框的边框时，段落文字会自动改变每一行显示的文字数量以适应新的文本框。输入段落文字的操作步骤如下。

01 打开配套素材中的文件“第 11 章 \11.1.4-1-素材 .jpg”。

02 选择横排文字工具 T. 或直排文字工具 IT.。

03 拖动鼠标，创建一个段落文字文本框，光标显示在文本框内，如图 11.12 所示。

图 11.12

04 在“字符”面板和“段落”面板中设置文字选项。

05 在光标后输入文字，如图 11.13 所示，单击“提交所有当前编辑”按钮 ✓ 确认。

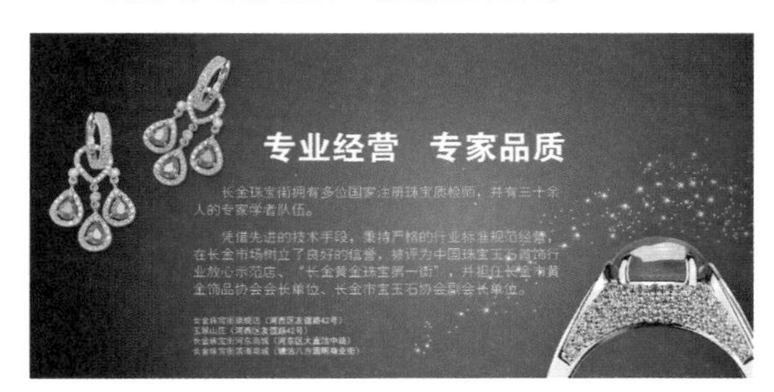

图 11.13

第一次创建的段落文字定界框未必完全符合要求，因此，在创建段落文字的过程中或创建段落文字后要对文字定界框进行编辑。编辑定界框的操作步骤如下。

01 打开配套素材中的文件“第 11 章 \11.1.4-2-素材 .jpg”。

02 选择文字工具，在页面的文字中单击插入光标，此时定界框如图 11.14 所示。

图 11.14

03 将光标放在定界框的手柄上，待光标形状变为双向箭头时拖动，就可以缩放定界框，如图 11.15 所示。如果在拖动时按住 Shift 键，可保持定界框按比例调整。

图 11.15

04 将光标放在定界框的外面，待光标形状变为弯曲的双向箭头时拖动，就可以旋转定界框，如图 11.16 所示。按住 Shift 键并拖动，可将旋转限制为按 15° 的增量进行。要更改旋转中心，可按住 Ctrl 键拖动中心点到新位置。

05 要斜切定界框，可使用 Ctrl+Shift 组合键，待光标形状变为双向箭头时拖动手柄，如图 11.17 所示。

图 11.16

图 11.17

11.1.5 转换点文字与段落文字

点文字和段落文字也可以相互转换，在转换时可以执行下列操作之一。

- 执行“文字”|“转换为点文本”命令，或者执行“文字”|“转换为段落文本”命令。
- 选择要转换的文字图层，在其图层名称上右击，在弹出的快捷菜单中执行“转换为点文本”命令，或者执行“转换为段落文本”命令。

11.1.6 输入特殊字形

从Photoshop CC 2015版本开始，Photoshop支持字形功能，从而可以更容易地输入各种特殊符号或特殊字形等。执行“窗口”|“字形”命令，

显示“字形”面板，在要输入特殊字形的位置插入光标，然后双击要插入的特殊字形即可。

还可以在字体类别下拉列表中，选择要显示的特殊字形分类，如图11.18所示。

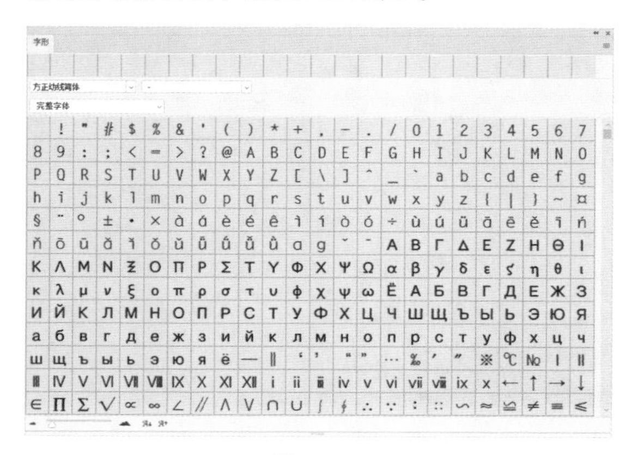

图 11.18

11.1.7 粘贴文本

除了直接复制其他程序（如Word或记事本等）中的文本，然后粘贴到Photoshop中以外，很多时候还需要在Photoshop内部进行文本的复制与粘贴操作。在粘贴时，可能希望只粘贴文本内容，而不保留原有格式，在Photoshop 2020中，可以使用“编辑”|“选择性粘贴”|“粘贴且不使用任何格式”命令只粘贴文本内容。

11.2 转换文字属性

创建的文字将作为独立的文字图层在图像中存在。为了使图像效果更加美观，可以将文字图层转换为普通图层、形状图层或路径，以利用更多Photoshop功能创建更绚丽的效果。

11.2.1 将文字转换为路径

执行“文字”|“创建工作路径”命令，可以由文字图层得到与文字轮廓相同的工作路径。如图11.19所示为从文字图层生成的路径。用户可在此基础上，对其进行描边等处理。

（a）文字效果

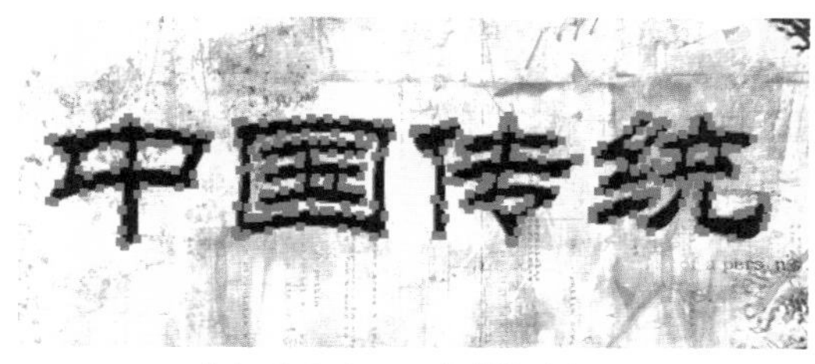

（b）从文字图层生成的路径

图 11.19

11.2.2 将文字转换为形状

执行“文字”|“转换为形状”命令，可以将文字转换为与其轮廓相同的形状，如图11.20所示为文字转换为形状前后的“图层”面板。

（a）执行“转换为形状”命令前　（b）执行“转换为形状”命令后

图 11.20

11.2.3 将文字转换为图像

如果希望在文字图层中绘图或者使用图像调整命令、滤镜命令等，需要先执行“文字”|“栅格化文字”命令，将文字图层转换为普通图层。

11.3 制作异形文字

11.3.1 沿路径绕排文字

利用Photoshop提供的将文字绕排于路径的功能，能够将文字绕排于任意形状的路径，实现以前只能够在矢量软件中才能实现的文字曲线排列的设计效果。使用这一功能，可以将文字绕排成为一条引导观者视线的流程线，使观者的视线跟随设计者的意图流动。

1. 制作沿路径绕排文字的效果

下面以为一款宣传广告增加绕排效果为例，讲解如何制作沿路径绕排的文字，操作步骤如下。

01 打开配套素材中的文件“第 11 章 \11.3.1- 素材 .jpg”，如图 11.21 所示。

图 11.21

02 使用钢笔工具沿着圆圈图像的弧度绘制如图 11.22 所示的路径。

图 11.22

03 选择横排文字工具，在路径上单击并插入光标，如图 11.23 所示，输入需要的文字，如图 11.24 所示。

图 11.23

图 11.24

04 单击工具选项栏中的“提交所有当前编辑”按钮确认，得到的效果如图 11.25 所示，此时的“路径”面板如图 11.26 所示。

图 11.25

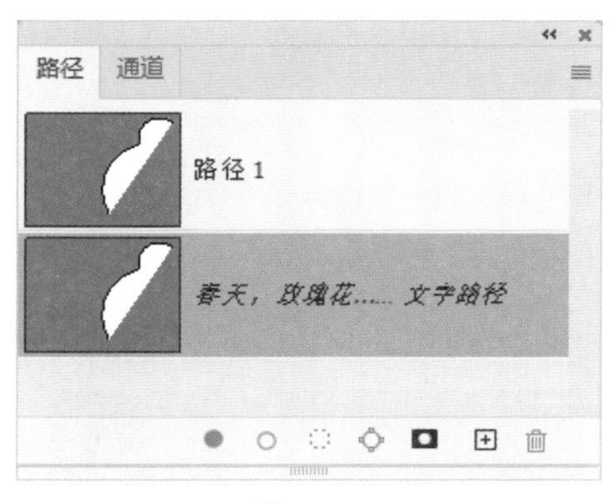

图 11.26

2. 在路径上移动或翻转文字

可以随意移动或者翻转在路径上排列的文字，其操作步骤如下。

01 选择直接选择工具 或者路径选择工具 。

02 将光标放置在绕排于路径的文字上，直至光标转换为 形状。

03 拖动文字，即可改变文字相对于路径的位置，效果如图 11.27 所示。

(a) 移动后的效果

(b) 反向绕排的效果

图 11.27

> 提示：如果当前路径的长度不足以显示全部文字，在路径末端的小圆圈将显示为⊕形状。

3. 更改路径绕排文字的属性

当文字已经被绕排于路径后，仍然可以修改文字的各种属性，包括字号、字体、水平或者垂直排列方式等。其操作步骤如下。

01 在工具箱中选择文字工具，将沿路径绕排的文字选中。

02 在“字符”面板中修改相应的参数，如图 11.28 所示为更改文字属性后的效果。

图 11.28

除此之外，还可以通过修改绕排文字路径的曲率、锚点的位置等来修改路径的形状，从而影响文字的绕排效果，如图11.29所示。

图 11.29

11.3.2 区域文字

通过在路径内部输入文字，可以制作异形文

本块效果。通过在路径中输入文字制作异形文本块的操作步骤如下。

01 打开配套素材中的文件“第 11 章 \11.3.2- 素材 .jpg”，选择钢笔工具 并在其工具选项栏中选择“路径”选项，在画布中绘制如图 11.30 所示的路径。

图 11.30

02 在工具箱中选择横排文字工具 ，在工具选项栏中设置适当的字体和字号，将光标放置在绘制的路径中间，直至光标转换为 形状。

03 在光标为 形状的状态下，在路径中单击（不要单击路径本身）并插入光标，此时路径被虚线框包围。

04 在光标后输入所需要的文字，效果如图 11.31 所示。

图 11.31

在制作图文绕排效果时，路径的形状起关键性的作用，要想得到不同形状的绕排效果，只需要绘制不同形状的路径即可。

第12章 特殊滤镜应用详解

12.1 滤镜库

滤镜库是一个集成了Photoshop中绝大部分命令的集合体，除了可以帮助用户方便地选择和使用滤镜命令外，还可以为图像同时叠加多个滤镜效果。

值得一提的是，在Photoshop 2020中，默认情况下并没有显示出所有滤镜。执行“编辑”|“首选项”|“增效工具”命令，在弹出的对话框中选择“显示滤镜库的所有组和名称”选项，可以显示出所有滤镜。

12.1.1 认识滤镜库

滤镜库的最大特点是滤镜库提供了累积应用滤镜的功能，即可以对当前操作的图像应用多个相同或者不同的滤镜，并将这些滤镜效果叠加起来，从而获得更加丰富的效果。

如图12.1所示为原图像及先后应用了“颗粒”和“扩散亮光”滤镜得到的效果，这两种滤镜效果产生了叠加效应。

(a) 原图像

(b) 应用“颗粒”和“扩散亮光”滤镜

图 12.1

执行“滤镜”|“滤镜库”命令，即可在弹出的对话框中进行滤镜叠加，如图12.2所示。

图 12.2

使用此命令的关键在于对话框右下方标有滤镜命令名称的滤镜效果图层。

12.1.2 滤镜效果图层的相关操作

滤镜效果图层的操作和图层的操作一样灵活。

1. 添加滤镜效果图层

要添加滤镜效果图层，可以在选区的下方单击“新建效果图层”按钮 ⊞，此时添加的滤镜效果图层将延续上一个滤镜效果图层的滤镜命令及参数。

- 如果需要重复使用同一种滤镜以增强此滤镜的效果，无须改变此设置，通过调整新滤镜效果图层上的参数，即可得到满意的效果。
- 如果需要叠加不同的滤镜效果，可以选择新增的滤镜效果图层，在命令选区中选择新的滤镜命令，选区中的参数将同时发生变化，调整这些参数，即可得到满意的效果。
- 如果使用两个滤镜效果图层仍然无法得到满意的效果，可以按照同样的方法再新增滤镜效果图层，并修改命令或者参数，直至得到满意的效果。

2. 改变滤镜效果图层的顺序

滤镜效果图层不仅能够叠加滤镜效果，还可以通过修改滤镜效果图层的顺序，改变应用这些滤镜所得到的效果。

如图12.3所示的预览效果为按右侧顺序叠加3种滤镜效果后得到的效果。如图12.4所示的预览效果为修改这些滤镜效果图层的顺序后得到的效果。可以看出，当滤镜效果图层的顺序发生变化时，所得到的效果也不同。

图 12.3

图 12.4

3. 隐藏及删除滤镜效果图层

如果希望查看或添加某一个或者某几个滤镜效果图层前的效果，可以单击此滤镜效果图层左侧的👁图标，将其隐藏，如图12.5所示为隐藏两个滤镜效果图层的对应效果。

对于不再需要的滤镜效果图层，可以将其删除。要删除这些图层，可以将其选中，然后单击“删除效果图层”按钮🗑。

图 12.5

12.2 液化

使用“液化”滤镜，可以通过交互方式推、拉、旋转、反射、折叠和膨胀图像的任意区域，使图像变换成所需要的艺术效果。在照片处理中，该滤镜常用于校正和美化人物形体。在Photoshop 2020中，进一步强化了该滤镜的功能，增加了人脸识别功能，从而可以更方便、精确地对人物面部轮廓及五官进行修饰。

执行“滤镜”|“液化”命令，弹出如图12.6所示的对话框。

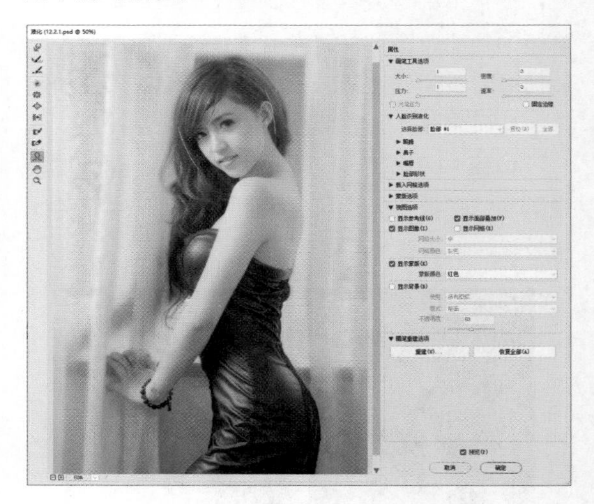

图 12.6

12.2.1 工具箱

工具箱是“液化”滤镜中的重要功能，几乎所有的调整都是通过其中的工具实现的，各个工具的功能介绍如下。

- 向前变形工具：在图像上拖动，可以使图像的像素随着涂抹产生变形。
- 重建工具：扭曲预览图像之后，使用此工具可以完全或部分地恢复更改。
- 平滑工具：从Photoshop CC 2017开始，“液化”命令新增了此工具。当对图像进行大幅调整时，可能产生边缘线条不够平滑的问题，使用此工具进行涂抹，即可让边缘变得更加平滑、自然。如图12.7所示是对人物腰部进行收缩处理的结果，如图12.8所示是使用此工具进行平滑处理的效果。

图 12.7

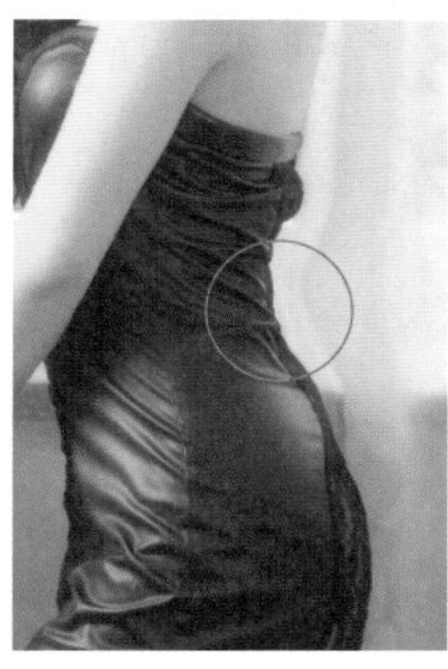

图 12.8

- 顺时针旋转扭曲工具：使图像产生顺时针旋转效果。按住Alt键操作，可以产生逆时针旋转效果。
- 褶皱工具：使图像向操作中心点收缩，从而产生挤压效果。按住Alt键操作，可以实现膨胀效果。
- 膨胀工具：使图像背离操作中心点，从而产生膨胀效果。按住Alt键操作，可以实现相反的效果。
- 左推工具：移动与涂抹方向垂直的像素。具体来说，从上向下拖动时，可以将左侧的像素向右侧移动，如图12.9所示；反之，从下向上移动时，可以将右侧的像素向左侧移动，如图12.10所示。

图 12.9

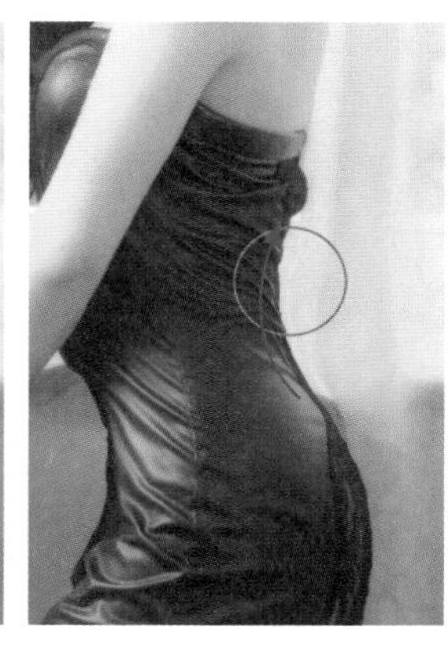

图 12.10

- 冻结蒙版工具：用此工具拖过的范围被保护，以免被进一步编辑。
- 解冻蒙版工具：解除使用冻结工具冻结的区域，使其还原为可编辑状态。
- 脸部工具：从Photoshop CC 2017开始，“液化”滤镜新增了专用于对面部轮廓及五官进行处理的工具，可以快速进行调整眼睛大小、改变脸形、调整嘴唇形状等处理。其功能与右侧“人脸识别液化”选项区域中的参数息息相关。

12.2.2 画笔工具选项

此选项区域中的重要参数释义如下。

- 大小：设置使用上述各工具操作时，图像受影响区域的大小。
- 密度：设置对画笔边缘的影响程度。数值越大，对画笔边缘的影响越大。
- 压力：设置使用上述各工具操作时，一次操作影响图像的程度。
- 固定边缘：从Photoshop CC 2017开始，“液化”滤镜新增了此复选框。选中后，可避免在调整文档边缘的图像时，导致边缘出现空白。

12.2.3 人脸识别液化

此选项区域是Photoshop CC 2017中新增的功能，并在2020版本中进一步优化，尤其是针对人脸的智能识别方面，能够大幅提高识别的成功率。使用人脸识别液化功能，可以对识别到的一张或多张人脸的眼睛、鼻子、嘴唇及脸部形状等进行调整。

1. 关于人像识别

使用人脸识别液化功能可以非常方便地对人物进行液化处理，但作为首次发布的功能，尚不够强大和完善。经过实际测试，该功能对正面人脸基本能够实现100%的成功识别，即使有头发、帽子少量遮挡或小幅度侧脸，也可以正确识别，如图12.11所示。

（a）仰视人脸

（b）头发遮挡及小幅度侧脸

（c）戴眼镜

图 12.11

但如果头部扭转、倾斜，或者大幅度地侧脸、过多地遮挡，则有较大概率无法检测出人脸，如图12.12所示。

（a）扭转

（b）倾斜

（c）遮挡过多

图 12.12

另外，当照片尺寸较小时，由于无法提供足够的人脸信息，因此很可能无法检测出人脸或检测错误。如图12.13所示为原始照片，可以正确检测出人脸。

图 12.13

如图12.14所示，将照片尺寸缩小为原始照片的30%左右，再次检测人脸时，出现了错误。

图 12.14

除了照片尺寸外，人脸检测的成功率还与脸部的对比有关。若对比较弱，则不容易检测成功；反之，对比明显、五官清晰，则更容易检测到。如图12.15所示，人物的皮肤比较明亮、白皙，五官的对比较弱，因此无法检测到人脸。如图12.16所示，适当压暗并增加对比后，成功检测到人脸。

图 12.15

图 12.16

综上，在使用“液化”滤镜中的人脸识别功

能时，首先需要正确识别出人脸，然后才能利用各项功能进行调整。若无法识别人脸，则只能手动处理。

2. 人脸识别液化的基本用法

正确识别人脸后，可在“人脸识别液化 ”选项区域的“选择脸部”下拉列表中选择要液化的人脸，然后分别在下面调整眼睛、鼻子、嘴唇、脸部形状参数，如图12.17所示，或使用脸部工具进行调整。

▼ 人脸识别液化
选择脸部：脸部 #1 复位(R) 全部
▶ 眼睛
▶ 鼻子
▶ 嘴唇
▶ 脸部形状
▶ 载入网格选项
▶ 蒙版选项

图 12.17

在对人脸进行调整后，单击“复位”按钮，可以将当前人脸恢复为初始状态；单击“全部”按钮，可以将照片中所有对人脸的调整恢复为初始状态。

3. 眼睛

展开“眼睛”区域，可以看到共包含5个参数，每个参数又分为两列，其中左列用于调整左眼，右列用于调整右眼。若单击两者之间的链接按钮，则可以同时调整左眼和右眼，如图12.18所示。

▼ 人脸识别液化
选择脸部：脸部 #1 复位(R) 全部
▼ 眼睛
眼睛大小：0 0
眼睛高度：0 0
眼睛宽度：0 0
眼睛斜度：0 0
眼睛距离：
▶ 鼻子
▶ 嘴唇
▶ 脸部形状

图 12.18

下面将结合脸部工具，讲解“眼睛”区域中各参数的作用。

- 眼睛大小：此参数用于缩小或放大眼睛。在使用脸部工具时，将光标置于要调整的眼睛上，会出现相应的控制手柄，拖动右上方的方形控制手柄，即可改变眼睛的大小，如图12.19所示。向眼睛内部拖动，可以缩小眼睛；向眼睛外部拖动，可以放大眼睛。

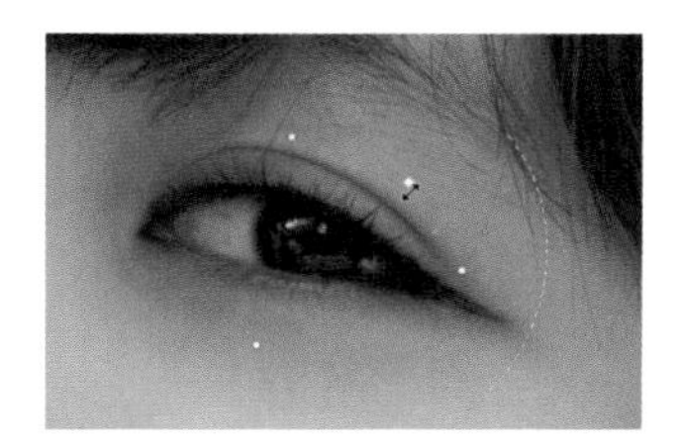

图 12.19

- 眼睛高度：此参数用于调整眼睛的高度。在使用脸部工具时，可以拖动眼睛上方或下方的圆形控制手柄，以增加眼睛的高度，如图12.20所示。向眼睛外部拖动，可以增加眼睛高度；向眼睛内部拖动可以降低眼睛高度。

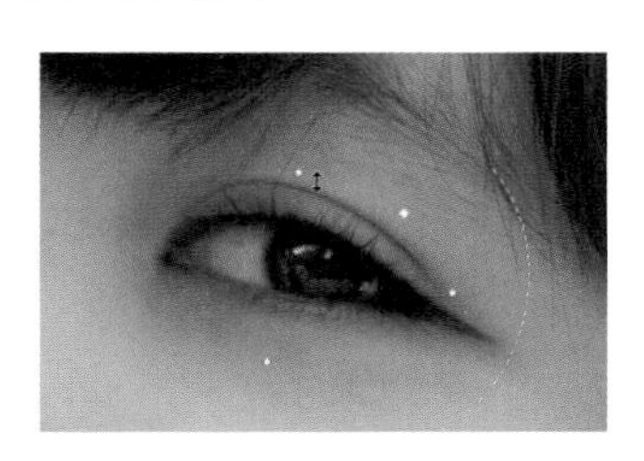

图 12.20

- 眼睛宽度：此参数用于调整眼睛的宽度。在使用脸部工具时，可以拖动眼睛右侧的圆形控制手柄（若是左眼，则该控制手柄位于眼睛左侧），以增加眼睛的宽度，如图12.21所示。向眼睛外部拖动，可以增加眼睛宽度；向眼睛内部拖动，可以缩小眼睛宽度。

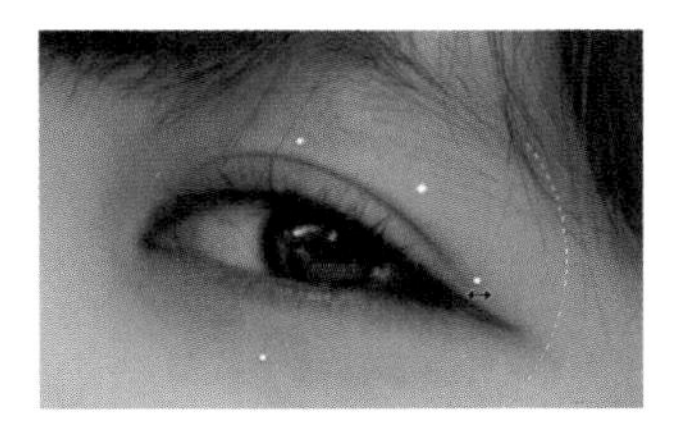

图 12.21

- 眼睛斜度：此参数用于调整眼睛的角度。在使用脸部工具时，可以拖动眼睛右侧

的弧线控制手柄（若是左眼，则该控制手柄位于眼睛左侧），如图12.22所示，以改变眼睛的角度。

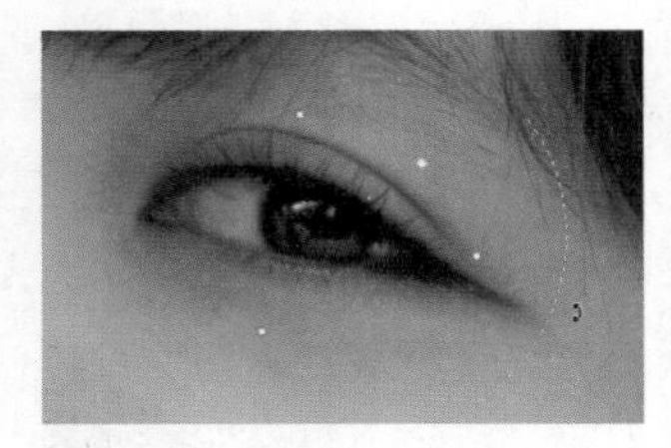

图 12.22

- 眼睛距离：此参数用于调整左、右眼之间的距离。向左侧拖动，可以缩小两者的距离；向右侧拖动，可以增大两者的距离。在使用脸部工具时，可以将光标置于控制手柄左侧空白处（若是左眼，则位置在眼睛右侧），如图12.23所示，拖动即可改变眼睛的距离。

图 12.23

4. 鼻子

展开“鼻子”区域，其中包含对鼻子高度和宽度进行调整的参数，如图12.24所示。

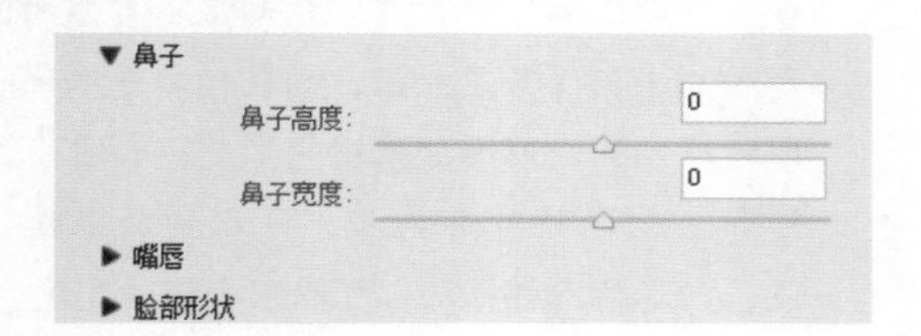

图 12.24

下面将结合脸部工具，讲解“鼻子”区域中各参数的作用。

- 鼻子高度：此参数用于调整鼻子的高度。在使用脸部工具时，拖动中间的圆形控制手柄，如图12.25所示，即可改变鼻子的高度。如图12.26所示是增加鼻子高度后的效果。

图 12.25

图 12.26

- 鼻子宽度：此参数用于调整鼻子的宽度。在使用脸部工具时，拖动左右两侧的圆形控制手柄，如图12.27所示，即可改变鼻子的宽度。如图12.28所示是缩小鼻子宽度后的效果。

图 12.27

图 12.28

5. 嘴唇

展开“嘴唇”区域，其中包含调整微笑、上下嘴唇、嘴唇宽度与嘴唇高度的参数，如图12.29所示。

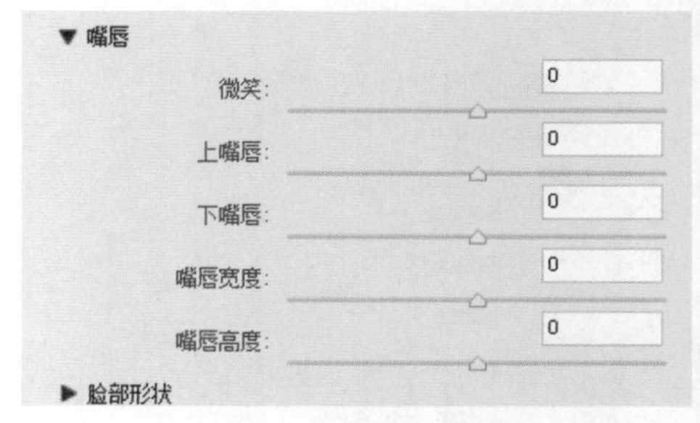

图 12.29

下面将结合脸部工具，讲解“嘴唇”区域中各参数的作用。

- 微笑：此参数用于增加或消除嘴唇的微笑效果。更直观地说，其实就是改变嘴角上翘的幅度。在使用脸部工具时，可以拖动两侧嘴角的弧形控制手柄，以增加或减少嘴角上翘的幅度，如图12.30所示。如图12.31所示是增加嘴角上翘的幅度后的效果。

图 12.30

图 12.31

- 上下嘴唇：这两个参数分别用于改变上嘴唇和下嘴唇的厚度。在使用脸部工具时，可以分别拖动嘴唇上下方的弧形控制手柄，以改变嘴唇的厚度，如图12.32所示。如图12.33所示是调整嘴唇厚度后的效果。

图 12.32

图 12.33

- 嘴唇宽度和嘴唇高度：这两个参数的作用与前面讲解的调整眼睛的宽度和高度的参数相似。在使用脸部工具时，可以拖动嘴唇左右两侧的圆形控制手柄，改变嘴唇的宽度，如图12.34所示，但无法通过控件改变嘴唇的高度。如图12.35所示是改变嘴唇宽度后的效果。

图 12.34

图 12.35

6. 脸部形状

展开“脸部形状”区域，其中包含对前额、下巴高度、下颌及脸部宽度进行调整的参数，如图12.36所示。

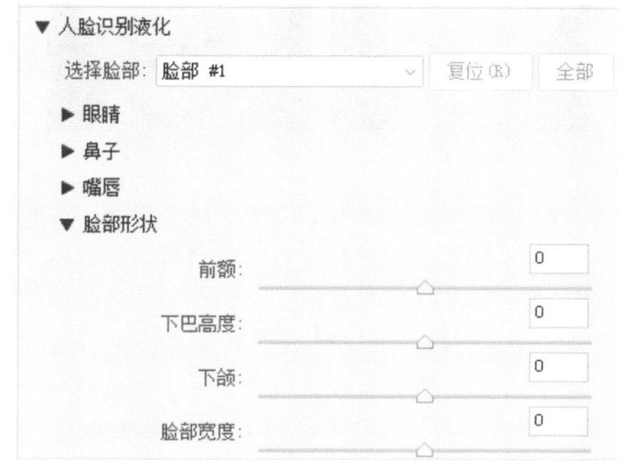

图 12.36

下面将结合脸部工具，讲解“脸部形状”区域中各参数的作用。

- 前额：此参数用于调整额头的大小。在使用脸部工具时，可以拖动顶部的圆形控制手柄，以增大或缩小额头，如图12.37所示。如图12.38所示是增大额头后的效果。

图 12.37

图 12.38

- 下巴高度：此参数用于改变下巴的高度。在使用脸部工具时，可以拖动底部的圆形控制手柄，以增大或缩小下巴，如图12.39所示。如图12.40所示是缩小下巴后的效果。

图 12.39

图 12.40

- 下颌：此参数用于改变下颌的宽度。在使用脸部工具时，可以拖动左下方或右下方的圆形控制手柄，以调整两侧的下颌宽度，如图12.41所示。要注意的是，左右两侧下颌只能同步调整，无法单独调整一侧。如图12.42所示是缩小下颌后的效果。

图 12.41

图 12.42

- 脸部宽度：此参数用于调整左右两侧脸部的宽度。在使用脸部工具时，可以拖动左右两侧的圆形控制手柄，以增加或缩小脸部的宽度，如图12.43所示。要注意的是，左右两侧的脸部宽度只能同步调整，无法单独调整一侧。如图12.44所示是缩小脸部宽度后的效果。

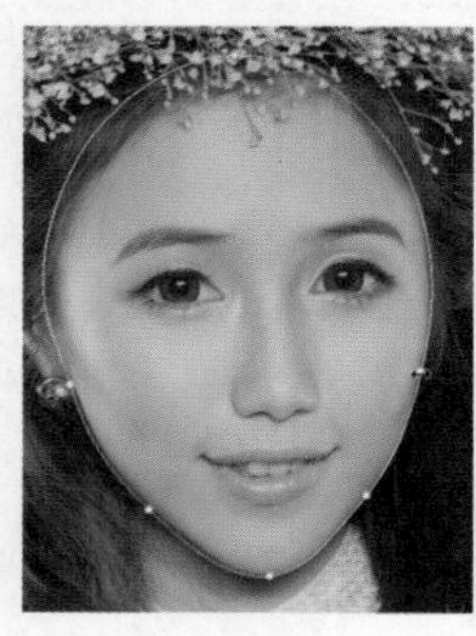
图 12.43

图 12.44

12.2.4 载入网格选项

使用“液化”滤镜对图像进行变形时，可以在此区域中单击“存储网格”按钮，将当前已修改的图像存储为一个文件。当需要时，可以单击“载入网格”按钮，将其重新载入，以便于进行再次编辑。单击“载入上次网格”按钮，则可以载入最近一次使用的网格。

12.2.5 视图选项

在此选项区域可以设置液化过程中的辅助显示功能，各选项的功能释义如下。

- 显示参考线：从Photoshop CC 2017开始，“液化”滤镜新增了此复选框，选中此复选框，可以显示在图像中创建的参考线。
- 显示面部叠加：从Photoshop CC 2017开始，“液化”滤镜新增了此复选框。当成功检测到人脸时，会在视图中显示一个类似括号形态的控制手柄，如图12.45所示。

图 12.45

- 显示图像：选中此复选框，在对话框预览窗口中显示当前操作的图像。
- 显示网格：选中此复选框，在对话框预览窗口中显示辅助操作的网格，并可以在下方设置网格的大小及颜色。
- 显示蒙版：选中此复选框，可以显示使用冻结蒙版工具绘制的蒙版，并可以在下方设置蒙版的颜色；反之，取消选中复选框，会隐藏蒙版。

- 显示背景：选中此复选框，以当前文档中的某个图层作为背景，并可以在下方设置其显示方式。

12.2.6 蒙版选项

蒙版选项区域中的重要参数释义如下。

- 蒙版运算：在此列出了5种蒙版运算模式，包括替换选区、添加到选区、从选区中减去、与选区交叉及反相选区，其原理与路径运算基本相同，只不过此处是选区与蒙版之间的运算。
- 无：单击此按钮，可以取消当前所有的冻结状态。
- 全部蒙住：单击此按钮，可以将当前图像全部冻结。
- 全部反相：单击此按钮，可以冻结与当前所选相反的区域。

12.2.7 画笔重建选项

画笔重建选项区域中的重要参数释义如下。

- 重建：单击此按钮，在弹出的对话框中设置参数，可以按照比例将其恢复为初始状态。
- 恢复全部：单击此按钮，将放弃所有更改而恢复至打开时的初始状态。

12.3 防抖

“防抖”滤镜专门用于校正拍照时因相机不稳而产生的抖动模糊，让照片恢复为更清晰、锐利的结果。但要注意的是，抖动模糊的破坏性不可挽回，因此在使用“防抖”滤镜后，只能减小破坏作用，而无法重现无抖动情况下的真实效果。在拍照时，应尽量保持相机稳定，以避免抖动模糊的出现。

如图12.46所示的照片是在弱光的室内环境中拍摄的，由于快门速度较低，出现了抖动模糊。执行“滤镜”|“锐化”|“防抖”命令后，弹出如图12.47所示的对话框。

图 12.46

图 12.47

“防抖”对话框中的参数释义如下。

- 模糊描摹边界：此参数用于指定模糊的大小，可根据图像的模糊程度进行调整。
- 源杂色：在下拉列表中可选择自动、低、中、高选项，指定源图像中的杂色数量，以便软件针对杂色进行调整。
- 平滑：此参数用于减少高频锐化杂色。此数值越高，越多的细节会被平滑掉，因此在调整时要注意平衡。

- 伪像抑制：伪像是指真实图像的周围有一定的多余图像，尤其在使用“防抖”滤镜进行处理后，就有可能会产生一定数量的伪像，此时可以适当调整此参数进行调整。数值为100%时，会产生原始图像；数值为0%时，不会抑制任何杂色伪像。
- 显示模糊评估区域：选中此选项后，将在中间区域显示一个评估控制框，可以调整此控制框的位置及大小，以确定滤镜工作时的处理依据。单击此区域右下方的“添加模糊描摹”按钮，可以创建一个新的评估控制框。在选中一个评估控制框时，单击“删除模糊描摹”按钮，可以删除此评估控制框。
- 细节：在此选项区域中，可以查看图像的细节内容。在此选项区域中拖动，可以显示不同的细节。另外，单击“在放大镜处增强”按钮，可以对当前显示的细节图像进行进一步的增强处理。

如图12.48所示是进一步增强处理当前显示的细节图像后的局部效果对比，校正效果还是非常明显的。

图 12.48

12.4 镜头校正

“镜头校正”滤镜用于快速校正照片。针对相机与镜头光学素质的配置文件，该滤镜能够通过选择相应的配置文件，对照片进行快速校正，这对使用数码单反相机的摄影师无疑是极为有利的。

执行“滤镜”|“镜头校正”命令，弹出如图12.49所示的对话框。下面分别介绍此对话框中各个区域的功能。

图 12.49

12.4.1 工具箱

工具箱中包括用于对图像进行查看和编辑的工具，下面分别讲解主要工具的功能。

- 移去扭曲工具：使用此工具在图像中拖动，可以校正图像的凸起或凹陷状态。
- 拉直工具：使用此工具可以校正画面的倾斜。
- 移动网格工具：使用此工具可以拖动“图像编辑区”中的网格，使其与图像对齐。

12.4.2 图像编辑区

此区域用于显示被编辑的图像，还可以即时预览编辑图像后的效果。单击此区域左下角的⊟按钮，可以缩小显示比例：单击⊞按钮，可以放大显示比例。

12.4.3 原始参数区

此区域显示了当前照片的相机及镜头等基本参数。

12.4.4 显示控制区

此区域可以对“图像编辑区”中的显示情况进行控制。下面分别对其中的参数进行讲解。

- 预览：选中此复选框，可以在图像编辑区中即时查看调整图像后的效果，否则将一直显示原图像的效果。
- 显示网格：选中此复选框，可以在图像编辑区中显示网格，以精确地对图像进行调整。
- 大小：此参数用于控制图像编辑区中显示的网格大小。
- 颜色：单击此色块，在弹出的“拾色器”对话框中选择一种颜色，即可重新定义网格的颜色。

12.4.5 参数设置区——自动校正

选择“自动校正”选项卡，可以使用内置的相机、镜头等参数进行智能校正。下面分别对“自动校正”选项卡中的参数进行讲解。

- 几何扭曲：选中此复选框后，可依据所选的相机及镜头，自动校正桶形或枕形畸变。
- 色差：选中此复选框后，可以依据所选的相机及镜头，自动校正可能产生的紫、青、蓝等不同的边缘色差。
- 晕影：选中此复选框，可以依据所选的相机及镜头，自动校正照片周围产生的暗角。
- 自动缩放图像：选中此复选框，校正畸变时，将自动对图像进行裁剪，以避免边缘出现镂空或杂点等。
- 边缘：当图像因旋转或凹陷等出现位置偏差时，可以选择这些偏差的位置如何显示，其中包括边缘扩展、透明度、黑色和白色4个选项。
- 相机制造商：此下拉列表中包括一些常见的相机生产商，如尼康（Nikon）、佳能（Canon）以及索尼（Sony）等。
- 相机/镜头型号：此下拉列表中包括很多主流相机及镜头。
- 镜头配置文件：此下拉列表中符合上面所选相机及镜头型号的配置文件。选择镜头配置文件后，就可以根据相机及镜头的特性自动进行几何扭曲、色差及晕影等方面的校正。

12.4.6 参数设置区——自定

“自定”选项卡提供了大量用于调整图像的参数，可以手动进行调整，如图12.50所示。

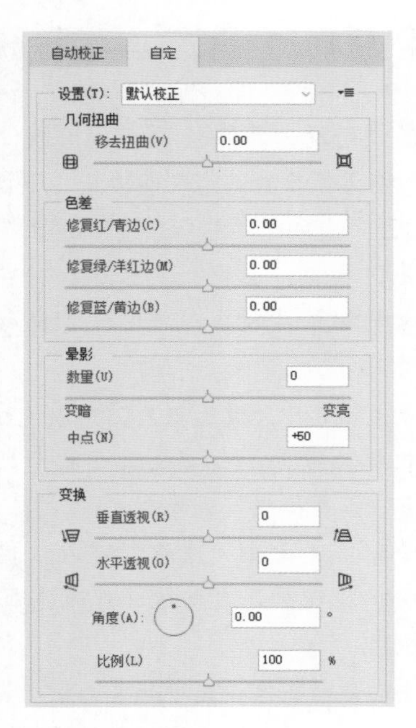

图 12.50

下面分别对“自定”选项卡中的参数进行讲解。

- 设置：在此下拉列表中可以选择预设的镜头校正调整参数。单击此项后面的“管理设置”按钮，在弹出的菜单中可以执行存储、载入和删除预设等命令。
- 移去扭曲：此参数用于校正图像的凸起或凹陷状态，其功能与移去扭曲工具相同，但更便于进行精确控制。
- 修复红/青边：此参数用于去除照片中的红色或青色色痕。
- 修复绿/洋红边：此参数用于去除照片中的绿色或洋红色痕。
- 修复蓝/黄边：此参数用于去除照片中的蓝色或黄色色痕。
- 数量：此参数用于减轻或提亮照片边缘的晕影，使之恢复正常。如图12.51所示为原图像，如图12.52所示是修复暗角晕影后的效果。
- 中点：此参数用于控制晕影中心的大小。
- 垂直透视：此参数用于校正图像的垂直透视，如图12.53所示就是校正前后的效果对比。

图 12.51

图 12.52

图 12.53

- 水平透视：此参数用于校正图像的水平透视。
- 角度：此参数用于校正图像的旋转角度，其功能与拉直工具相同，但更便于进行精确控制。
- 比例：此参数用于对图像进行缩小和放大。需要注意的是，对图像的晕影参数进行设置时，调整参数后最好单击“确定”按钮退出对话框，然后再次对图像大小进行调整，以免出现晕影校正的偏差。

12.5 油画

使用“油画”滤镜可以快速、逼真地制作油画的效果。如图12.54所示为原图像，执行“滤镜”|“风格化”|“油画”命令，弹出如图12.55所示的对话框。

图 12.54

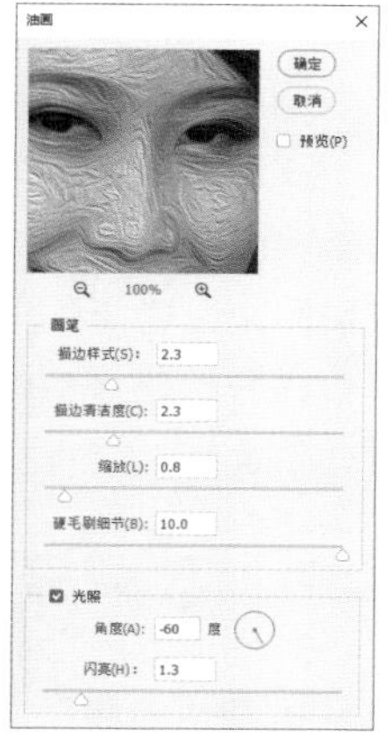

图 12.55

- 描边样式：此参数用于控制油画纹理的圆滑程度。数值越大，油画的纹理越平滑。
- 描边清洁度：此参数用于控制油画效果表面的干净程度。数值越大，画面越显干净；反之，数值越小，画面中的黑色整体笔触越显沉重。
- 缩放：此参数用于控制油画纹理的缩放比例。
- 硬毛刷细节：此参数用于控制笔触的轻重。数值越小，纹理的立体感越小。
- 角度：此参数用于控制光照的方向，从而使画面呈现不同光线从不同方向进行照射时的不同立体感。
- 闪亮：此参数用于控制光照的强度。数值越大，光照的效果越强，得到的立体感效果也越强。

如图12.56和图12.57所示是设置适当的参数后，得到的油画效果。

图 12.56

图 12.57

12.6 自适应广角

“自适应广角”滤镜用于校正广角透视及变形，使用此滤镜可以自动读取照片的EXIF数据，并进行校正，也可以根据使用的镜头类型（如广角、鱼眼等）来选择不同的校正选项，配合约束工具和多边形约束工具的使用，达到校正透视变形的目的。执行“滤镜”|“自适应广角”命令，将弹出如图12.58所示的对话框。

- 校正：在此下拉列表中，可以选择不同的校正选项，包括鱼眼、透视、自动、完整球面4个选项，选择不同的选项时，可调整的参数也各有不同。

图 12.58

- 缩放：此参数用于控制当前图像的大小。校正透视后，会在图像周围形成不同大小范围的透视区域，此时就可以通过调整“缩放”参数裁剪掉透视区域。
- 焦距：此参数用于设置当前照片在拍摄时所使用的镜头焦距。
- 裁剪因子：此参数用于调整照片裁剪的范围。
- 细节：在此区域中，将放大显示当前光标所在的位置，以便于进行精细调整。

除了设置右侧基本的参数外，还可以使用约束工具和多边形约束工具对画面的变形区域进行精细调整，使用约束工具可以通过绘制曲线约束线条进行校正，适用于校正水平或垂直线条的变形。使用多边形约束工具可以通过绘制多边形约束线条进行校正，适用于校正规则形态的对象。

如图12.59所示为原图像，如图12.60所示是处理后的效果。

图12.59

图 12.60

12.7 模糊画廊

从Photoshop CC 2015开始，建立了“模糊画廊”滤镜分类，其中包含过往版本中增加的场景模糊、光圈模糊、移轴模糊（早期版本称为倾斜偏移）、路径模糊和旋转模糊共5个滤镜，本节分别讲解它们的使用方法。

12.7.1 了解模糊画廊的工作界面

执行“滤镜”|“模糊画廊”级联菜单中的任意一个命令后，工具选项栏将变为如图12.61所示的状态，并在右侧弹出模糊工具、效果、动感效果及杂色4个面板，如图12.62所示，其中“效果”面板仅适用于场景模糊、光圈模糊及移轴模糊4个滤镜，“动感效果”面板仅适用于新增的路径模糊、旋转模糊2个滤镜。

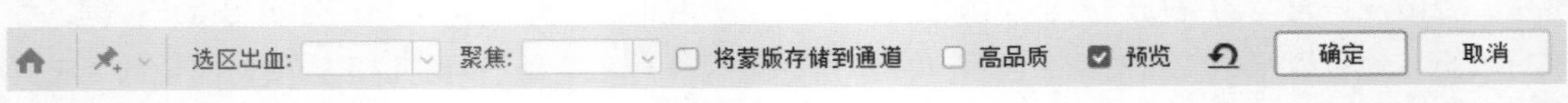

图 12.61

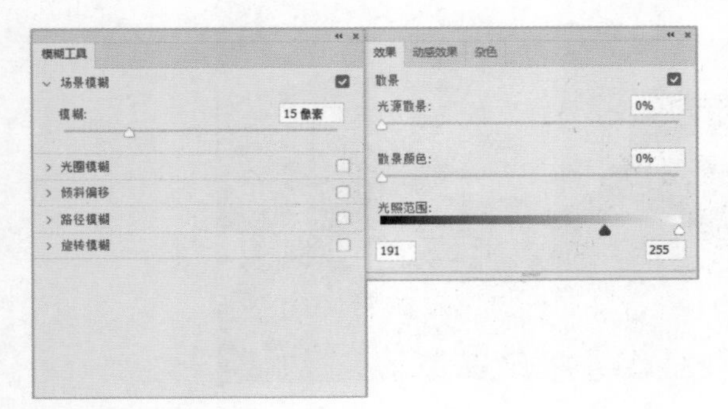

图 12.62

12.7.2 场景模糊

执行“滤镜”|“模糊画廊”|“场景模糊”命令，可以通过编辑模糊控件为画面增加模糊效果。通过适当地设置，还可以获得类似图12.63所示的光斑效果。

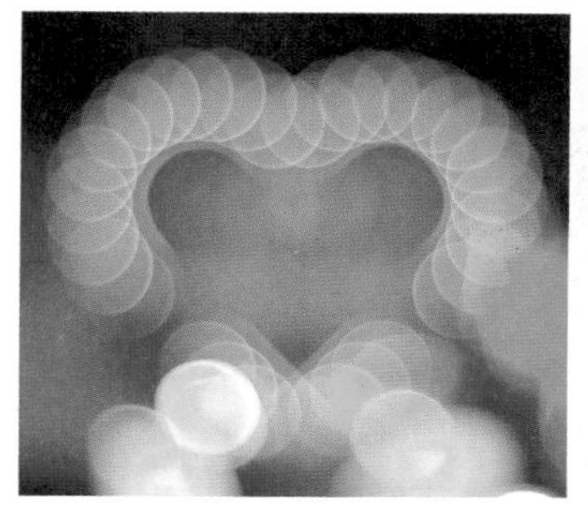

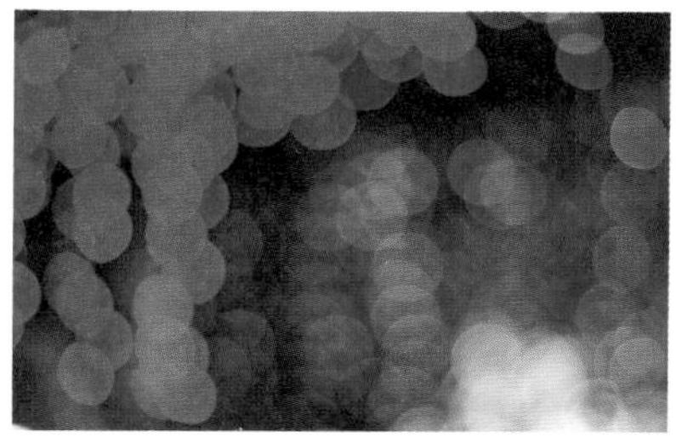

图 12.63

1. 在“模糊工具”面板中设置参数

在“模糊工具”面板中选择“场景模糊”滤镜后，可以设置“模糊”参数，数值越大，模糊的效果越强。

2. 在工具选项栏中设置参数

选择“场景模糊”滤镜后，工具选项栏中参数的释义如下。

- 选区出血：如果添加“场景模糊”滤镜前创建了选区，则可以在此设置选区周围模糊效果的过渡。
- 聚焦：此参数用于控制选区内图像的模糊程度。
- 将蒙版存储到通道：选中此复选框，添加“场景模糊”滤镜后，将根据当前的模糊范围，创建一个相应的通道。
- 高品质：选中此复选框时，将生成更高品质、更逼真的散景效果。
- “移去所有图钉”按钮：单击此按钮，可清除当前图像中所有的模糊控件。

3. 在“效果”面板中设置参数

“效果”面板中的参数释义如下。

- 光源散景：此参数用于调整模糊范围中圆形光斑形成的强度。
- 散景颜色：此参数用于改变圆形光斑的色彩。
- 光照范围：此参数用于控制生成圆形光斑的亮度范围，可以调整此参数下的黑、白滑块，或在底部输入数值。

4. 在“杂色”面板中设置参数

从Photoshop CC 2015开始，增加了针对模糊画廊中所有滤镜的“杂色”面板，通过设置适当的参数，可以为模糊后的效果添加杂色，使之更为逼真，其参数释义如下。

- 杂色类型：在此下拉列表中，可以选择高斯分布、平均分布及颗粒3个选项，其中选择“颗粒”选项时，得到的效果更接近数码相机拍摄时自然产生的杂点。
- 数量：此参数用于设置杂色的数量。
- 大小：此参数用于设置杂色的大小。
- 粗糙度：此参数用于设置杂色的粗糙程度。此数值越大，杂色越模糊，图像质量显得越低；反之，杂色越清晰，图像质量相对会显得更高。
- 颜色：此参数用于设置杂色的颜色。默认情况下，此数值为0，表示杂色不带有任何颜色。此数值越大，则杂色中拥有的色彩就越多，也就是俗称的“彩色噪点”。
- 高光：此参数用于调整高光区域的杂色数量。在摄影中，越亮的部分产生的噪点越少，反之，会产生更多的噪点。适当调整此参数，减弱高光区域的噪点，可以让画面更真实。

将光标置于模糊控件的半透明白条位置，按住鼠标左键拖动该半透明白条，即可调整“场景模糊”滤镜的模糊程度。当光标状态为时，单击即可添加新的图钉。

如图12.64所示为原图像，如图12.65所示是利用“场景模糊”滤镜制作的逼真光斑效果。

图 12.64

图 12.65

12.7.3 光圈模糊

“光圈模糊”滤镜用于塑造限定范围的模糊效果。如图12.66所示为原图像，如图12.67所示为执行“滤镜”|“模糊画廊”|“光圈模糊”命令后调出的光圈模糊控件。

- 拖动模糊控制框中心的位置，可以调整模糊的位置。
- 拖动模糊控制框周围的4个圆形控制手柄○，可以调整模糊渐隐的范围。若按住Alt键拖动某个圆形控制手柄○，可单独调整其渐隐范围。

图 12.66

图 12.67

- 模糊控制手柄外围的圆形控制框可调整模糊的整体范围，拖动该控制框上的4个圆点控制手柄◦，可以调整圆形控制框的大小及角度。
- 拖动圆形控制框上的菱形控制手柄◇，可以等比例缩放圆形控制框，以调整其模糊范围。

如图12.68所示是拖动各个控制手柄并调整相关模糊参数后的状态，如图12.69所示是确认模糊后的效果。

图 12.68

图 12.69

12.7.4 移轴模糊

使用“移轴模糊”滤镜，可以模拟移轴镜头拍摄出改变画面景深的效果。

如图12.70所示为原图像，如图12.71所示是执行“滤镜”|“模糊画廊”|“移轴模糊”命令后的效果，在图像上显示出了模糊控制线。

图 12.70

图 12.71

- 拖动中间的模糊控制手柄，可以改变模糊的位置。
- 拖动上下的实线形模糊控制线，可以改变模糊的范围。
- 拖动上下的虚线形模糊控制线，可以改变模糊的渐隐强度。

12.8 智能滤镜

使用智能滤镜，除了能够直接对智能对象应用滤镜效果外，还可以对所添加的滤镜进行反复修改。下面讲解智能滤镜的使用方法。

12.8.1 添加智能滤镜

要添加智能滤镜，可以按照下面的方法操作。

01 选择要应用智能滤镜的智能对象图层，在“滤镜”菜单中选择要应用的滤镜命令，并设置适当的参数。

02 设置完毕后，单击“确定”按钮，退出对话框，生成一个对应的智能滤镜图层。

03 如果要继续添加多个智能滤镜，可以重复步骤 01 ～ 02 的操作，直至得到满意的效果。

> 提示：如果选择的是没有参数的滤镜（如查找边缘、云彩等），则直接对智能对象图层中的图像进行处理，并创建对应的智能滤镜图层。

如图12.72所示为原图像及对应的“图层”面板。如图12.73所示为在“滤镜库”对话框中选择了“绘图笔”滤镜，并适当调整参数后的效果，此时在原智能对象图层的下方多了一个智能滤镜图层。

图 12.72

图 12.73

可以看出，智能滤镜图层主要是由智能蒙版以及智能滤镜列表构成。其中，智能蒙版主要用于隐藏智能滤镜对图像的处理效果，智能滤镜列表显示了当前智能滤镜图层中所应用的滤镜名称。

12.8.2 编辑滤镜蒙版

滤镜蒙版的使用方法和效果与普通蒙版十分相似，可以用来隐藏添加滤镜后的图像效果，同样是使用黑色来隐藏图像，使用白色来显示图像，使用灰色产生一定的透明效果。

编辑滤镜蒙版同样需要先选择要编辑的滤镜蒙版，然后用画笔工具 、渐变工具 等（根

据需要设置适当的颜色、画笔的大小和不透明度等）在蒙版上进行涂抹。

如图12.74所示为在滤镜蒙版中添加黑白渐变后得到的图像效果及对应的“图层”面板。可以看出，上方的黑色使智能滤镜的效果被完全隐藏。

图 12.74

对于滤镜蒙版，同样可以进行添加或者删除操作。在滤镜蒙版缩略图或者“智能滤镜”名称上右击，在弹出的快捷菜单中执行“删除滤镜蒙版”或者“添加滤镜蒙版”命令，“图层”面板状态如图12.75所示；也可以执行“图层”|“智能滤镜”|“删除滤镜蒙版”命令或者“添加滤镜蒙版”命令，这里的操作是可逆的。

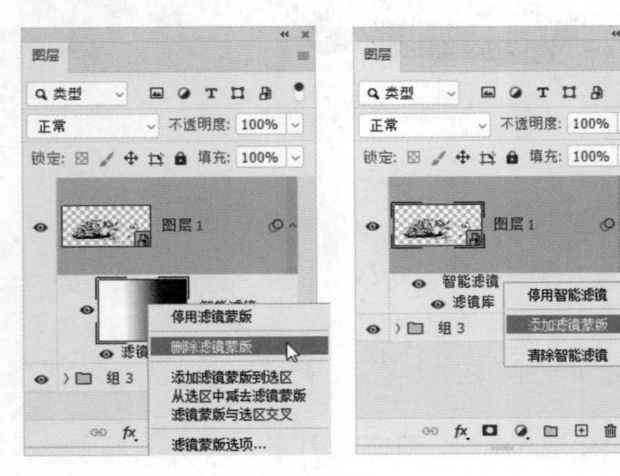

图 12.75

12.8.3 编辑智能滤镜

智能滤镜的优点之一是可以反复编辑所应用滤镜的参数，直接在“图层”面板中双击要修改参数的滤镜名称即可进行编辑。另外，对于“滤镜库”中的滤镜，在“滤镜库”对话框中，除了修改参数外，还可以选择其他滤镜，如图12.76所示是选择“海报边缘”滤镜并设置参数后的效果。

图 12.76

12.8.4 停用或启用智能滤镜

停用或者启用智能滤镜的操作有两种，即对所有智能滤镜操作和对单独某个智能滤镜操作。

要停用所有智能滤镜，在所属的智能对象图层最右侧的图标上右击，在弹出的快捷菜单中执行“停用智能滤镜”命令，即可隐藏所有添加智能滤镜后得到的图像效果；再次在此处右击，在弹出的菜单中执行“启用智能滤镜”命令，即可显示所有添加智能滤镜后得到的图像效果。

较为便捷的操作是直接单击智能滤镜前面的图标，同样可以显示或者隐藏全部智能滤镜。

如果要停用或者启用单个智能滤镜，也可以参照上面的方法进行操作，只不过需要在要停用或者启用的智能滤镜名称上进行操作。

12.8.5 删除智能滤镜

对智能滤镜同样可以执行删除操作，直接在滤镜名称上右击，在弹出的快捷菜单中执行“删除智能滤镜”命令，或者将要删除的滤镜图层直接拖动至“图层”面板底部的“删除图层”按钮上。

如果要清除所有智能滤镜，则可以在“智能滤镜”名称上右击，在弹出的快捷菜单中执行“清除智能滤镜”命令，或者直接执行“图层”|“智能滤镜”|“清除智能滤镜”命令。

第13章 通道的运用

13.1 关于通道及通道面板

在Photoshop中要对通道进行操作，必须使用“通道”面板。执行“窗口”|“通道”命令，可显示“通道”面板。在“通道”面板中可对通道进行新建、删除、选择、隐藏等操作，其操作方法与图层的操作方法基本相同，故不再详细讲解。

在Photoshop中，通道可以分为原色通道、Alpha通道、专色通道3类，每一类通道都有各自不同的功能与操作方法，下面分别对其进行讲解。

13.1.1 原色通道

简单地说，原色通道是保存图像颜色信息、选区信息等场所。例如，CMYK模式的图像具有4个原色通道与1个原色合成通道。其中，图像中青色像素分布的信息保存在原色通道“青色”中，当改变原色通道“青色”中的颜色信息时，就可以改变青色像素分布的情况；同样，图像中黄色像素分布的信息保存在原色通道“黄色”中，当改变原色通道“黄色”中的颜色信息时，就可以改变黄色像素分布的情况；其他两个构成图像的洋红像素与黑色像素分别保存在原色通道“洋红”及“黑色”中。最终看到的图像就是由这4个原色通道保存的颜色信息对应的颜色组合叠加而成的合成效果。

CMYK模式的图像有4个原色通道与1个复合通道CMYK显示于“通道”面板中，如图13.1所示。

图 13.1

RGB模式的图像有3个用于保存原色像素（R、G、B）的原色通道，即红、绿、蓝，还有一个复合通道RGB，如图13.2所示。

图 13.2

13.1.2 Alpha通道

与原色通道不同，Alpha通道是用来存放选区信息的，包括选区的位置、大小、是否具有羽化值或者羽化程度的大小等。如图13.3所示为一个图像的Alpha通道。如图13.4所示为通过此Alpha通道载入的选区。

图 13.3

图 13.4

13.1.3 专色通道

使用专色通道，可以在分色时输出5块或者6块甚至更多的色片，用于定义需要使用专色印刷或者处理的图像局部。

13.2 Alpha通道详解

Photoshop 中，通道除了可以保存颜色信息外，还可以保存选区的信息，此类通道称为Alpha通道。简单地说，在将选区保存为Alpha通道时，选区被保存为白色，而非选区被保存为黑色，如果选区存在羽化情况，则此类选区被保存为具有灰色柔和边缘的Alpha通道，这就是选区与Alpha通道之间的关系。

如图13.5所示为原图像中的选区状态。如图13.6所示为将其保存至Alpha通道后的状态。可以看出，原选区的形状与Alpha通道中白色区域的形状完全相同。

图 13.5

图 13.6

使用Alpha通道保存选区的优点是可以用绘图的方式对通道进行编辑，从而获得使用其他方法无法获得的选区，且可以长久地保存选区。

13.2.1 创建Alpha通道

Photoshop提供了多种创建Alpha通道的方法，可以根据实际情况进行选择。

1. 直接创建空白的Alpha通道

单击“通道”面板底部的“创建新通道”按钮 ⊞，可以按照默认状态新建空白的Alpha通道，即当前通道为全黑色。

2. 从图层蒙版创建Alpha通道

在“图层”面板中选择了包含图层蒙版的图层时，切换至“通道”面板，就可以在原色通道的下方看到一个临时通道，如图13.7所示。该通道与图层蒙版中的状态完全相同，此时可以将该临时通道拖动到“创建新通道”按钮 ⊞ 上，将其保存为Alpha通道，如图13.8所示。

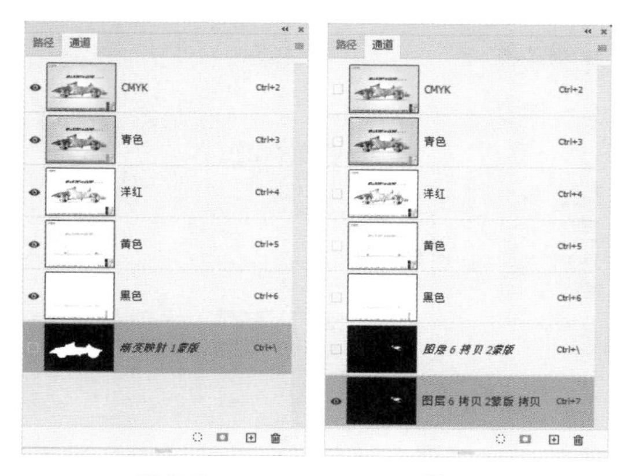

图 13.7　　图 13.8

3. 从选区创建同形状Alpha通道

在当前存在选区的情况下，单击“通道”面板底部的“将选区存储为通道”按钮 ◘，可创建Alpha通道。另外，执行“选择”|“存储选区”命令，在弹出的对话框中根据需要设置新通道的参数并单击“确定”按钮，即可将选区保存为通道。

13.2.2 通过Alpha通道创建选区的原则

创建Alpha通道后，可用绘图的方式对其进行编辑。例如，使用画笔工具 ✓.涂抹，使用选择类工具创建选区，然后填充白色或者黑色，还可以用矢量绘图类工具在Alpha通道中绘制标准的几何形状。总之，所有在图层上可以应用的绘图手段在此同样可用。

在编辑Alpha通道时需要掌握的原则如下。

(1) 用黑色绘图可以减小选区。

(2) 用白色绘图可以增大选区。

(3) 用介于黑色与白色间的任意一级灰色绘图，可以获得不透明度值小于100%或者边缘具有羽化效果的选区。

如图13.9所示为原通道状态，此时要制作一个斑点状的特殊选区，可以先对其进行模糊处理，再应用“彩色半调”滤镜，如图13.10所示。

图 13.9　　图 13.10

如图13.11所示为原图像，如图13.12所示是将上述选区填充颜色，并置于原文字下方后的效果。

图 13.11　　图 13.12

对于选区，无法直接应用模糊、半调图案等命令，需要将其保存至通道中，成为黑白图像，再对这个黑白图像应用上述命令，处理后重新将其转换为选区，从而达到制作斑点图像的目的。此外，抠选头发是Alpha通道的常见用途，在操作过程中，充分利用了编辑通道的原则。

掌握编辑通道的原则后，可以使用更多、更灵活的命令与操作方法对通道进行操作。例如，可以在Alpha通道中应用图像调整命令，通过改变黑白区域的比例改变选区的大小；也可以通过在Alpha通道中应用各种滤镜命令得到形状特殊的选区，还可以通过变换Alpha通道来改变选区的大小。

13.3 将通道作为选区载入

操作时，既可以将选区保存为Alpha通道，也可以将通道作为选区载入（包括原色通道与专色通道等）。在“通道”面板中选择任意一个通道，然后单击“通道”面板底部的“将通道作为选区载入”按钮，即可载入此Alpha通道保存的选区。此外，也可以在载入选区的同时进行运算。

- 按住Ctrl键，单击通道，可以直接调用此通道保存的选区。
- 在选区已存在的情况下，使用Ctrl+Shift组合键，单击通道，可以在当前选区中增加该通道保存的选区。
- 在选区已存在的情况下，使用Ctrl+Alt组合键，单击通道，可以在当前选区中减去该通道保存的选区。
- 在选区已存在的情况下，使用Ctrl+Alt+Shift组合键，单击通道，可以得到当前选区与该通道保存的选区相重叠的选区。

按照上述方法，也可以载入颜色通道中的选区。

13.4 混合颜色带

混合颜色带是Photoshop中的高级图层控制功能，使用此功能可以通过精确到像素级别的方式指定图像的显示与隐藏范围，其中，包括对灰色及各颜色通道中的图像分别进行明暗显示方面的控制功能。使用这种功能对图像进行混合，可以取得非常细腻、逼真、自然的混合效果。由于能够通过精确到像素级别的方式控制图像的显示与隐藏范围，此功能也适用于对图像进行抠选操作，较适合抠选火焰、云彩等类型的图像。

通常情况下，选择要混合的图层，然后单击“添加图层样式”按钮，在弹出的菜单中执行“混合选项”命令，弹出的对话框如图13.13所示，其中底部就是混合颜色带区域。

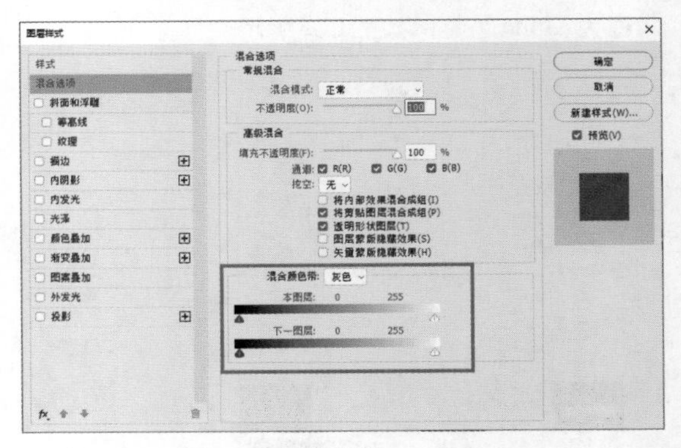

图13.13

下面对“混合颜色带”选项区域中的各参数进行讲解。

13.4.1 混合颜色带下拉列表

在此下拉列表中可以选择需要控制混合效果的通道。如果选择“灰色”，则按全色阶及通道混合整幅图像。对于其他选项，依据图像颜色模式的不同，也会有所变化。例如，RGB模式下，此下拉列表中还会出现红、绿、蓝3个选项，如图13.14所示；CMYK模式下，则会出现青色、洋红、黄色和黑色4个选项。

图13.14

13.4.2 本图层颜色带

“本图层”颜色带用于控制当前图层中，从最暗色调像素至最亮色调像素的显示情况。向右侧拖动黑色滑块，可以隐藏暗调像素；向左侧拖动白色滑块，可以隐藏亮调像素。

如图13.15所示为原图像，在其上方创建一个黑白渐变的填充图层，如图13.16所示，对应的“图层”面板如图13.17所示。

图13.15

图13.16

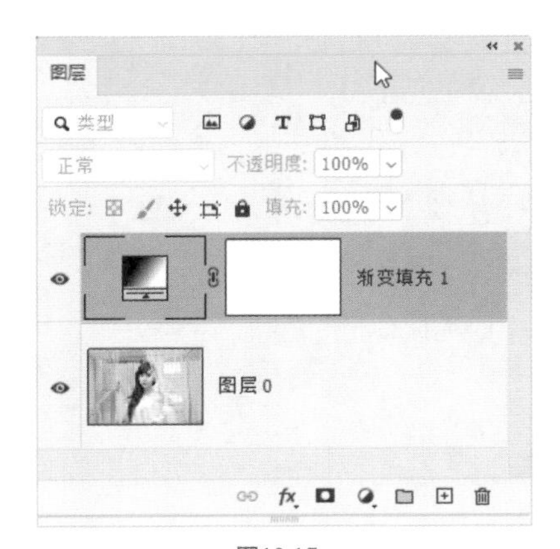

图13.17

选择图层"渐变填充1",再打开"图层样式"对话框,向右侧拖动"本图层"颜色带的黑色滑块至255的位置,如图13.18所示,可以看出,亮度处于0~255的像素全部消失了。

若按住Alt键单击"本图层"颜色带的黑色滑块,可将其分解成为两个滑块,然后分别进行拖动,如图13.19所示,此时会有完全隐藏的像素、完全显示的像素及部分显示的像素。

图13.18

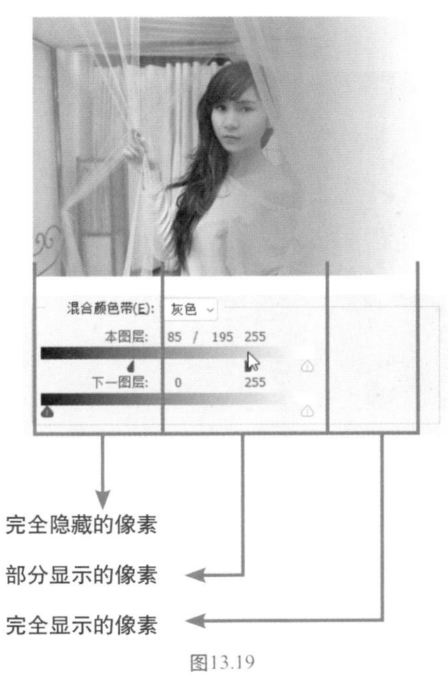

图13.19

13.4.3 下一图层颜色带

"下一图层"颜色带的功能与"本图层"颜色带功能基本相同,只是调整"下一图层"的颜色带时,是对下方图层的像素生效,而非本图层。

如图13.20所示是向右侧拖动"下一图层"的

黑色滑块时的效果，如图13.21所示是将黑色滑块拆分为两个滑块并分别拖动得到的效果。

混合颜色带: 灰色
本图层: 0 255
下一图层: 79 255

图13.20

混合颜色带(E): 灰色
本图层: 0 255
下一图层: 70 / 143 255

图13.21

> 提示：13.4.2和13.4.3节中关于“本图层”和“下一图层”颜色带的操作均是以黑色滑块为例，右侧白色滑块的操作与之基本相同，故不再详细讲解。

13.5 通道应用实例

13.5.1 利用通道抠选云雾

利用Alpha通道能够选择边缘柔和且不规则的图像。下面讲解如何运用此技巧抠选云雾。

01 打开配套素材中的文件“第 13 章\13.5.1- 素材 1.jpg”，如图 13.22 所示。

图 13.22

02 切换至“通道”面板，分别单击 3 个原色通道，查看每个通道中图像的对比度，3 个通道中的图像效果分别如图 13.23 所示。

(a) 通道“红”

(b) 通道“绿”

(c) 通道“蓝”

图 13.23

03 可以看出，通道“红”的细节最完整，对比度也最好。复制通道“红”得到“红 拷贝”。使用 Ctrl+L 组合键，在弹出的“色阶”对话框中设置参数如图 13.24 所示，单击“确定”按钮，退出对话框，效果如图 13.25 所示。

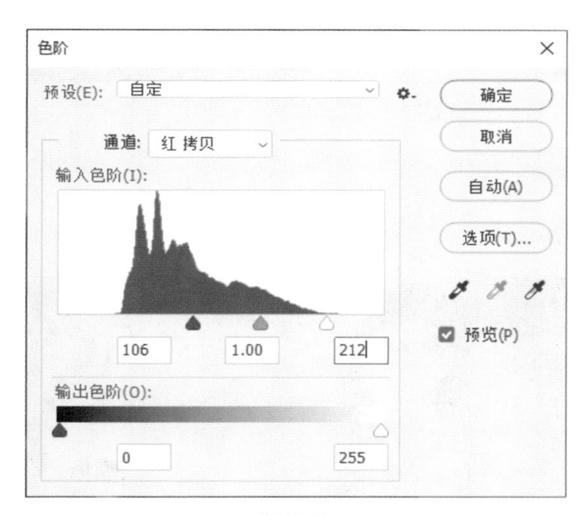

图 13.24

图 13.25

04 按住 Ctrl 键，单击通道“红 拷贝”的缩略图，将该通道中的图像载入选区，切换至“图层”面板，使用 Ctrl+C 组合键复制图像，打开配套素材中的文件“第 13 章\13.5.1- 素材 2.jpg”，按 Ctrl+V 组合键，粘贴图像，得到“图层 1”，效果如图 13.26 所示。

图 13.26

05 将“图层 1”的混合模式改为“滤色”，效果如图 13.27 所示。

图 13.27

06 打开配套素材中的文件“第 13 章\13.5.1- 素材 3.jpg”，如图 13.28 所示，切换至“通道”面板，分别查看 3 个原色通道的状态。

07 选择对比度及细节较好的通道“红”，将其拖动到“通道”面板底部的“创建新通道”按钮 ⊞ 上，得到通道“红 拷贝”，图像效果如图 13.29 所示。

图 13.28

图 13.29

08 使用 Ctrl+L 组合键，在弹出的“色阶”对话框中设置参数，单击“确定”按钮，退出对话框，效果如图 13.30 所示。

图 13.30

09 按住 Ctrl 键，单击通道“红 拷贝”的缩览图，将此通道中的图像载入选区，切换至“图层”面板中，选择图层“背景”，使用 Ctrl+C 组合键，复制图像。

10 切换至需要添加云雾效果的图层，使用 Ctrl+V 组合键，粘贴图像，得到“图层 2”，将粘贴得到的图像拖动到画布的最上方，再将“图层 2”的混合模式改为“滤色”，效果如图 13.31 所示。

图 13.31

13.5.2 抠选人物头发

使用通道功能、图像调整命令及画笔工具 ✓.等，可以选择边缘柔和且不规则的图像。下面讲解如何运用此技巧抠选人物头发。

01 打开配套素材中的文件“第 13 章\13.5.2- 素材 .jpg”，如图 13.32 所示，将其作为背景图像。

图 13.32

02 切换至“通道”面板，分别单击各个颜色通道，选出头发与背景的对比最佳的通道。这里选择“红”通道，如图 13.33 所示。

图 13.33

03 复制“红”通道得到“红 拷贝”，使用 Ctrl+I 组合键，执行“反相”操作。

04 使用 Ctrl + L 组合键，在弹出的对话框中设置参数，如图 13.34 所示，以增强头发与背景之间的对比，得到如图 13.35 所示的效果。

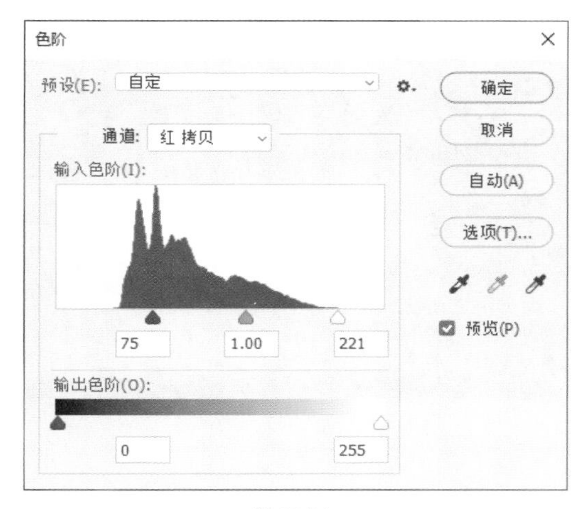

图 13.34

图 13.35

05 设置前景色为黑色，选择画笔工具 ，并设置适当的画笔大小及不透明度，在头发以外的区域进行涂抹，得到如图 13.36 所示的效果。

图 13.36

06 按照上一步的方法，使用白色在头发以内的区域涂抹，使之完全变为白色，得到如图 13.37 所示的效果。

图 13.37

07 至此，已经完成了人物头发选区的创建，再把人物其他部分加入选区，即可将其抠选出来。按 Ctrl 键，单击“红 拷贝”通道的缩略图，将此通道中的图像载入选区。单击 RGB 通道，返回图像编辑状态。

08 选择磁性套索工具 ，按住 Shift 键，沿着人物身体边缘创建选区，直至将人物完全选中，如图 13.38 所示是完成后的选区状态。如图 13.39 所示是依据该选区将人物身体后的杂物修除后的效果，使人物在照片中的主体地位更加突出。

图 13.38

图 13.39

13.5.3 快速抠选云彩并合成创意图像

下面讲解如何使用混合颜色带功能选择云彩图像。

01 打开配套素材中的文件“第 13 章\13.5.3- 素材 1.psd”，如图 13.40 所示。下面将在此图像上添加云彩。

图13.40

02 打开配套素材中的文件“第 13 章\13.5.3- 素材 2.jpg”，如图 13.41 所示。使用移动工具 将其拖至上一步打开的文档中，得到“图层 1”。

图13.41

03 使用 Ctrl+T 组合键，调出自由变换控制框。按住 Shift 键，将其缩小为如图 13.42 所示的状态。按 Enter 键，确认变换操作。

04 设置“图层 1”的混合模式为“滤色”，使之与后面的图像进行初步融合，得到如图 13.43 所示的效果。

图13.42

图13.43

05 下面将利用混合颜色带将云彩从背景中分离出来。双击“图层 1”的缩略图，调出“图层样式”对话框，按住 Alt 键，单击“本图层”的黑色滑块，将其拆分为两个滑块，并向右拖动右侧的滑块，如图 13.44 所示，得到如图 13.45 所示的效果。

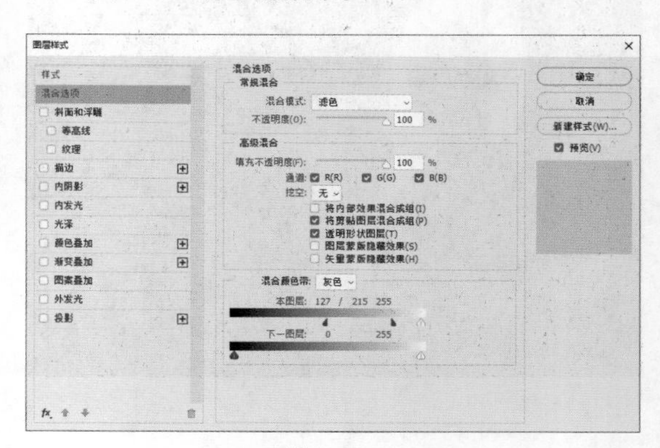

图13.44

图13.45

06 下面来调整云彩的亮度，使之更为突出。单击“创建新的填充或调整图层”按钮，在弹出的菜单中执行“曲线”命令，得到如图层“曲线 1”，使用 Ctrl + Alt + G 组合键，创建剪贴蒙版，从而将调整范围限制到下面的图层中，然后在“属性”面板中设置相关参数，如图 13.46 所示，以调整图像的颜色及亮度，得到如图 13.47 所示的效果。

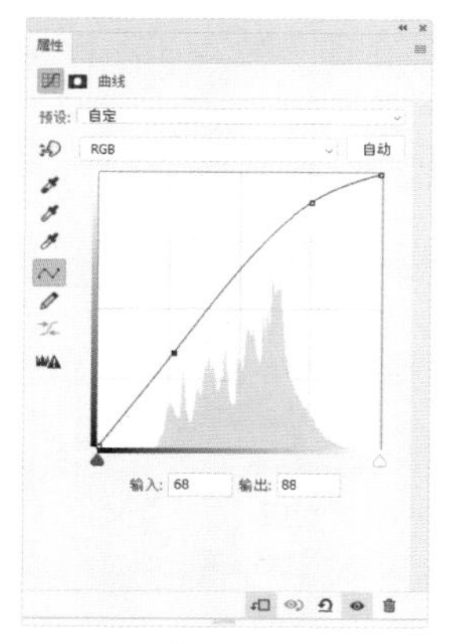

图13.46

图13.47

07 下面利用图层蒙版隐藏下方的多余云彩。选择“图层 1”，并单击“添加图层蒙版”按钮，设置前景色为黑色，选择画笔工具并设置适当的画笔大小，在云彩底部进行涂抹，将其隐藏，得到如图 13.48 所示的效果，对应的图层蒙版状态如图 13.49 所示，此时的“图层”面板如图 13.50 所示。

图13.48

图13.49

图13.50

第14章 动作及自动化图像处理技术

14.1 动作面板简介

要应用、录制、编辑、删除动作，就必须使用“动作”面板，可以说此面板是“动作”的控制中心。要显示此面板，可以执行“窗口”|“动作”命令，或直接按F9键。“动作”面板如图14.1所示，各个按钮的功能释义如下。

图 14.1

- “停止播放/记录”按钮■：单击此按钮，可以停止播放或录制动作。
- “开始记录”按钮●：单击此按钮，可以开始录制动作。
- “播放选定的动作”按钮▶：单击此按钮，可以应用当前选择的动作。
- “创建新组”按钮：单击此按钮，可以创建一个新动作组。
- “创建新动作”按钮：单击此按钮，可以创建一个新动作。
- “删除”按钮：单击此按钮，可以删除当前选择的动作。

从图14.1可以看出，录制动作时，不仅执行的命令被录制在动作中，如果此命令具有参数，参数也会被录制在动作中。因此应用动作可以得到非常精确的效果。

如果面板中的动作较多，则可以将同一类动作存放在一个组中。例如，用于创建文字效果的动作，可以保存在“文字效果”组中；用于创建纹理效果的动作，可以保存在“纹理效果”组中。

14.2 应用已有动作

在“动作”面板弹出菜单的底部有Photoshop预设的动作组，如图14.2所示，直接单击所需要的动作组名称，即可载入此动作组所包含的动作，然后选中要应用的动作，单击“播放选定的动作”按钮▶即可。

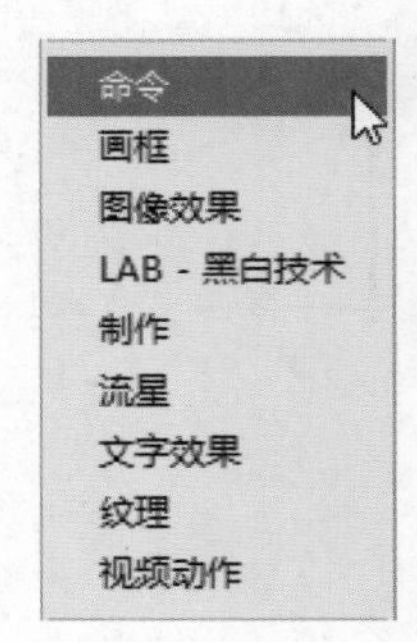

图 14.2

14.3 录制新动作

要创建新的动作，可以按下述步骤操作。

01 单击“动作”面板底部的“创建新组”按钮。

02 在弹出的对话框中输入新组名称后，单击“确定”按钮，建立一个新组。

03 单击“动作”面板底部的“创建新动作”按钮⊞，或单击“动作”面板右上角的面板按钮≡，在弹出的菜单中执行“新建动作”命令。

04 在弹出的“新建动作”对话框中设置参数，如图 14.3 所示。

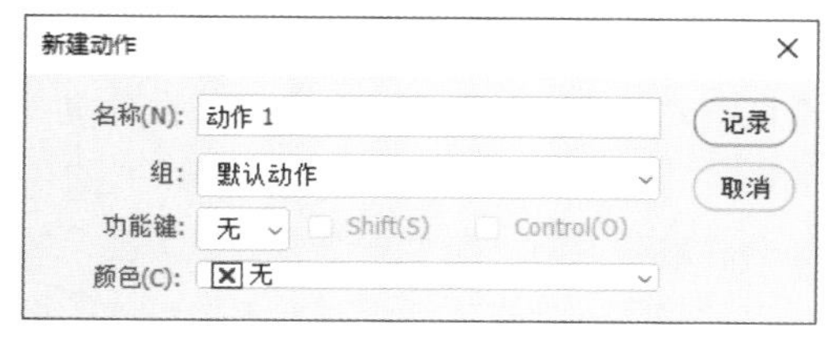

图 14.3

- 组：此下拉列表包括当前“动作”面板中所有动作的名称，在此可以选择一个将要放置新动作的组名称。
- 功能键：为了更快捷地播放动作，可以在此下拉列表中选择一个功能键，在播放新动作时，直接按功能键即可。

05 在“新建动作”对话框中设置参数后，单击“记录”按钮，即可创建一个新动作，同时“开始记录”按钮●自动被激活，显示为红色，表示进入动作的录制阶段。

06 执行需要录制在动作中的命令。

07 所有命令操作完毕，或需要终止录制过程时，单击“停止播放/记录”按钮■，即可停止动作的记录状态。

08 停止录制动作前，在当前图像文件中的操作都被记录在新动作中。

14.4 调整和编辑动作

14.4.1 修改动作中命令的参数

对于已录制完成的动作，也可以改变其中的命令参数。

在“动作”面板中双击需要改变参数的命令，在弹出的对话框中输入新的数值，单击“确定”按钮即可。

14.4.2 重新排列命令顺序

通常情况下，播放动作时，动作所录制的命令按录制时指定的参数作用于对象。

如果打开对话框开关，则可使动作暂停，并显示对话框，以方便执行者针对不同情况指定不同的参数。在“动作”面板中选择需要暂停并弹出对话框的命令，单击该命令名称左边的“切换对话框开关”，使其显示为⊟状态，即可开启对话框开关；再次单击此位置，使其呈现空格状态，即可关闭对话框开关。如果要使某动作中所有可设置参数的命令都弹出对话框，可单击动作名称左边的“切换对话框开关”，使其显示为⊟状态；同样，再次单击此位置，可以取消⊟图标，使之变为□状态。

14.4.3 插入菜单项目

通过插入菜单项目，用户可以在录制动作的过程中，将任意一个菜单命令记录在动作中。

单击“动作”面板右上角的≡按钮，在弹出的菜单中执行“插入菜单项目”命令，弹出如图14.4所示的对话框。

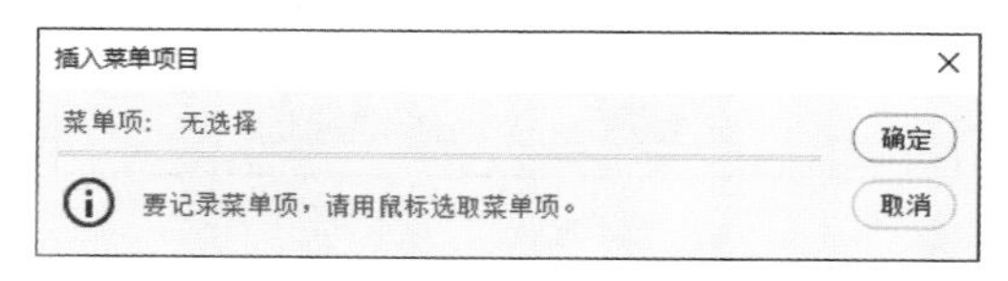

图 14.4

弹出此对话框后，不要单击“确定”按钮，而应该执行需要录制的命令，如执行“视图”|“显示额外内容”命令，此时的对话框将变为如图14.5所示的状态。

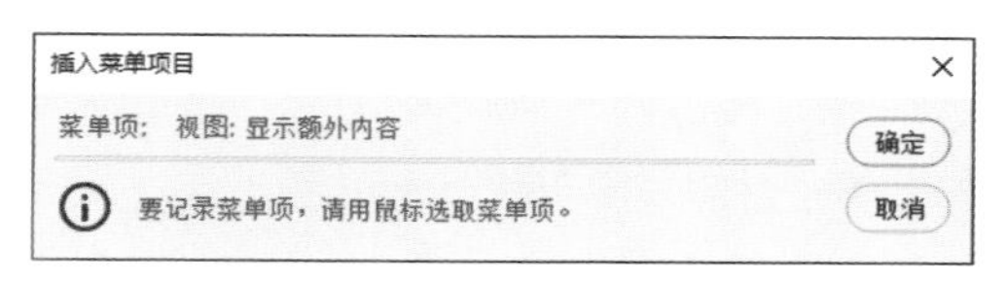

图 14.5

在关闭“插入菜单项目”对话框之前，当前插入的菜单项目是可以随时更改的，只需重新执行需要的命令即可。

14.4.4 插入停止动作

录制动作的过程中，由于某些操作无法被录制，但必须执行，因此需要在录制过程中插入一个“停止”对话框，以提示操作者。

执行“动作”面板弹出菜单中的“插入停止”命令，将弹出如图14.6所示的对话框。

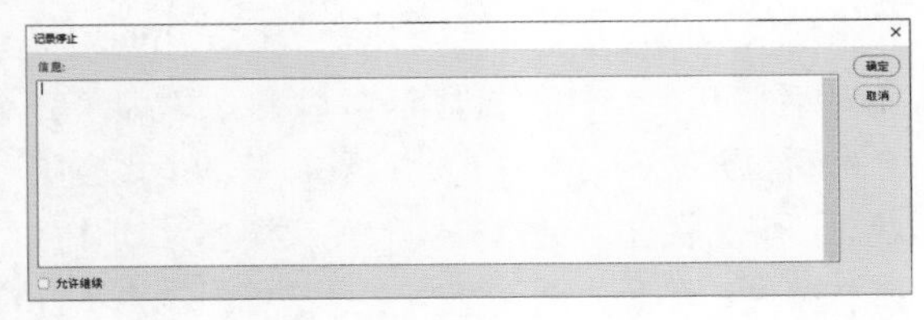

图 14.6

“记录停止”对话框中的重要参数释义如下。

- 信息：在下面的文本框中输入提示性文字。
- 允许继续：选中此复选框，在应用动作时，弹出如图14.7所示的提示框。如果未选中此复选框，则弹出的提示框中只有“停止”按钮。

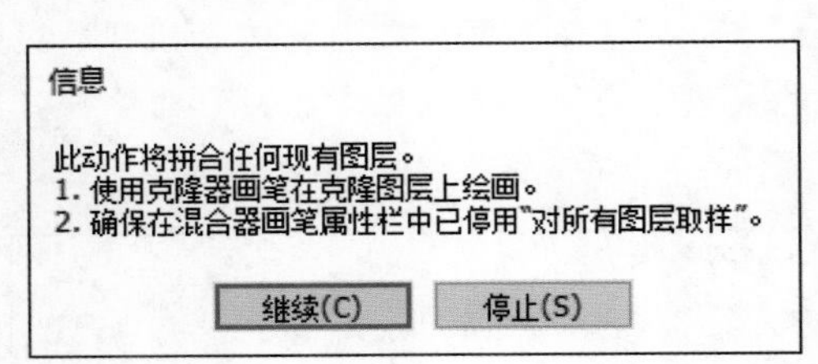

图 14.7

14.4.5 继续录制动作

虽然单击“停止播放／记录”按钮可以结束动作的录制，但仍然可以根据需要在动作中插入其他命令，操作步骤如下。

01 在动作中选择一个命令。

02 单击“开始记录”按钮●。

03 执行需要记录的命令。

04 单击“停止播放／记录”按钮■。

14.5 自动化与脚本

14.5.1 批处理

如果说动作能够对单一对象进行某种固定操作，那么“批处理”命令的功能就更为强大，此命令能够对指定文件夹中的所有图像文件执行指定的动作。例如，如果希望将某一个文件夹中的图像文件转存成TIFF格式的文件，只需要录制一个相应的动作，并在批处理时对要处理的图像指定这个动作，即可快速完成这个任务。

应用“批处理”命令进行批处理的具体操作步骤如下。

01 录制要完成指定任务的动作，执行“文件”|“自动”|“批处理”命令，弹出如图 14.8 所示的对话框。

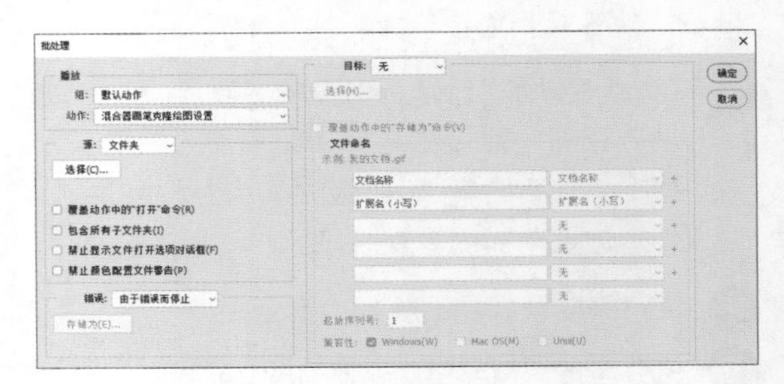

图 14.8

02 从“播放”选项区域的“组”和“动作”下拉列表中选择需要应用动作所在的“组”及此动作的名称。

03 从“源”下拉列表中选择要应用“批处理”的文件，此下拉列表中各个选项的释义如下。

- 文件夹：此选项为默认选项，可以将批处理的执行范围指定为文件夹。选择此选项后，必须单击“选择”按钮，在弹出的“浏览文件夹”对话框中选择要执行批处理的文件夹。
- 导入：对来自数码相机或扫描仪的图像应用动作。
- 打开的文件：如果要对所有已打开的文件执行批处理，应该选择此选项。

- Bridge：对显示在“文件浏览器”中的文件应用在“批处理”对话框中指定的动作。

04 选中“覆盖动作中的‘打开’命令”复选框，动作中的“打开”命令将引用“批处理”的文件，而不是动作中指定的文件名。

05 选中“包含所有子文件夹”复选框，可以使动作同时处理指定文件夹中所有子文件夹包含的可用文件。

06 选中“禁止颜色配置文件警告”复选框，将关闭颜色方案信息的显示。

07 从“目标”下拉列表中选择“批处理”后的文件的存储位置，各个选项的释义如下。

- 无：选择此选项，使批处理的文件保持打开状态而不存储（除非动作包括“存储”命令）。
- 存储并关闭：选择此选项，将文件存储至当前位置，如果两个图像的格式相同，则自动覆盖源文件，并不会弹出任何提示对话框。
- 文件夹：选择此选项，将处理后的文件存储到另一位置。此时，可以单击其下方的“选择”按钮，在弹出的“浏览文件夹”对话框中指定目标文件夹。

08 选中“覆盖动作中的‘存储为’命令”复选框，动作中的“存储为”命令将引用批处理的文件，而不是动作中指定的文件名和位置。

09 如果在“目标”下拉列表中选择“文件夹”选项，则可以指定文件命名规范，并选择处理文件的文件兼容性选项。

10 如果在处理指定的文件后，希望对新的文件进行统一命名，可以在“文件命名”选项区域设置需要的选项。例如，按照如图 14.9 所示的参数执行批处理后，以 jpg 格式的图像为例，存储后的第一个新文件名为“旅行 001.jpg”，第二个新文件名为“旅行 002.jpg”，以此类推。

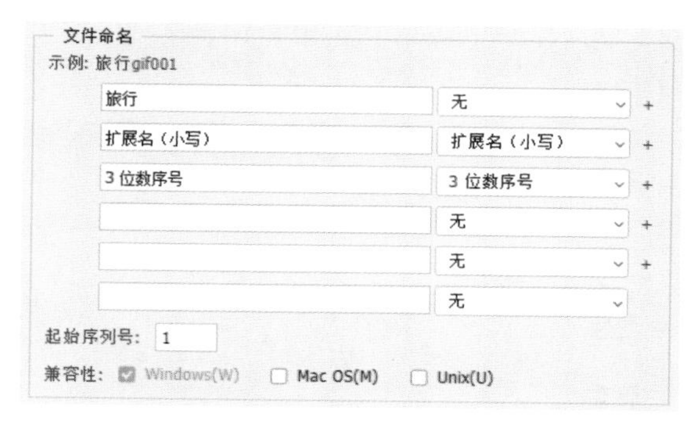

图 14.9

> 提示：只有在“目标”下拉列表中选择“文件夹”选项后，此选项区域才会被激活。

11 从“错误”下拉列表中选择处理错误的选项，该下拉列表中各个选项的释义如下。

- 由于错误而停止：选择此选项，在动作执行过程中如果遇到错误将终止批处理，建议不选择此选项。
- 将错误记录到文件：选择此选项，并单击下面的“存储为”按钮，在弹出的“存储”对话框输入文件名，可以记录批处理执行过程中所遇到的每个错误，并保存在一个文本文件中。

12 设置完所有选项后，单击“确定”按钮，Photoshop 开始自动执行指定的动作。

掌握了批处理的基本操作后，可以针对不同情况使用不同的动作完成指定的任务。

> 提示：在进行批处理过程中，按Esc键，可以中断执行批处理，在弹出的对话框中单击“继续”按钮，可以继续执行批处理，单击“停止”按钮，则取消批处理。

14.5.2 合成全景照片

使用Photomerge命令能够拼合具有重叠区域的连续拍摄照片，使其拼合成一张连续的全景图像。使用此命令拼合全景图像，要求拍摄出几张边缘有重合区域的照片。比较简单的方法是，拍摄时手举相机保持高度不变，身体连续旋转几次，从几个角度将要拍摄的景物分成几个部分拍摄，然后在Photoshop中使用Photomerge命令完成拼接操作。

执行“文件”|“自动”|Photomerge命令，弹出如图14.10所示的对话框。

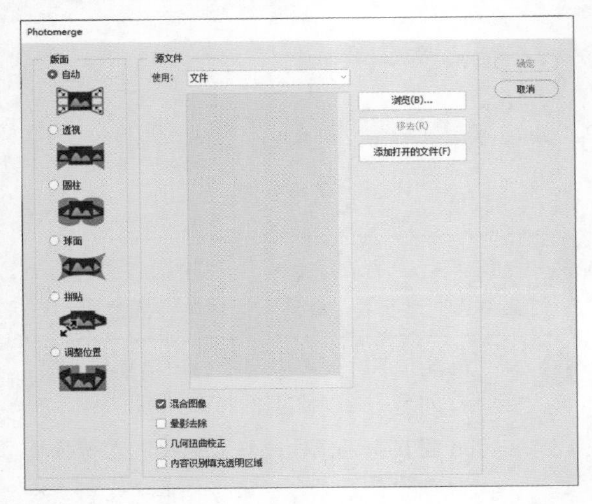

图 14.10

Photomerge对话框中的“使用”下拉列表中各个选项的含义如下。

- 文件：可以使用单个文件生成Photomerge合成图像。
- 文件夹：使用存储在一个文件夹中的所有图像文件创建Photomerge合成图像。该文件夹中的文件会出现在此对话框中。

Photomerge对话框中的其他参数释义如下。

- 混合图像：选中此复选框，可以使Photoshop自动混合图像，以尽可能地智能化拼合图像。
- 晕影去除：选中此复选框，可以补偿因镜头瑕疵或者镜头遮光处理不当而出现的照片边缘较暗的情况，以去除晕影并执行曝光度补偿操作。
- 几何扭曲校正：选中此复选框，可以补偿拍摄导致的照片的桶形、枕形或者鱼眼失真。
- 内容识别填充透明区域：选中此复选框，在自动混合图像时，会自动对空白区域进行智能填充。

如图14.11所示的4幅照片为原图像，如图14.12所示是将其拼合在一起，并适当裁剪、修复后的效果。

图 14.11

图 14.12

14.5.3 图像处理器

在Windows平台上，使用Visual Basic或Java Script撰写的脚本都能在Photoshop中调用。使用脚本，能够在Photoshop中自动执行其所定义的操作，操作范围既可以是单个对象，也可以是多个文档。

执行“文件”|“脚本”|“图像处理器”命令，能够转换和处理多个文件，从而完成以下各项操作。

（1）将一组文件的文件格式转换为jpg、psd、tif格式之一，或者将文件同时转换为以上3种格式。

（2）使用相同的选项来处理一组拍摄的原始数据文件。

（3）调整图像的大小，使其适应指定的大小。

执行此命令处理一批文件的操作步骤如下。

01 执行“文件”|“脚本”|“图像处理器”命令，弹出如图 14.13 所示的“图像处理器”对话框。

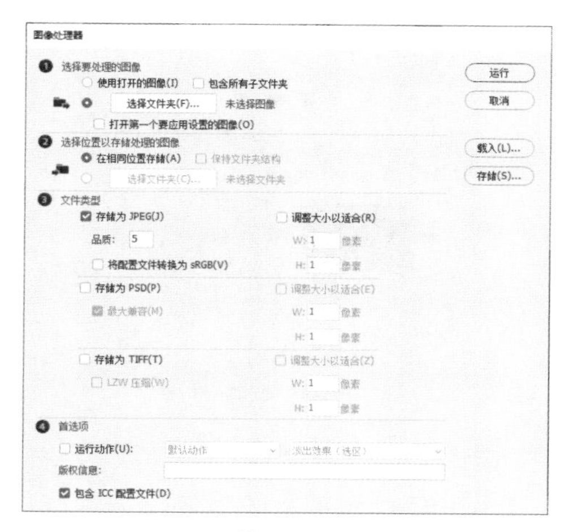

图 14.13

02 选中“使用打开的图像”单选按钮，处理所有当前打开的图像文件；也可以选中“选择文件夹”单选按钮，在弹出的“选择文件夹”对话框中选择某一个文件夹中所有可处理的图像文件。

03 单击“在相同位置存储”单选按钮，可以使处理后生成的文件存储在相同的文件夹中；也可以选中“选择文件夹”单选按钮，在弹出的“选择文件夹”对话框中选择一个文件夹，用于存储处理后的图像文件。

> 提示：如果多次处理相同的文件，并将其存储到同一个目标文件夹中，则每个文件都将以自己的文件名存储，而不进行覆盖。

04 在“文件类型”选项区域中选择要存储的文件类型和选项。在此选项区域中可以选择将处理的图像文件保存为 jpg、psd、tif 中的一种或者几种格式。如果选中“调整大小以适合”复选框，则可以分别在 W 和 H 文本框中输入宽度和高度数值，使处理后的图像符合此尺寸。

05 在“首选项”选项区域中设置其他处理选项。如果还需要对处理的图像执行动作中所定义的命令，选中“运行动作”复选框，并在其右侧选择要运行的动作；如果选中“包含 ICC 配置文件”复选框，则可以在存储的文件中嵌入颜色配置文件。

06 参数设置完毕后，单击“运行”按钮。

14.5.4 堆栈合成

堆栈是一个比较抽象的概念，实际上其功能非常简单，就是将一组图像叠加成为一个文档（一个图像一个图层）。如图14.14所示就是将50多张照片堆栈在一起时的“图层”面板。

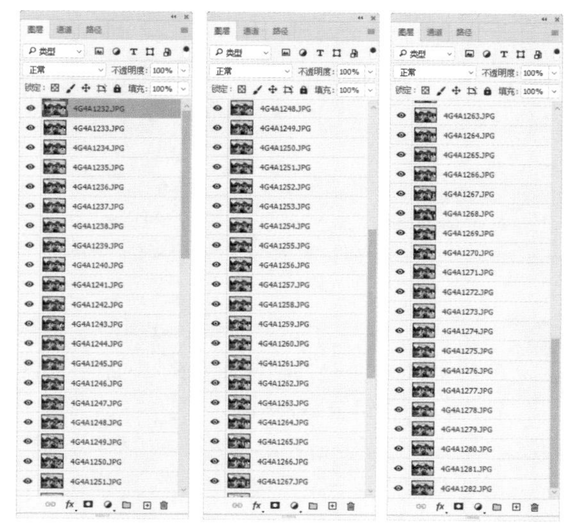

图 14.14

当然，仅仅叠加起来是没有任何意义的，通常是将载入的图像转换为智能对象，然后利用堆栈模式，让图像之间按照指定的堆栈模式进行合成，从而形成独特的图像效果。该功能在摄影后期处理领域应用得最为广泛，如星轨、流云、无人风景区等都可以通过此功能进行合成。下面介绍如何使用堆栈功能合成星轨。

> 提示：使用堆栈功能合成星轨是近年非常流行的一种拍摄星轨的技术。摄影师可以以固定的机位及曝光参数，连续拍摄成百上千张照片，然后在后期合成星轨效果。使用这种方法合成的星轨，可以有效地避免传统拍摄方法的问题。通常来说，单张照片曝光的时间越长，照片的数量越多，那么最终合成的星轨数量也就越多，弧度也越长。要注意的是，如果原片有明显的问题，如存在大量噪点、意外出现的光源等，应提前进行处理，以免影响合成效果。尤其是噪点多的情况，可能最终会导致由噪点组成的伪“星轨”。

01 执行“文件”|“脚本”|“将文件载入堆栈”命令，在弹出的对话框中单击“浏览”按钮，如图 14.15 所示。

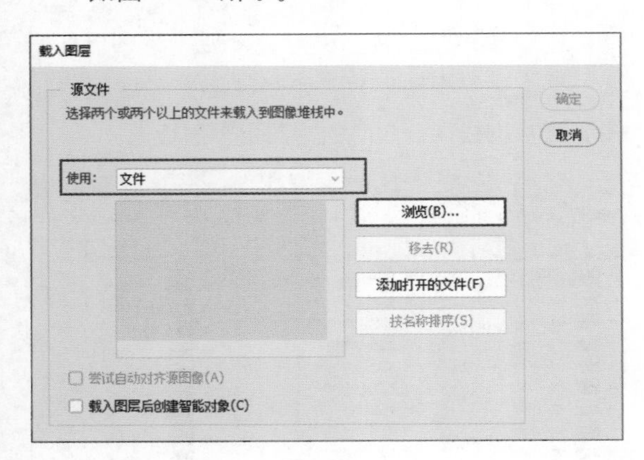

图 14.15

02 在弹出的“打开”对话框中，打开配套素材中的素材文件夹“第 14 章\14.5.4- 素材”，使用 Ctrl+A 组合键，选中所有要载入的照片，再单击“打开”按钮，将其载入“载入图层”对话框，并且一定要选中“载入图层后创建智能对象”复选框，如图 14.16 所示。

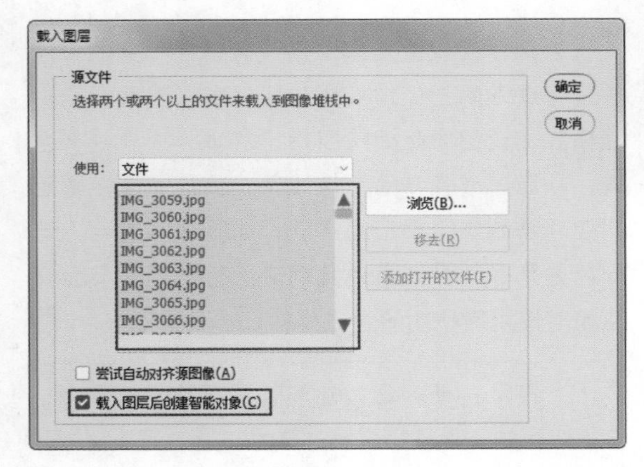

图 14.16

03 单击“确定”按钮，开始将载入的照片堆栈在一起并转换为智能对象，如图 14.17 所示。

> 提示：在“载入图层”对话框中，如果未选中“载入图层后创建智能对象”复选框，可以在完成堆栈后，执行“选择”|“所有图层”命令以选中全部图层，再在任意一个图层名称上右击，在弹出的快捷菜单中执行“转换为智能对象”命令。

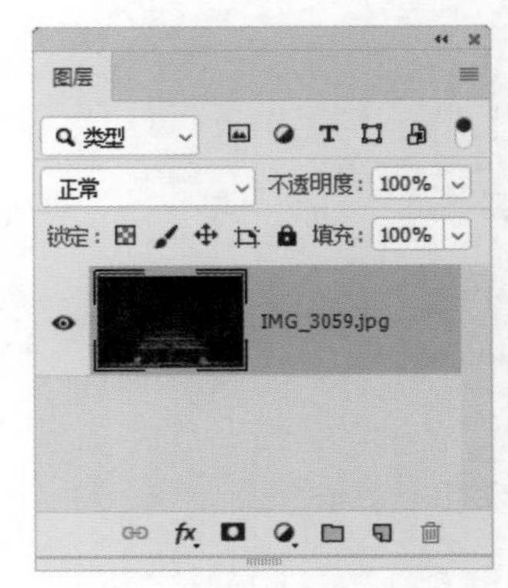

图 14.17

04 选中堆栈得到的智能对象，再执行“图层”|“智能对象”|“堆栈模式”|“最大值”命令，等待 Photoshop 处理完成，即可初步得到星轨效果，如图 14.18 所示。此时的“图层”面板如图 14.19 所示。

图 14.18

图 14.19

通过上面的操作就初步完成了星轨的合成，接下来可以根据需要对照片进行曝光及色彩等方面的润饰处理，如图14.20所示是最终修饰好的照片效果。

图 14.20

提示：步骤01执行堆栈处理后的智能对象图层包含所有的照片文档，因此该图层会使保存时的文件很大，在确认不需要对智能对象图层做任何修改后，可以在其图层名称上右击，在弹出的快捷菜单中执行“栅格化图层”命令，将其转换为普通图层。

第15章 调修RAW照片

15.1 RAW格式概述

RAW意为“原材料”或“未经处理的”。RAW格式的照片包含使用数码相机传感器（CMOS或CCD）获取的所有原始数据，如相机型号、光圈值、快门速度、感光度、白平衡、优化校准等。更形象地说，RAW格式的照片就像一个容器，所有的原始数据都装在这个容器中，用户可以根据需要，调用容器中的一部分数据组成一张照片。因此，RAW格式的照片具有极高的宽容度，拥有极大的可调整范围，充分利用其宽容度极高的特性，通过恰当的后期处理，可以得到更美观的照片，甚至能够将“废片”处理为“大片”。例如，在亮度方面，RAW格式的照片可以记录－4～+2甚至更大范围的亮度信息，即使照片存在曝光过度或曝光不足的问题，也可以在此范围内将其整体或局部恢复为曝光正常的状态。

如图15.1所示就是一张典型的在大光比环境下拍摄的RAW格式照片，其亮部有些曝光过度，暗部又有些曝光不足。如图15.2所示是使用后期处理软件分别对高光和暗部进行曝光、色彩等方面的处理后的效果。可以看出，两者存在极大差异，处理后的照片曝光更加均衡，而且色彩也更美观。

图 15.1

图 15.2

15.2 认识Camera Raw的工作界面

Camera Raw是Photoshop附带的一个照片处理软件，全名为Adobe Camera Raw，简称ACR，主要用于处理RAW格式照片。经过多个版本的升级后，Camera Raw能够完美兼容各相机厂商的RAW格式，并提供了极为丰富的调整功能，Camera Raw能够充分发挥RAW格式照片的优势，实现极佳的调整结果。

下面介绍Camera Raw的工作界面。

15.2.1 工作界面基本组成

Camera Raw的工作界面，如图15.3所示。

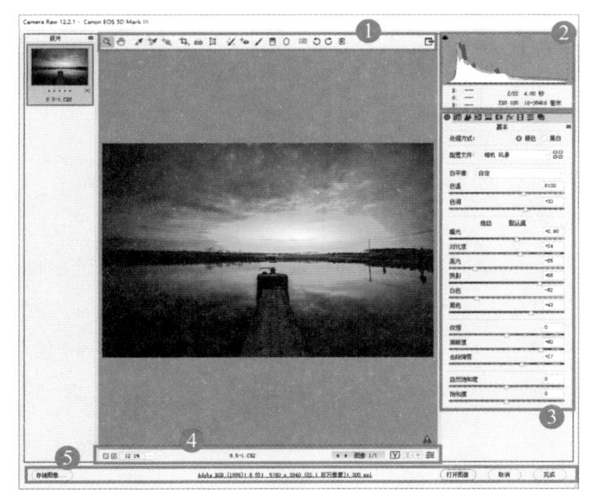

图 15.3

❶ 工具栏：包括用于编辑照片的工具，以及设置Camera Raw软件和界面等的按钮。

❷ 直方图：用于查看当前照片图像的曝光数据信息。

❸ 调整面板：此面板包含10个选项卡，可用于调整照片的基本曝光与色彩，调整暗角，校正镜头扭曲与色边等。

❹ 视图控制区：在此区域的左侧可以设置当前照片的显示比例；右侧可以设置调整前后对比效果的预览方式。

❺ 操作按钮：单击“存储图像”按钮，可详细设置照片的存储属性；单击“打开图像”按钮，可打开图像至 Photoshop；单击“完成”按钮，将直接保存调整后的属性至原照片。单击中间带有下画线的文字，可以调出“工作流程选项”对话框，在其中设置照片的色彩空间及大小等参数。

15.2.2 工具

Camera Raw中的工具主要用于旋转、裁剪、修复、调色及局部处理等，如图15.4所示。

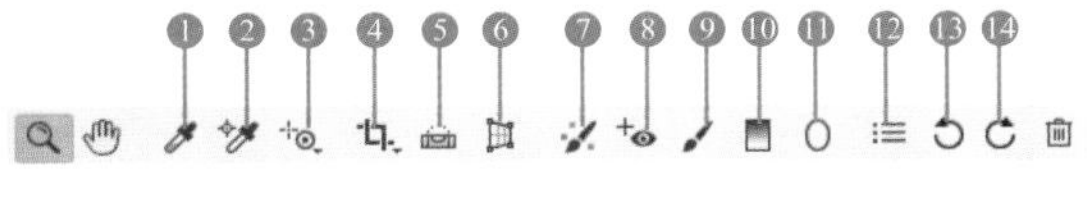

图 15.4

下面来分别讲解各个工具的作用。

❶ 白平衡工具：使用此工具在照片中单击，即可调整白平衡，调整后的画面颜色是单击位置颜色的补色色调。

❷ 颜色取样器工具：用于对照片中指定区域的颜色取样，并将其颜色信息保留至取样器。

❸ 目标调整工具：用于调整照片的色调，包括曲线色调、色相、明度、饱和度及灰度色调。通过在照片中拖动，即可调整照片的色调属性。

❹ 裁剪工具：用于裁剪照片，按住此工具图标，会弹出下拉列表，然后可以设置相关的裁剪参数。

❺ 拉直工具：用于校正照片的水平线、垂直线或调整照片的倾斜角度。双击此工具，可自动对照片进行分析并校正其倾斜问题。

❻ 变换工具：用于校正因拍摄时使用广角镜头或镜头本身导致的照片透视变形问题。在旧版本中，此功能被集成在右侧的“镜头校正”选项卡中。

❼ 污点去除工具：用于去除照片中的污点瑕疵，也可复制指定的图像到其他区域，以修复照片。

❽ 红眼去除工具：用以去除因在较暗环境下开启闪光灯拍摄导致的人物红眼现象，以修复人物的眼睛。

❾ 调整画笔工具：通过在照片中涂抹确定调整范围，然后可以在右侧的“调整画笔”面板中设置相关参数，以调整对应区域的曝光、色彩及细节等属性。

❿ 渐变滤镜工具：通过在照片中拖动创建线性渐变，然后在右侧的“渐变滤镜”面板中调整照片的色调和细节。

⓫ 径向滤镜工具：此工具与渐变滤镜工具的功能基本相同，只是此工具创建的是圆形渐变。

⓬ “打开首选项对话框”按钮：单击此按钮，可在弹出的“首选项”对话框中优化设置Camera Raw的相关选项，以便在操作时更加得心应手。

⓭ “逆时针旋转图像90度”按钮：单击此按钮，可对照片逆时针旋转90°。

⑭ “顺时针旋转图像90度”按钮：单击此按钮，可对照片顺时针旋转90°。

15.2.3 调整面板

默认情况下，Camera Raw右侧的调整面板包含10个选项卡，如图15.5所示，用于调整照片的色调和细节。另外，在选择部分工具时，也会在此区域显示相关参数。

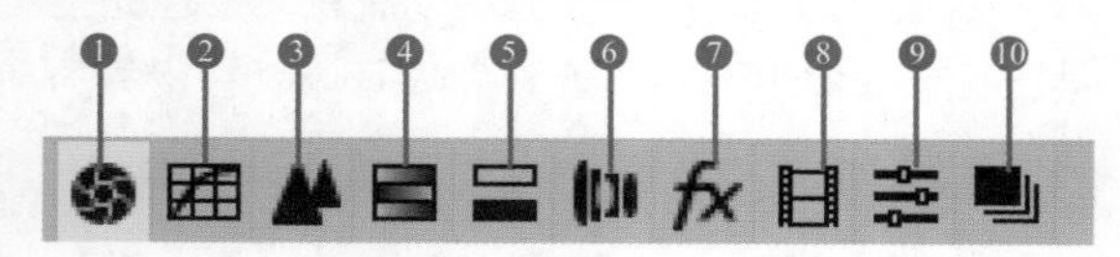

图 15.5

下面分别介绍在默认情况下各图标选项的作用。

❶ 基本：用于调整照片的白平衡、曝光、清晰度及颜色饱和度等属性。

❷ 色调曲线：用于以曲线的方式调整照片的曝光与色彩，可采用“参数”或“点”的方式进行编辑，其中选择“点”选项时，编辑方法与Photoshop中的“曲线”命令基本相同。

❸ 细节：用于锐化照片细节及减少图像中的杂色。

❹ HSL调整：对色相、饱和度和明度中的各颜色成分进行微调，也可将照片转换为灰度。

❺ 分离色调：分别对高光范围和阴影范围的色相、饱和度进行调整。

❻ 镜头校正：用于调整因镜头导致的扭曲和镜头晕影等问题。

❼ 效果：用于模拟胶片颗粒或应用裁切后晕影。

❽ 校准：将相机配置文件应用于原始照片。

❾ 预设：将多组图像调整存储为预设。

❿ 快照：记录多个调整状态后的效果。

15.3 Camera Raw的基本操作

15.3.1 打开照片

只需要在Photoshop中打开RAW格式照片，就会自动启动Camera Raw，具体方法为：使用Ctrl+O组合键或执行“文件”|“打开”命令，在弹出的对话框中选择要处理的RAW格式照片，并单击“打开”按钮。

15.3.2 保存照片

调整好照片后，可以单击“完成”按钮，保存对照片的处理。默认情况下，会生成与照片同名的.xmp文件，此文件保存了Camera Raw对照片的所有修改参数，因此一定要保证此文件与RAW照片的名称相同。若.xmp文件被重命名或删除，则所做的修改也全部丢失。

另外，若单击“打开图像”按钮，可以保存当前的调整，并在Photoshop中打开照片。

15.3.3 导出照片

在Camera Raw中完成照片处理后，往往要根据照片的用途将其导出为不同的格式。例如，最常见的是将照片导出为jpg格式，以便于预览和分享，或转至Photoshop中继续处理。要导出照片，可以单击Camera Raw界面左下角的“存储图像”按钮，在弹出的“存储选项”对话框中设置参数，如图15.6所示。

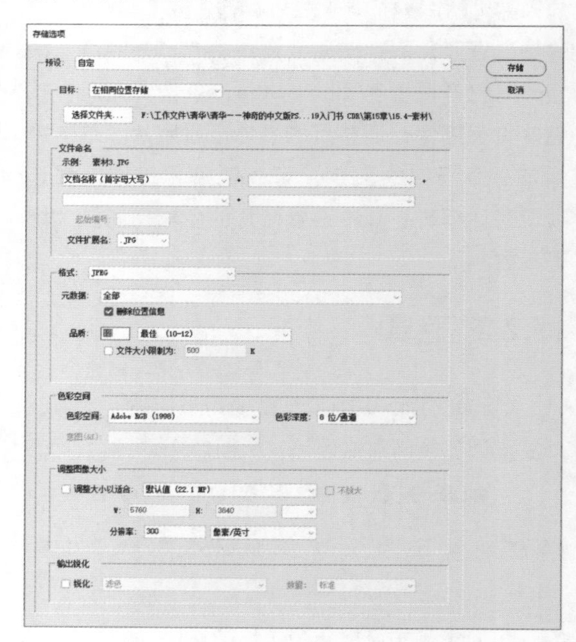

图 15.6

设置完成后，单击“确定”按钮，可根据指定的格式、尺寸等导出照片。

15.4 同步修改多张照片

同步是指将某张照片的调整参数，完全复制到其他照片中，常用于对系列照片做统一、快速的处理，从而大大提高工作效率。其操作步骤如下。

01 在 Photoshop 中打开要做同步处理的一张或多张照片。这里打开配套素材中的素材夹“第 15 章\15.4- 素材”中的 3 张照片，以启动 Camera Raw，此时 3 张照片会列于软件界面的左侧，如图 15.7 所示。

图 15.7

02 在“基本”选项卡中设置参数，如图 15.8 所示，以调整照片的曝光及色彩，如图 15.9 所示。

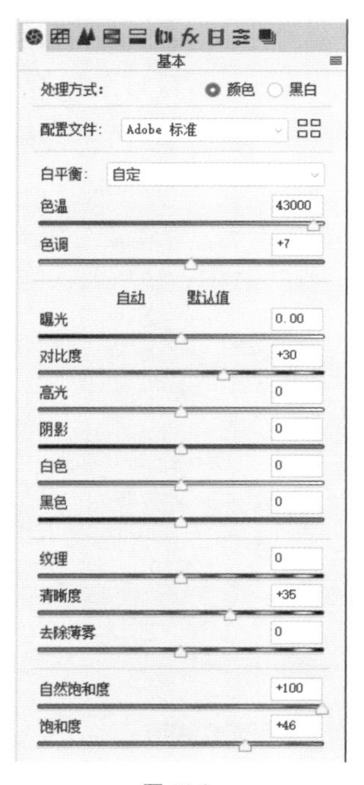

图 15.8

图 15.9

提示：开始同步对当前照片所做的调整之前，要选中作为同步源的照片，然后再选中所有照片。

03 在左侧的照片列表中，在第一张照片上单击，以确认选中该同步源，然后使用 Ctrl+A 组合键，选中所有的照片。

提示：如果不想选中所有照片，可以按住Shift键单击，以选中连续的照片；也可以按住Ctrl键单击，以选中不连续的照片。但第一张选中的照片一定是作为同步源的照片，否则同步时会出现错误。

04 使用 Alt+S 组合键或单击照片列表顶部的≡

按钮，在弹出的菜单中执行“同步设置”命令，如图 15.10 所示，在弹出的对话框中设置参数，以确定要同步的参数，这里使用默认的参数设置，如图 15.11 所示。

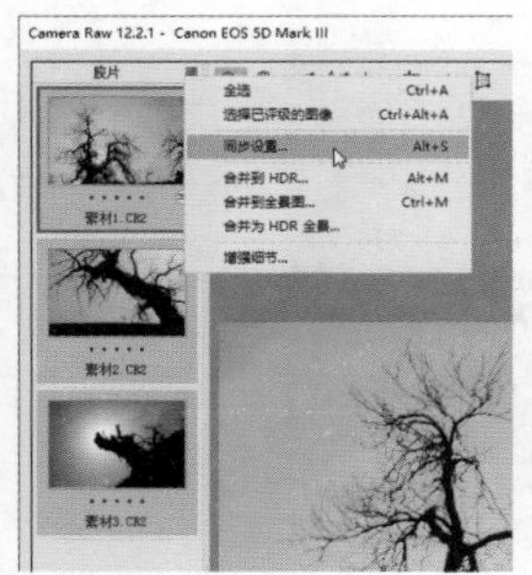
图 15.10

图 15.11

05 单击“确定”按钮，退出“同步”对话框，完成同步操作，如图 15.12 所示。

图 15.12

06 确认完成处理后，单击“完成”按钮即可。

通过同步处理的照片，未必每张都能得到最佳效果。在同步后，可以分别观察各个照片的效果，若有不满意的，可以单独对其做进一步的调整处理，直至满意为止。

15.5 裁剪照片构图

Camera Raw中的裁剪工具 用于对照片进行任意裁剪，此工具还可以设置“三等分”网格叠加选项，从而在裁剪过程中确认画面元素的位置，以实现严格的三分构图。

在Camera Raw中裁剪照片的操作步骤如下。

01 打开配套素材中的文件“第 15 章\15.5-素材.cr2”，如图 15.13 所示，以启动 Camera Raw。

图 15.13

> 提示：可以利用裁剪工具 的三分网格，观察当前照片整体的构图情况，因此需要确认已显示三分网格。

02 选择裁剪工具 ，并在其工具选项栏中选中“显示叠加”选项，如图 15.14 所示。

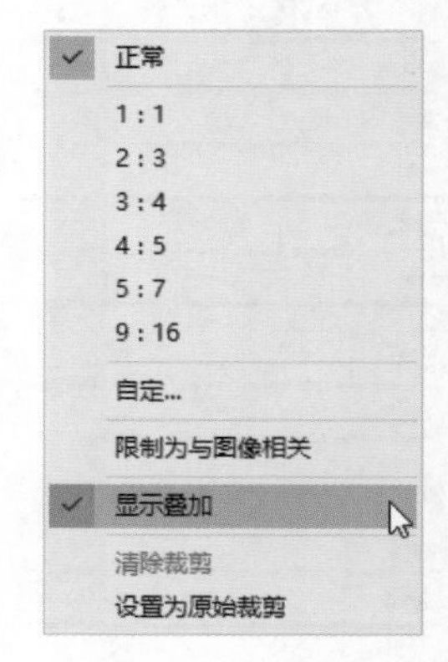

图 15.14

03 使用裁剪工具 沿着照片的边缘绘制一个裁剪框。

> 提示：对于当前照片来说，画面已经属于比较标准的三分构图，但人物主体的位置略有偏移，而且占据画面的比例较小，需要减少人物以外的区域，以进一步突出人物。

04 将光标置于四角的控制手柄上，按住 Shift 键并拖动各个控制手柄，直至人物大部分位于左侧的三分网格上，且占据画面主体位置，如图 15.15 所示。

图 15.15

05 确认得到满意的效果后，按 Enter 键，确认裁剪即可，如图 15.16 所示。如图 15.17 所示为对照片进行适当的曝光及色彩润饰后的效果。

图 15.16

图 15.17

15.6 快速校正照片曝光与色彩

在大光比环境中拍摄时，以高光或阴影区域为准进行测光，容易产生曝光不足或曝光过度的问题，此时往往需要拍摄RAW格式的照片。在Camera Raw中，主要使用“基本”选项卡中的参数，对照片的高光和暗调区域分别进行校正，并适当润饰，这也是调修RAW照片时，最基础、最常用的技术与方法，操作步骤如下。

01 打开配套素材中的文件“第 15 章\15.6-素材.dng”，如图 15.18 所示，以启动 Camera Raw。

图 15.18

02 当前照片暗部占比更大一些，而且存在曝光不足的问题，先对其进行校正处理。选择“基本”选项卡，分别拖动“阴影”和“黑色”滑块，如图 15.19 所示，以显示暗部的细节，如图 15.20 所示。

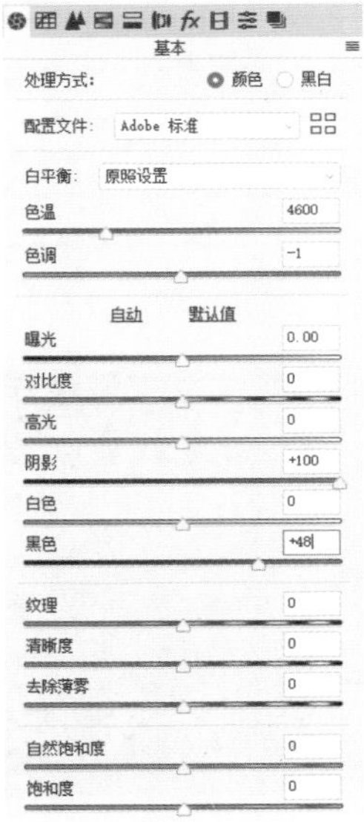

图 15.19

图 15.20

03 照片的暗部已经基本校正完毕，下面显示高光区域的细节并调整。在“基本”选项卡中分别拖动“高光”和“白色”滑块，如图 15.21 所示，以显示高光区域的细节，如图 15.22 所示。

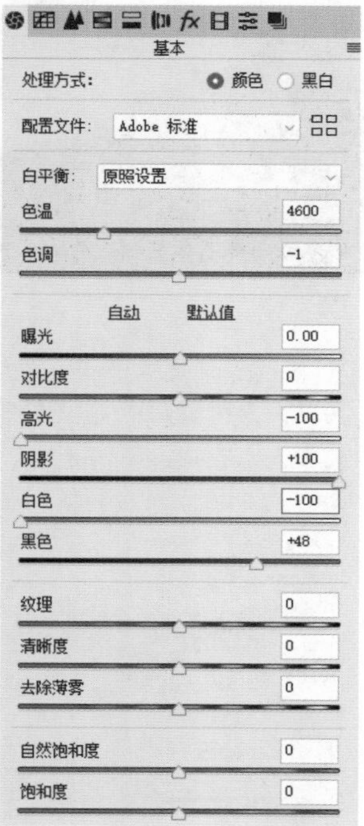

基本
处理方式：颜色 黑白
配置文件：Adobe 标准
白平衡：原照设置
色温 4600
色调 -1
自动 默认值
曝光 0.00
对比度 0
高光 -100
阴影 +100
白色 -100
黑色 +48
纹理 0
清晰度 0
去除薄雾 0
自然饱和度 0
饱和度 0

图 15.21

图 15.22

04 初步完成对暗部及高光区域的校正处理后，照片的对比度不足，且色彩偏灰暗，下面进行校正处理。在“基本”选项卡的“白平衡”下拉列表中选择“日光”选项，如图 15.23 所示，得到如图 15.24 所示的效果。

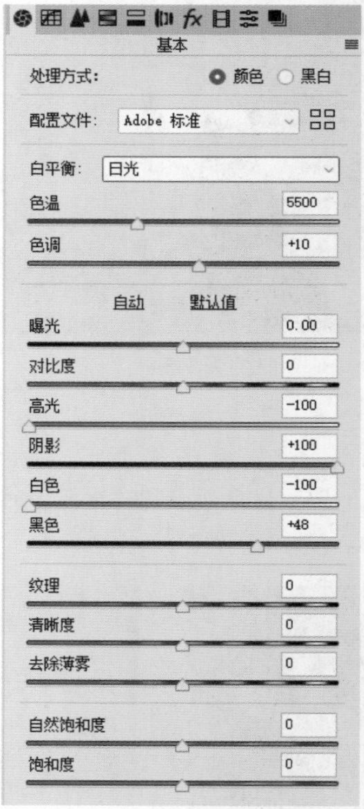

基本
处理方式：颜色 黑白
配置文件：Adobe 标准
白平衡：日光
色温 5500
色调 +10
自动 默认值
曝光 0.00
对比度 0
高光 -100
阴影 +100
白色 -100
黑色 +48
纹理 0
清晰度 0
去除薄雾 0
自然饱和度 0
饱和度 0

图 15.23

图 15.24

> 提示：也可以根据需要，直接拖动“色温”和“色调”滑块，以改变照片的色彩。

05 在“基本”选项卡中，分别调整对比度、清晰度、自然饱和度、饱和度，如图 15.25 所示，以提高照片的对比度和色彩饱和度，直至得到满意的效果为止，如图 15.26 所示。

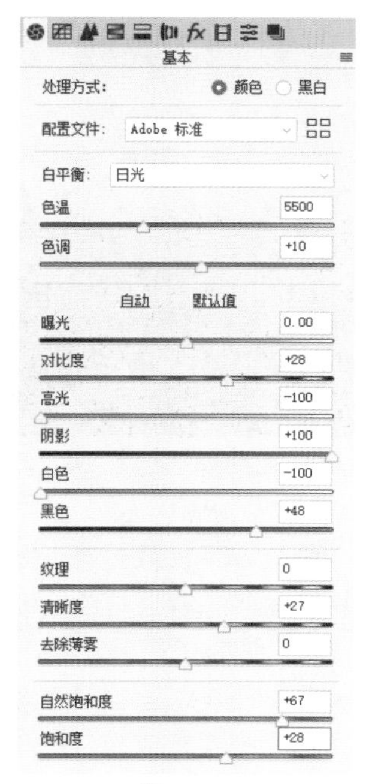

图 15.25

图 15.26

15.7 结合调整画笔与渐变滤镜工具润饰照片

调整画笔工具、渐变滤镜工具及径向渐变工具用于调整照片局部，在校正明暗分布不均匀、润饰局部色彩等方面非常有用。可以使用调整画笔工具、渐变滤镜工具，将大光比环境下拍摄的平淡照片处理为美轮美奂的风景大片，其操作步骤如下。

01 打开配套素材中的文件“第 15 章\15.7- 素材 .cr2”，如图 15.27 所示，以启动 Camera Raw。

图 15.27

提示：先调整照片整体的色彩，即对照片的白平衡进行重新定位，这关系到照片整体视觉效果的表现，也会在很大程度上影响后面的调整方式。当然，在调整过程中，也可以根据需要，适当改变。

02 在“基本”选项卡中分别拖动“色温”和“色调”滑块，如图 15.28 所示，以确定照片的基本色调，如图 15.29 所示，这里将天空中的红色云彩调整为紫红色效果。

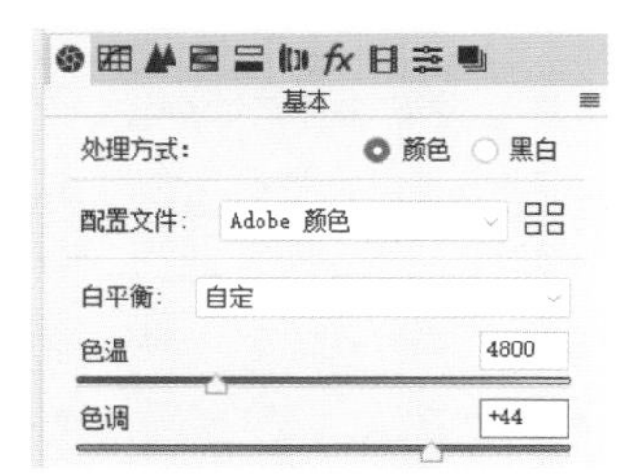

图 15.28

图 15.29

提示：在初步确定照片的基本色调后，可以开始针对照片天空过亮、地面过暗的问题进行处理。由于两者之间具有较明显的区域划分，因此可以使用渐变滤镜工具 进行调整，这也是处理此类问题的常用调整方式。

03 在顶部工具栏中选择渐变滤镜工具，并在右侧设置任意参数，然后按住 Shift 键，从顶部至中间处创建渐变（为便于观看，在右侧选中“蒙版”复选框并设置为红色，以显示调整的范围），如图 15.30 所示。

图 15.30

04 确定了调整的范围后，在右侧设置详细的参数，如图 15.31 所示，直至让天空显示足够的细节，而且色彩也更加鲜明，如图 15.32 所示。

图 15.31

图 15.32

提示：至此，不仅覆盖了天空，还进一步压暗了右下角本来就很暗的山峰，可以利用Camera Raw中的“范围遮罩”功能对此区域进行编辑。简单来说，范围遮罩就是根据照片中颜色或亮度的差异，自动创建遮罩（蒙版），以控制调整的范围，如图15.33所示。

图 15.33

05 可以使用“明亮度”范围遮罩调整当前渐变滤镜的调整范围。在右侧面板下方的“范围遮罩”下拉列表中选择“明亮度”选项，然后调整下方的参数，改变调整范围，以只调整天空区域，如图 15.34 所示，隐藏蒙版时的调整效果如图 15.35 所示。可以看出，除天空外的区域，尤其是右下角突出的山峰，已经恢复成原来较亮的效果。

图 15.34

图 15.35

06 调整好天空后，继续使用渐变滤镜工具 处理地面景物，参数设置如图 15.36 所示，得到如图 15.37 所示的效果。选择其他任意工具，以退出渐变滤镜编辑状态。

> 提示：由于前面已经使用渐变滤镜工具 对天空进行了调整，因此创建对地面调整的渐变时，会自动继承上一次的参数，此处只需要对曝光及部分调整暗部细节的参数进行修改即可。至此，照片整体的曝光已经较为均衡，该显示的细节都已显示，但整体的对比度仍不足，细节也需要进一步处理。

图 15.36

图 15.37

07 在“基本”选项卡中设置参数，如图 15.38 所示，以进一步调整照片中的细节，效果如图 15.39 所示。

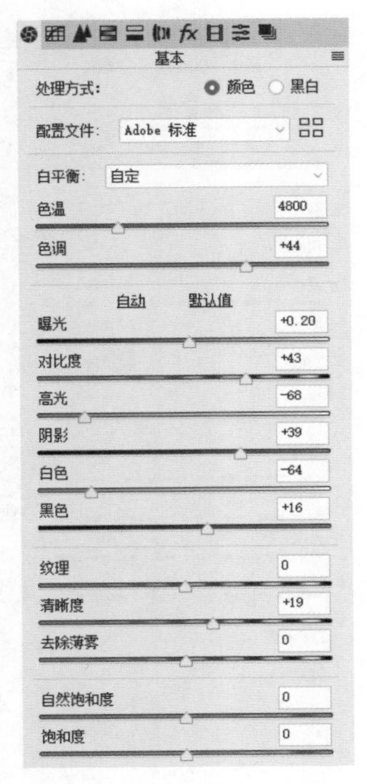

图 15.38

图 15.39

> 提示：至此，已经基本完成了照片处理，但前景处的最高山峰因受光不足会比周围景物暗，左侧中间的白色山体部分也存在类似的问题，需要进行单独处理。

08 在顶部工具栏中选择调整画笔工具，在右侧底部设置“大小”及“浓度”等参数。

09 使用调整画笔工具在最高的山峰和左侧中间的山体上涂抹，以确定调整的范围，此时将在照片中显示画笔标记，然后设置适当的参数，如图 15.40 所示，直至效果满意为止，如图 15.41 所示。

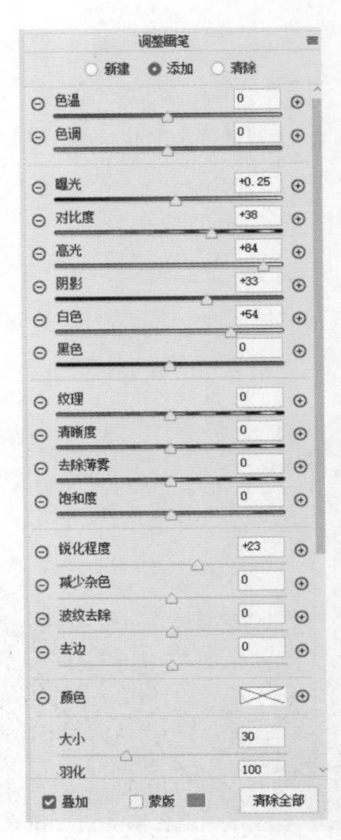

图 15.40

图 15.41

> 提示：在右侧选中“蒙版”复选框，可显示当前的调整范围。若对此范围不满意，可以按住Alt键进行涂抹，从而减小调整范围，如图15.42所示是将蒙版的颜色设置为红色时的效果。

图 15.42

15.8 优化提亮暗部后产生的大量噪点

RAW照片拥有非常高的宽容度，对曝光不足的照片来说，可以实现大幅提升亮度的处理，但与此同时，也会带来产生大量噪点的问题，本例就来讲解在Adobe Camera Raw中对提亮后照片出现的噪点进行降噪处理的方法。

01 打开配套资源中的“第 15 章\15.8- 素材 .cr2”，如图 15.43 所示，以启动 Camera Raw。

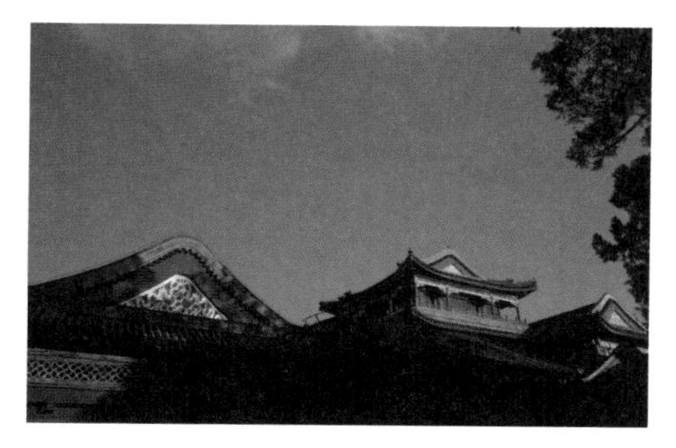

图 15.43

02 当前照片存在严重曝光不足的问题，因此裁剪照片后，来对其进行曝光方面的调整。选择“基本”选项卡，在右侧中间区域调整照片整体的曝光与对比，如图 15.44 所示，调整后的效果如图 15.45 所示。

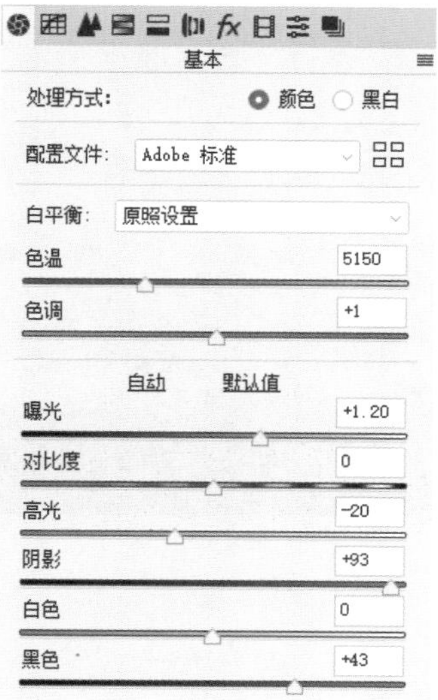

基本
处理方式:
颜色
黑白
配置文件:
Adobe 标准
白平衡:
原照设置
色温
5150
色调
+1
自动
默认值
曝光
+1.20
对比度
0
高光
-20
阴影
+93
白色
0
黑色
+43

图 15.44

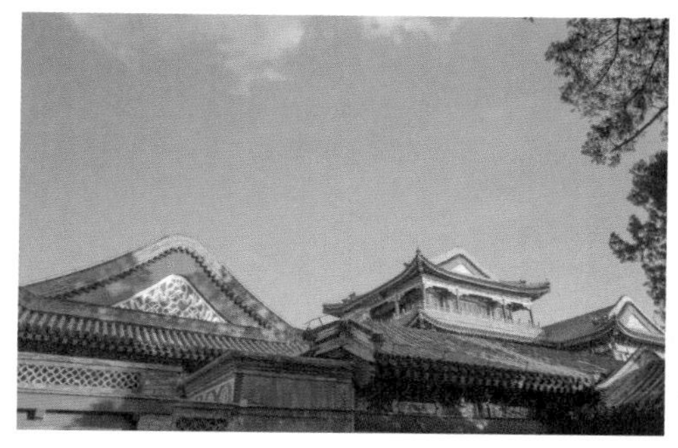

图 15.45

03 保持在“基本”选项卡中，设置清晰度及饱和度相关的参数，如图 15.46 所示，调整后的效果如图 15.47 所示。

基本
处理方式:
颜色
黑白
配置文件:
Adobe 标准
白平衡:
原照设置
色温
5150
色调
+1
自动
默认值
曝光
+1.20
对比度
0
高光
-20
阴影
+93
白色
0
黑色
+43
纹理
0
清晰度
+49
去除薄雾
0
自然饱和度
+64
饱和度
0

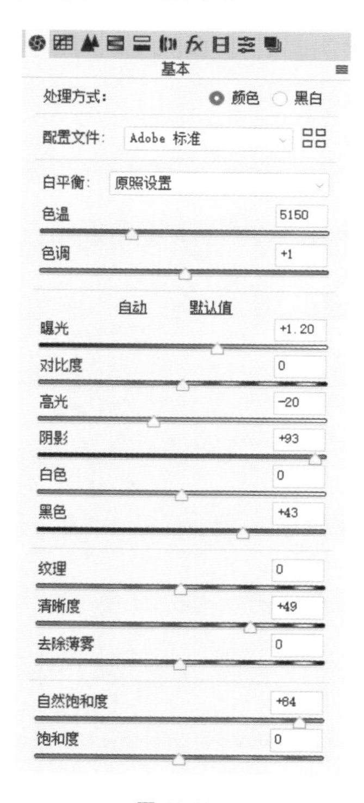

图 15.46

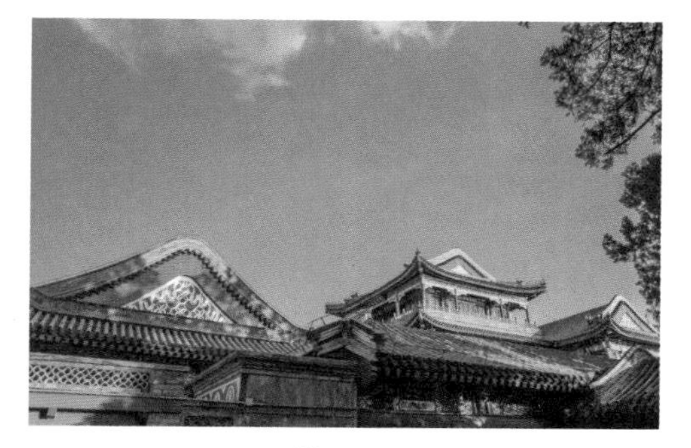

图 15.47

04 此时，放大显示比例可以看出提亮后的阴影部分显示出了较多的噪点，如图 15.48 所示。

图 15.48

05 切换至“细节”选项卡，向右侧拖动“明亮度”与“明亮度细节”滑块，以降低照片中的噪点，并尽量保留较多的细节，如图 15.49 所示。处理前后的对比效果如图 15.50 所示。

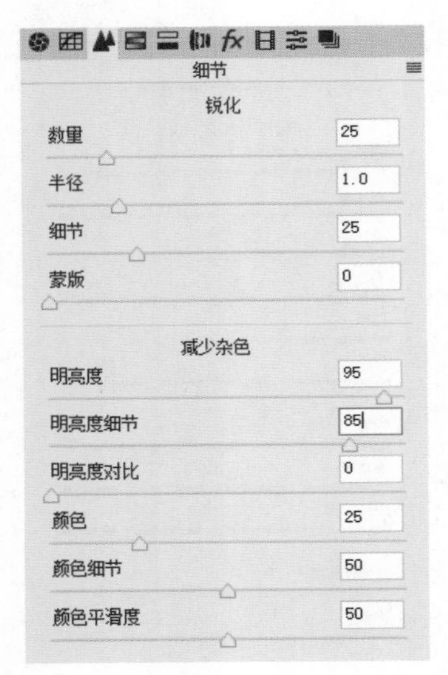

图 15.49

图 15.50

06 按照上一步的方法，再调整“颜色”与“颜色细节”滑块，以改善其中的杂色，如图 15.51 所示，处理前后对比效果如图 15.52 所示，最终效果如图 15.53 所示。

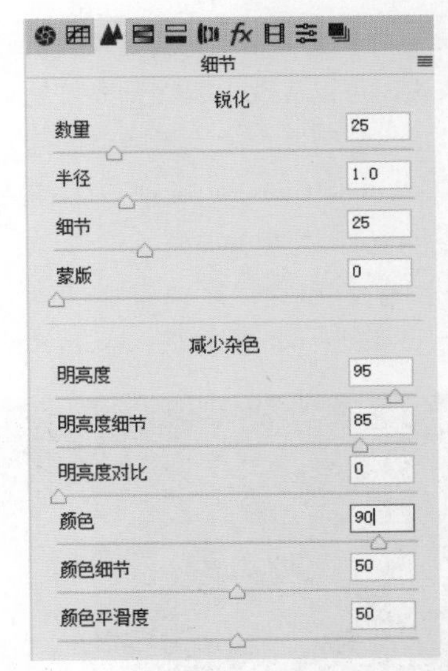

图 15.51

图 15.52

图 15.53

第16章 综合案例

16.1 电商促销横幅制作

本例设计的是商品详情页中的广告。广告通常摆放在详情页的起始处，用于展示店铺的促销信息、其他商品介绍等，常见的宽度尺寸为790像素（天猫店铺）、750像素（淘宝店铺），高度则没有具体要求，可根据设计需要进行设置或由客户指定，在本例中，具体尺寸为790像素×386像素。

01 启动 Photoshop，使用 Ctrl+N 组合键，在弹出的对话框中设置参数，如图 16.1 所示，单击“创建”按钮，创建空白文档。

图16.1

02 单击“创建新的填充或调整图层”按钮 ◐.，在弹出的菜单中执行“渐变”命令，在弹出的对话框中设置参数，如图 16.2 所示，得到如图 16.3 所示的效果，同时得到图层“渐变填充 1”。

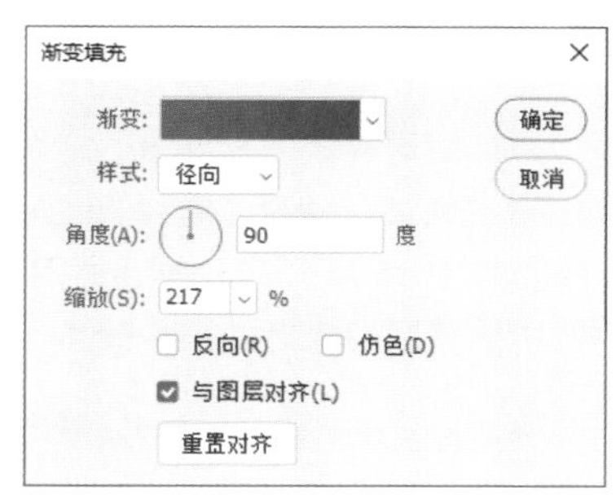

图16.2

图16.3

> 提示：在“渐变填充”对话框中，所使用渐变的各个色标的颜色值从左至右依次为a922e1和540887。

03 选择横排文字工具 T.，在文档中输入文字“满1000 返 3%”，其中文字“满 1000 返”的颜色为白色，其他属性设置如图 16.4 所示；文字 3% 的颜色值为 fff600，其他属性设置如图 16.5 所示。设置完成后确认输入并适当调整文字的位置，如图 16.6 所示，同时得到对应的文字图层。

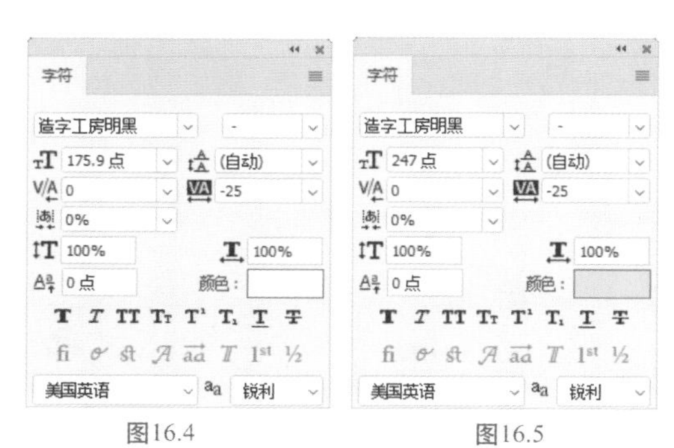

图16.4　　图16.5

图16.6

04 下面为文字增加立体感及发光等特殊效果。单击“添加图层样式”按钮fx.，在弹出的菜单中执行“斜面和浮雕”命令，在弹出的对话框中设置参数，如图 16.7 所示，然后选择“投影”和“外发光”图层样式并分别设置参数，如图 16.8 和图 16.9 所示，得到如图 16.10 所示的效果。

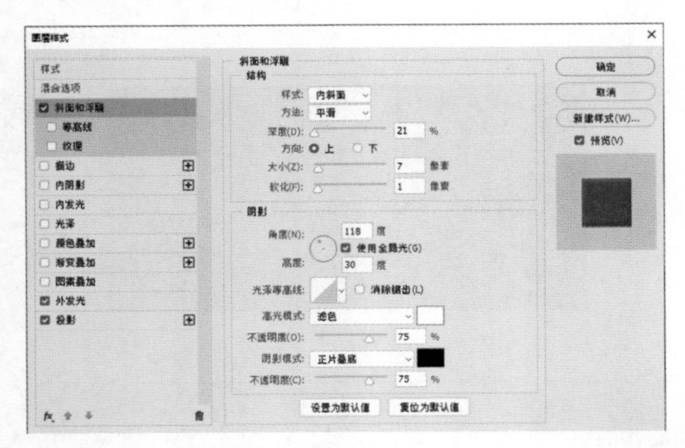

图16.7

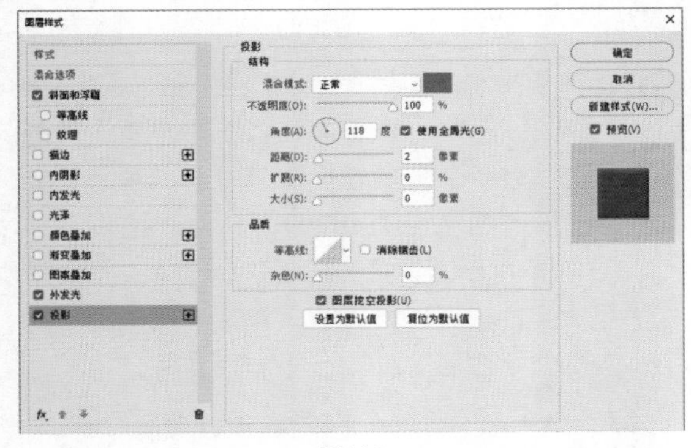

图16.8

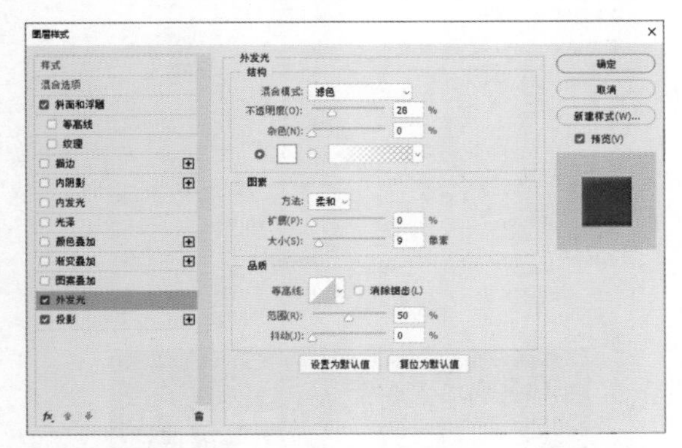

图16.9

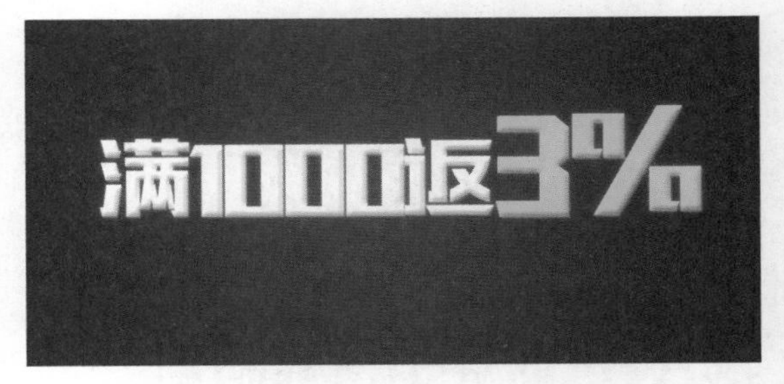

图16.10

05 下面进一步增加文字的层次。复制文字图层“满 1000 返 3%”得到“满 1000 返 3% 拷贝”，并将其移至“满 1000 返 3%”下方，在“字符”面板中将整个文字图层中的文字颜色修改为 b5248c，然后向右下方移动一些，得到如图 16.11 所示的效果，此时的“图层”面板如图 16.12 所示。

图16.11

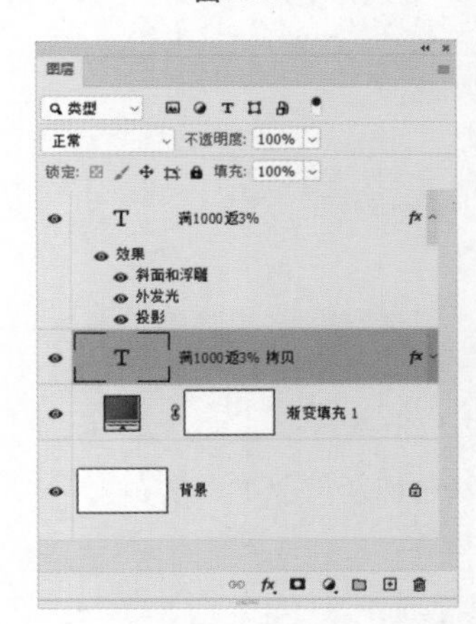

图16.12

06 单击“添加图层样式”按钮fx.，在弹出的菜单中执行“描边”命令，在弹出的对话框中设置参数如图 16.13 所示，得到如图 16.14 所示的效果。其中颜色块的颜色值为 470f5f。

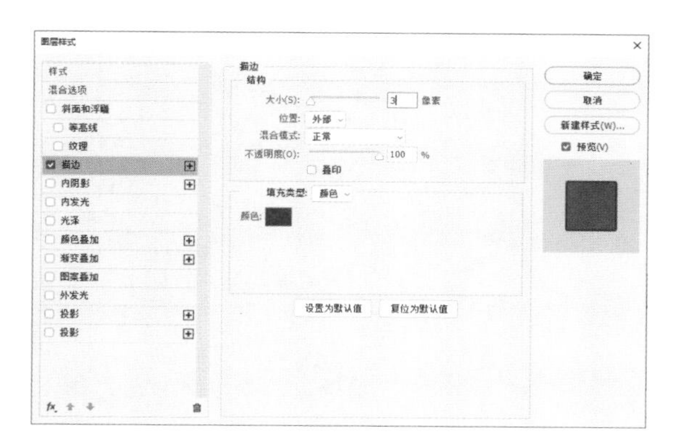

图16.13

图16.14

07 下面制作其他文字效果。选择横排文字工具 T.，在文档中输入文字“现场下现场返”，其中文字颜色的颜色值为 27edf9，其他属性设置如图 16.15 所示。设置完成后确认输入并适当调整文字的位置，如图 16.16 所示，同时得到对应的文字图层。

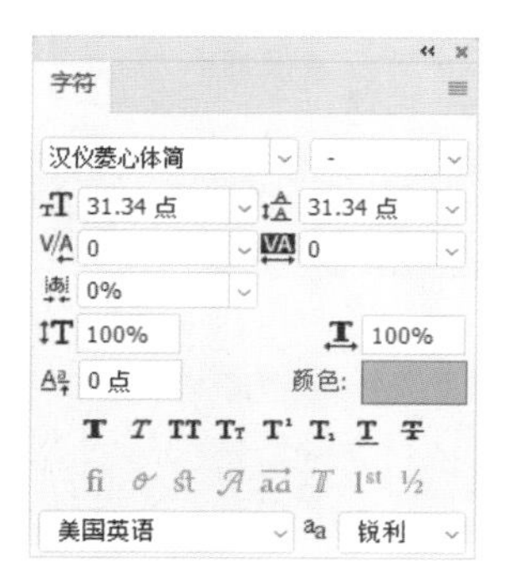

图16.15

图16.16

08 单击“添加图层样式”按钮 fx.，在弹出的菜单中执行“描边”命令，在弹出的对话框中设置参数，如图 16.17 所示，得到如图 16.18 所示的效果。其中颜色块的颜色值为 470f5f。

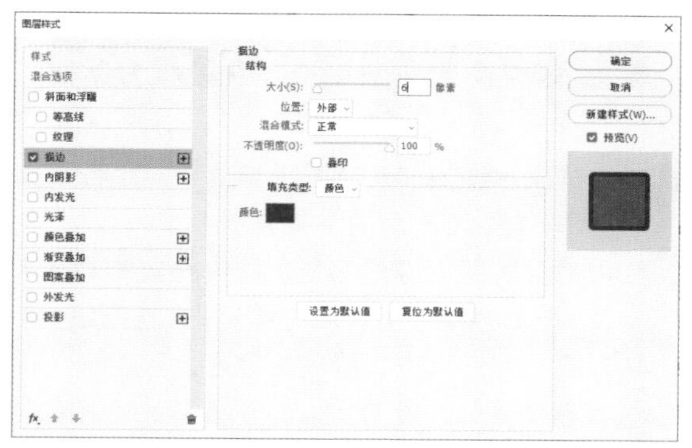

图16.17

图16.18

09 下面在描边后的文字下方进行涂抹。新建得到“图层 1”并将其拖至文字图层“现场下现场返”下方。设置前景色的颜色值为 3d0c54，选择画笔工具 ✓.并设置适当的画笔大小及不透明度，在文字下方涂抹，得到如图 16.19 所示的效果。

10 按照步骤 09 的方法在文档下方中间处输入文字“正式定单定金满 1000 返现 3%”，如图 16.20 所示。

图16.19

图16.20

11 选择文字图层“现场下现场返”，执行“文件”|“置入嵌入的智能对象”命令，在弹出的对话框中打开配套素材中的文件“第16章\16.1\素材1.ai”，在弹出的“打开智能对象”对话框中直接单击“确定”按钮，然后调整其大小及位置，如图16.21所示。按Enter键，确认置入素材，并将对应的图层名称修改为“图层2”，此时的“图层”面板如图16.22所示。

图16.21

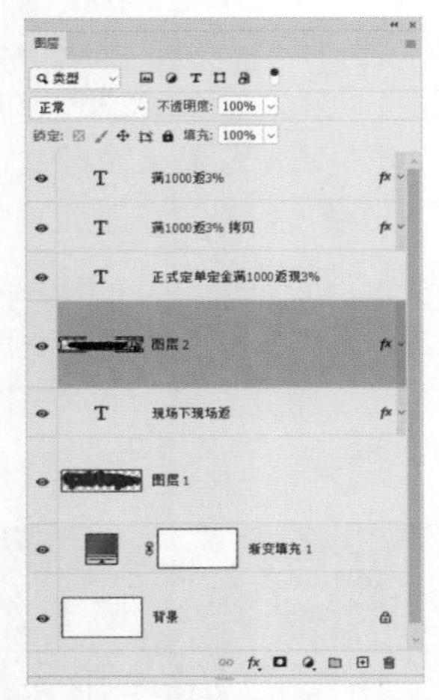

图16.22

12 单击“添加图层样式”按钮fx，在弹出的菜单中执行“颜色叠加”命令，在弹出的对话框中设置参数，如图16.23所示，得到如图16.24所示的效果。其中颜色块的颜色值为ff2cd3。

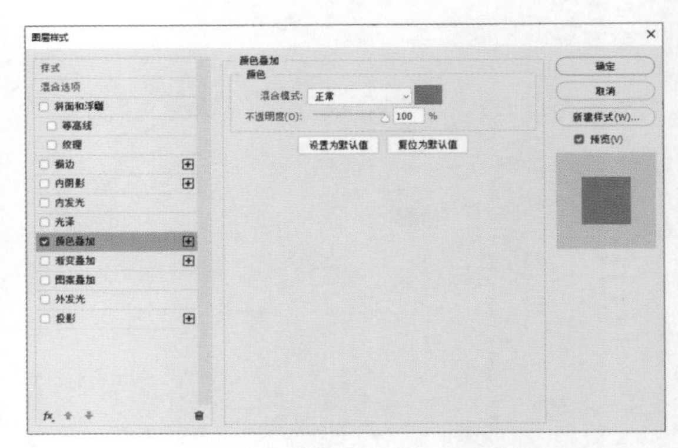

图16.23

图16.24

13 下面为主体文字的空白处增加一些装饰色。选择文字图层“满1000返3% 拷贝”，新建得到“图层3”。选择矩形工具并在其工具选项栏上选择“像素”选项，分别设置前景色的颜色值为0af1ad、ff49b7、3ceff9和01ff16，然后在主题文字的3个“0”和“%”处绘制图形，得到如图16.25所示的效果。如图16.26所示是仅显示“图层3”时的状态。

图16.25

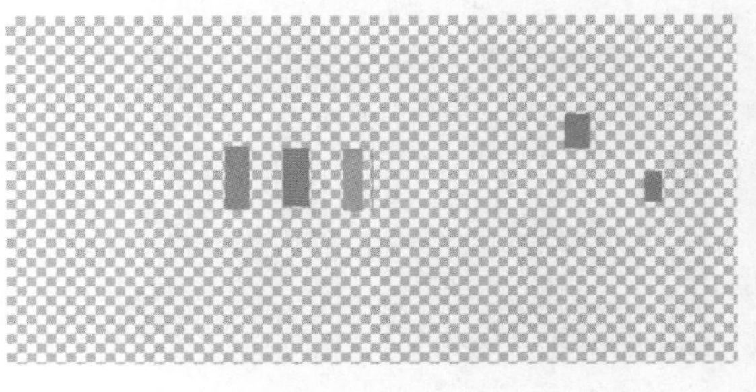

图16.26

> 提示：广告的主体图像已经基本完成，下面绘制一些装饰元素，使画面变得更加丰富。

14 设置前景色的颜色值为 31ece2，选择钢笔工具 ，在其工具选项栏上选择“形状”选项及“合并形状”选项，在画布中绘制一个三角形，如图 16.27 所示，同时得到对应的图层“形状 1”。

图16.27

15 使用路径选择工具 选中上一步绘制的路径，使用 Ctrl+C 组合键进行复制，使用 Ctrl+V 组合键进行粘贴，使用直接选择工具 分别选择三角形的各个节点并向内拖动，再在工具选项栏上设置其运算模式为“减去顶层形状”，得到如图 16.28 所示的效果。

图16.28

16 单击“添加图层样式”按钮 ，在弹出的菜单中执行“投影”命令，在弹出的对话框中设置参数，如图 16.29 所示，得到如图 16.30 所示的效果。其中颜色块的颜色值为 00575f。

17 复制“形状 1”得到“形状 1 拷贝”，使用 Ctrl+T 组合键，调出自由变换控制框，按住 Shift 键，将其缩小并适当旋转一定角度，然后置于文档右上角的位置，按 Enter 键，确认变换，得到如图 16.31 所示的效果。

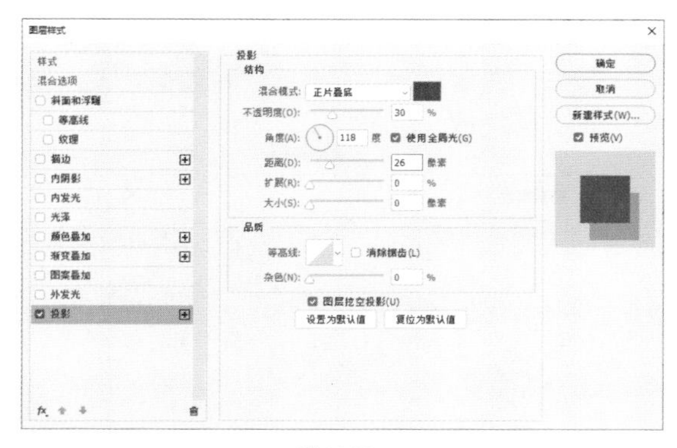

图16.29

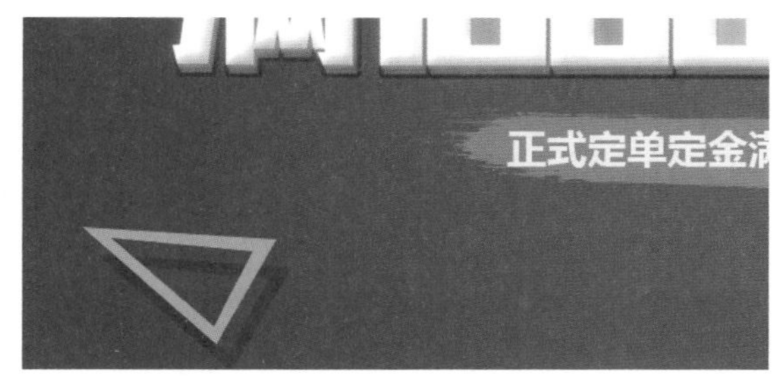

图16.30

图16.31

18 按照上一步的方法，再把“形状 1”复制 3 次并调整大小及位置，将其中 2 个的颜色值修改为 ff2bc9，得到如图 16.32 所示的效果。

图16.32

19 选中右上角的大三角形所在的图层，并将其转换为智能对象图层，然后执行“滤镜”|“模糊”|“高斯模糊”命令，在弹出的对话框中

设置参数，如图 16.33 所示，单击“确定”按钮，得到如图 16.34 所示的效果，使画面更有层次感。

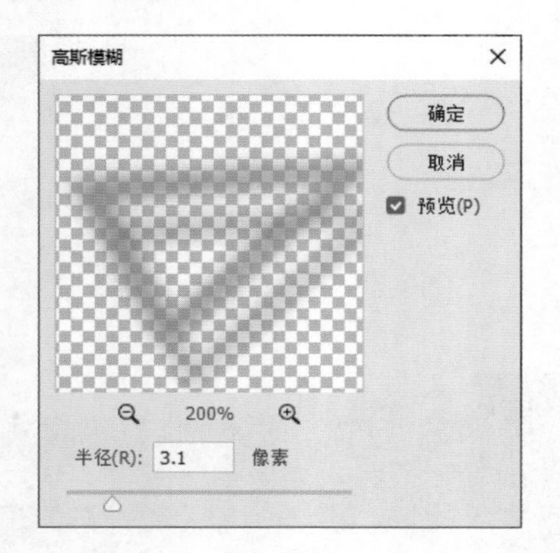

图16.33

图16.34

20 按照上述方法，分别绘制其他装饰元素，如圆环、彩带及圆形等，并适当调整元素的大小、颜色及位置等，得到如图 16.35 所示的最终效果，此时的“图层”面板如图 16.36 所示。

图16.35

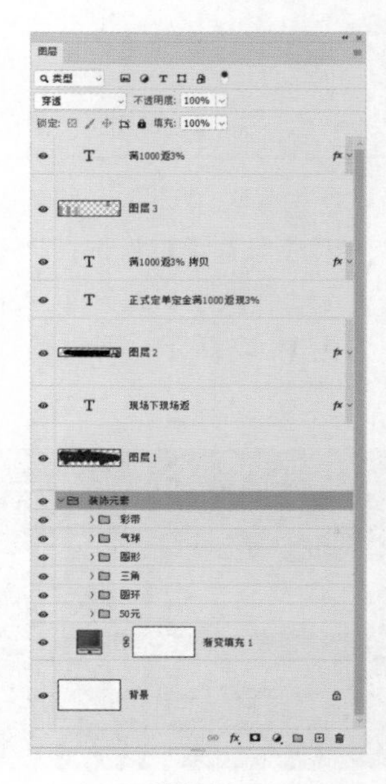

图16.36

提示：至此，广告已经设计完毕，下面将其导出为JPG格式文件。为了便于以后在工作中快速导出，本例将对Photoshop及相关导出功能进行设置。

21 执行“编辑”|“首选项”|“导出”命令，在弹出的对话框中设置参数，如图 16.37 所示。JPG 格式是网络中使用最为广泛的图片格式，“品质”设置为 80（最大值为 100），可以对图片进行适当压缩，但基本不影响视觉效果。选中“将文件导出到当前文件夹旁的资源文件夹”单选按钮，在快速导出时可以在当前文档所在文件夹下方创建一个“文件名 +-assets”的子文件夹，并将快速导出的文件保存在该子文件夹中。

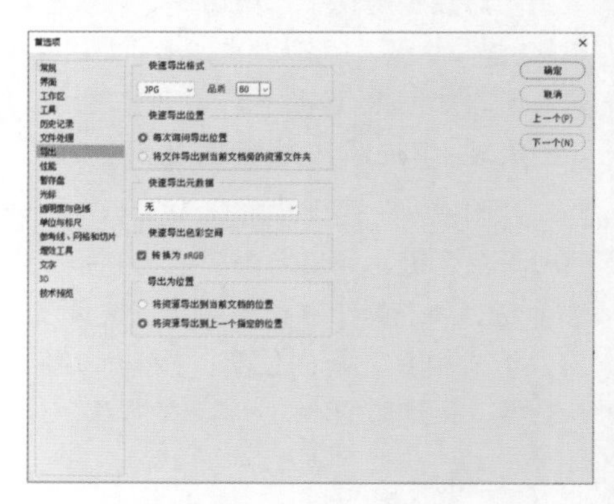

图16.37

22 执行“文件”|“导出”|“快速导出为 JPG”命令，即可按照设定的参数导出 JPG 图片，成功导出后会自动打开文件所在的文件夹。

> 提示：只有在“首选项”|“导出”对话框中选择了JPG选项，才会显示“快速导出为JPG”命令，默认情况下显示的是“快速导出为PNG”命令。也可以直接执行“文件”|“存储为”命令，在弹出对话框的“保存类型”列表中选择“JPEG选项”并保存，然后在“JPEG选项”对话框中将“品质”设置为10（最大值为12）即可，如图16.38所示。

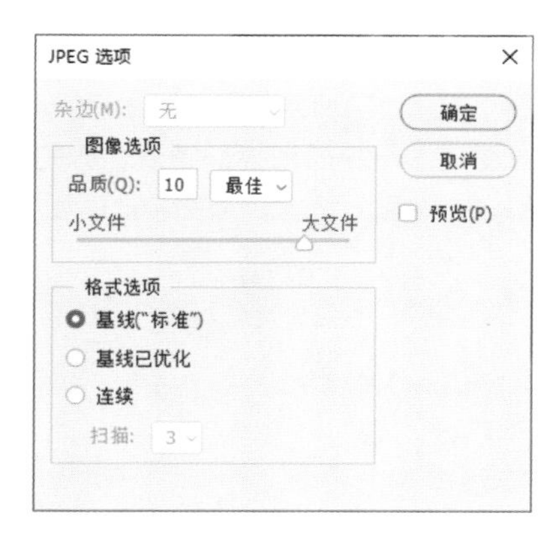

图16.38

16.2 日系餐具网店详情页设计

本例设计的是日系餐具的网店详情页。此详情页主要用于展示餐具的设计理念、尺寸规格等，根据展示内容的不同，分为首屏图及几大部分的详细介绍。为便于管理和设计，本例将按照首屏图及详细介绍的各部分，将内容分置于各个画板上。本例详情页的宽度为790像素，高度通常没有严格限制，可根据设计需要进行设置。

01 启动 Photoshop，使用 Ctrl+N 组合键，在弹出的“新建”对话框中选中“画板”选项，并设置参数，如图 16.39 所示。单击“确定”按钮，即可创建新的空白文档，如图 16.40 所示，此时的“图层”面板如图 16.41 所示。

图16.39

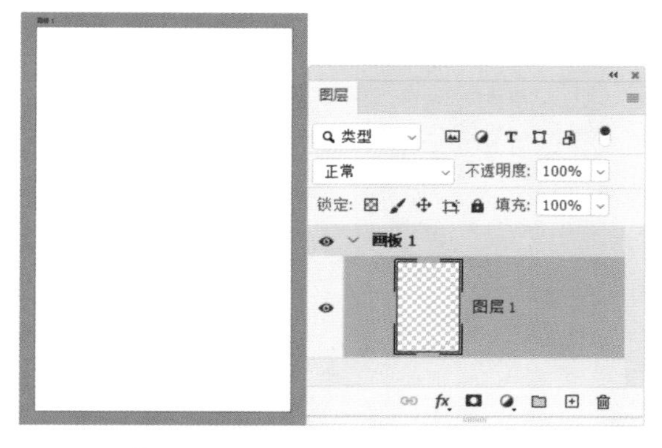

图16.40 图16.41

02 打开配套素材中的文件“第 16 章\16.2\素材1.jpg”，选择移动工具 ，按住 Shift 键将素材拖至新建文档中，得到“图层 2”。使用 Ctrl+T 组合键，调出自由变换控制框，将光标置于控制框的任意一角，按住 Shift 键对图像进行等比例缩放，使其覆盖整个画板，如图 16.42 所示，再按 Enter 键，确认变换操作。

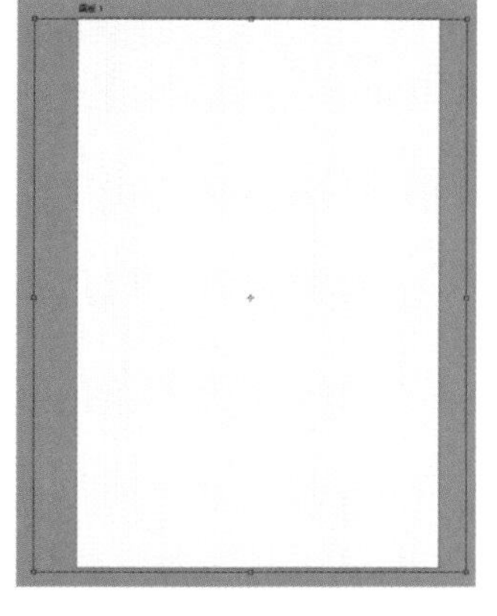

图16.42

03 下面在画板中绘制两个线形边框。选择矩形工具□，在其工具选项栏上选择“形状”选项及“合并形状”选项，然后在画布中绘制矩形，如图 16.43 所示，同时得到图层“矩形 1”。

04 在工具选项栏上设置矩形的填充色为无，描边色为 99ccf2，粗细为 2 像素，得到如图 16.44 所示的效果。设置“矩形 1”的不透明度为 50%，得到如图 16.45 所示的效果。

图16.43

图16.44

05 复制“矩形 1”得到“矩形 1 拷贝”，使用 Ctrl+T 组合键，调出自由变换控制框，将光标置于控制框的任意一角，按住 Alt 键对图像进行向内收缩处理，再按 Enter 键，确认变换操作，得到如图 16.46 所示的效果。

图16.45

图16.46

06 按照步骤 02 的方法，打开配套素材中的文件“第 16 章\16.2\素材 2.psd”，将素材拖至本例的文档中，得到“图层 3”，并置于画板的下方，如图 16.47 所示，此时的“图层”面板如图 16.48 所示。

图16.47

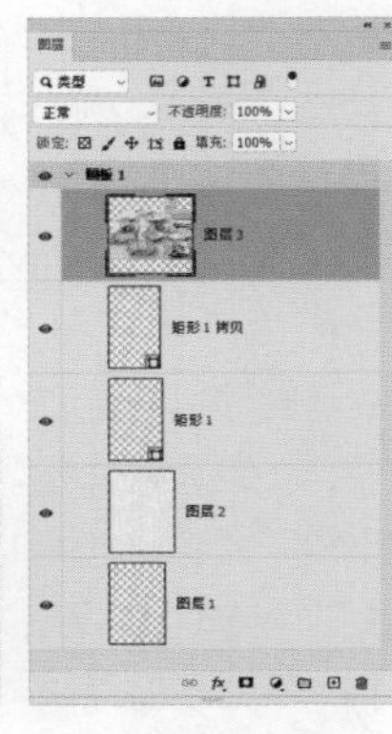
图16.48

07 打开配套素材中的文件“第 16 章\16.2\素材 3.psd”，将素材拖至本例的文档中，得到“图层 4”，并置于画板的左上方，如图 16.49 所示。

08 复制“图层 3”两次，结合自由变换功能，改变复制图层中的图像的角度，分别置于画板的右上方和右下方，如图 16.50 所示。

图16.49

图16.50

09 下面绘制用于放置主体文字的装饰圆环。选择矩形工具□，在其工具选项栏上选择“形状”选项及“合并形状”选项，然后按住 Shift 键在画布中绘制一个正圆，如图 16.51 所示，同时得到图层“椭圆 1”。

图16.51

10 在工具选项栏上设置椭圆的填充色为无，描边色的颜色值为 434343，粗细为 3 像素，得到如图 16.52 所示的效果，此时的“图层”面板如图 16.53 所示。

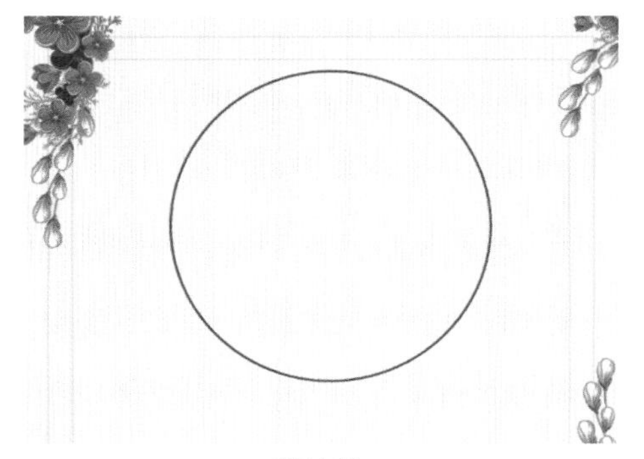

图16.52

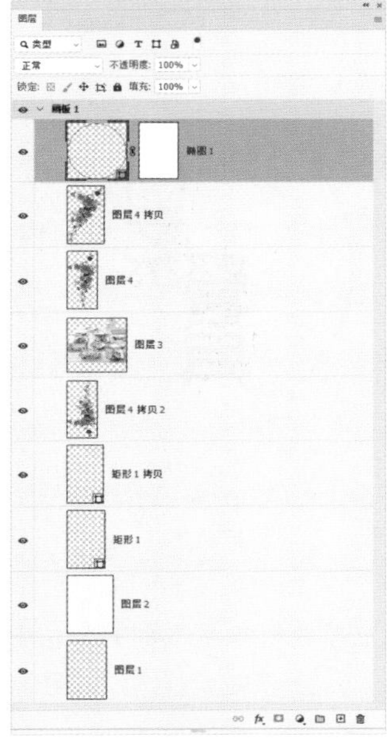

图16.53

11 单击“添加图层蒙版”按钮◘，为“椭圆 1”添加图层蒙版，设置前景色为黑色，选择画笔工具🖌，设置适当的画笔大小及不透明度等参数，如图 16.54 所示。

图16.54

12 使用画笔工具🖌在右上方和左下方的圆环上上涂抹，以隐藏相应区域的图像，如图 16.55 所示。

图16.55

13 复制“椭圆 1”得到“椭圆 1 拷贝”，使用 Ctrl+T 组合键，调出自由变换控制框，使用 Alt+Shift 组合键，向内适当缩小，并顺时针旋转一定角度，使两个圆环之间有呈错落状态，按 Enter 键，确认变换操作，得到如图 16.56 所示的效果。

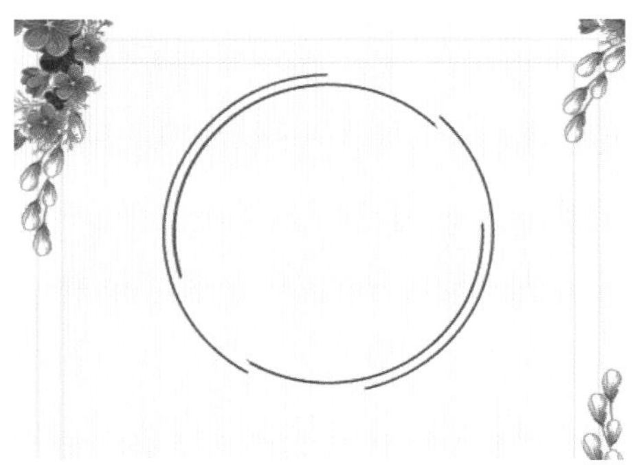

图16.56

14 选择椭圆工具○，在其工具选项栏上设置“椭圆 1 拷贝”中圆形的描边粗细为 1 像素，得到如图 16.57 所示的效果。

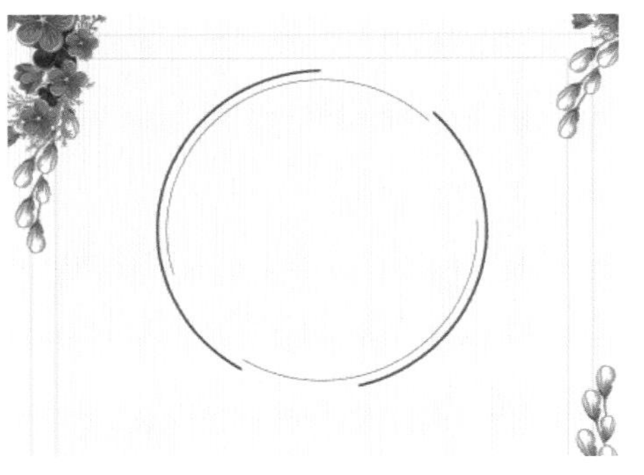

图16.57

15 下面制作圆环内部的主体文字及装饰元素。选择横排文字工具 T，在其工具选项栏上设置适当的字体、字号等参数，在圆环内部分别输入文字“日”“系”“餐”“具”，并适当调整位置，如图 16.58 所示，同时得到对应的文字图层。

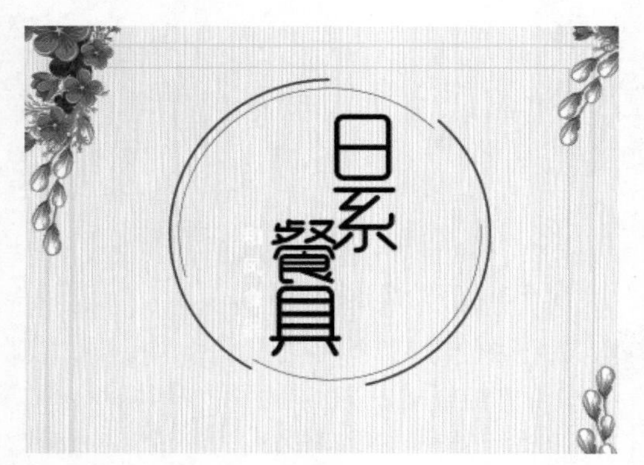

图16.58

16 为了便于为 4 个文字图层统一添加阴影，下面将 4 个文字图层选中，并使用 Ctrl+G 组合键，将其编组，得到“组 1”，此时的“图层”面板如图 16.59 所示。

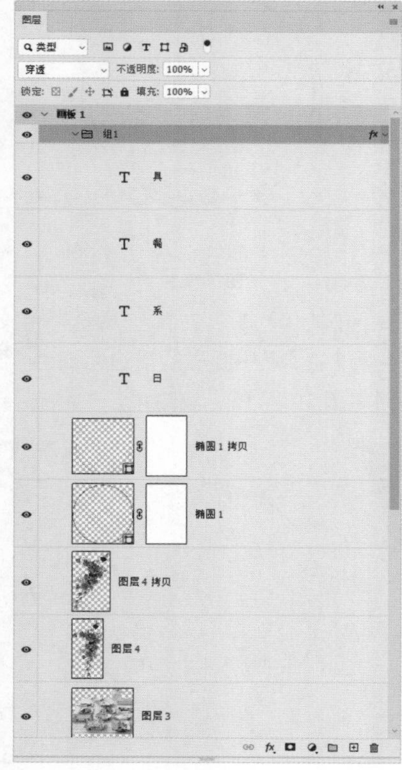

图16.59

17 单击“添加图层样式”按钮 fx，在弹出的菜单中执行“投影”命令，在弹出的对话框中设置参数，如图 16.60 所示，得到如图 16.61 所示的效果，其中颜色块的颜色值为 ccc5c5。

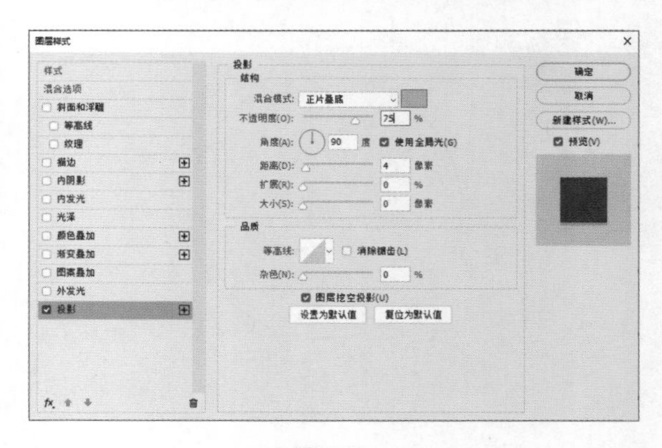

图16.60

图16.61

18 打开配套素材中的文件“第 16 章\16.2\素材 4.psd”，将素材拖至本例的文档中，得到“图层 5”，并置于文字上方，如图 16.62 所示。设置“图层 5”的混合模式为“滤色”，得到如图 16.63 所示的效果。

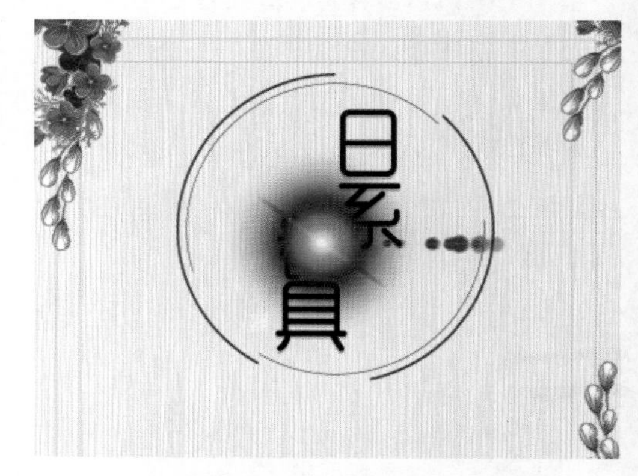

图16.62

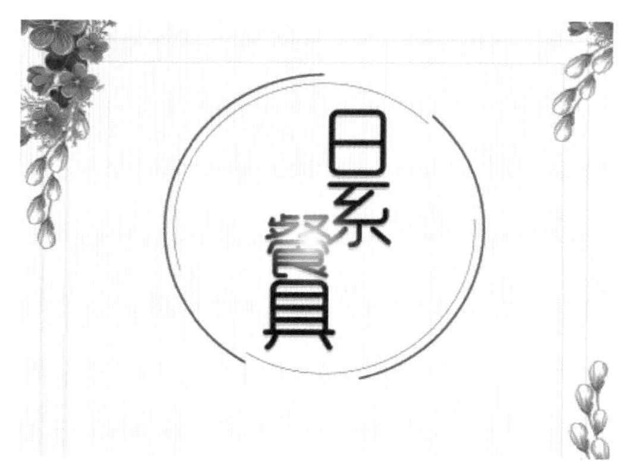

图16.63

19 按照步骤 09 的方法，在文字“餐具”左侧绘制一个红色正圆，其填充色的颜色值为 e00534，得到如图 16.64 所示的效果。

图16.64

20 使用路径选择工具 选中圆形路径，使用 Ctrl+Alt+T 组合键，调出自由变换并复制控制框，将光标置于控制框内并按住 Shift 键向下拖动，如图 16.65 所示。按 Enter 键，确认变换，同时得到其复制对象。

图16.65

21 连续使用 Ctrl+Alt+Shift+T 组合键，执行连续变换并复制操作两次，直至得到如图 16.66 所示的效果。

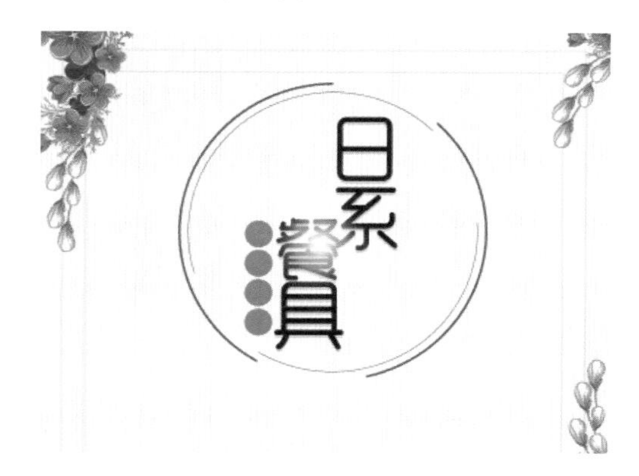

图16.66

22 按照步骤 15 的方法，在红色圆形及主体文字周围输入其他说明文字，直至得到如图 16.67 所示的效果。

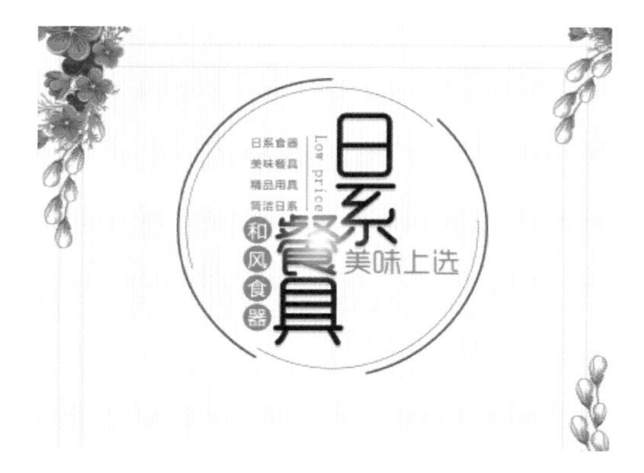

图16.67

23 打开配套素材中的文件“第 16 章\16.2\素材 5.psd”，并将两个素材移至本例的文档中，置于圆环内部，如图 16.68 所示。

图16.68

> 提示：若形状选择框中没有“波浪”形状，可以在形状选择框中单击右上方的设置按钮⚙，在弹出的菜单中执行“全部”命令，然后单击“确定”按钮即可。

24 打开配套素材中的文件“第 16 章\16.2\素材 6.psd”和“第 16 章\16.2\素材 7.psd”，并将两个素材移至本例的文档中，分别置于圆环内部，如图 16.69 所示。

图16.69

25 选择直线工具，在其工具选项栏上设置“宽度”为 2 像素，分别在圆环周围绘制 4 条装饰斜线，并在下方输入说明文字，如图 16.70 所示。

图16.70

26 至此，详情页的首屏已经设计完毕，接下来可以创建新的画板。在“图层”面板中选中“面板 1”后，当前面板会显示创建面板控件，在本例中，可以单击右侧的控件，创建新画板，如图 16.71 所示。

27 在选中画板时，可以像执行变换操作一样，拖动其周围的控制手柄改变画板的大小，如图 16.72 所示是向下增加画板尺寸后的效果。也可以在工具选项栏中输入宽度和高度的具体数值。

图16.71

图16.72

28 创建画板后，可以在其中继续添加其他详细介绍的内容。在本例中，详细介绍的内容较为简单，以图片展示和文字说明为主，故不再详细讲解，如图 16.73 所示是设计完成后的效果，对应的“图层”面板如图 16.74 所示。

图16.73

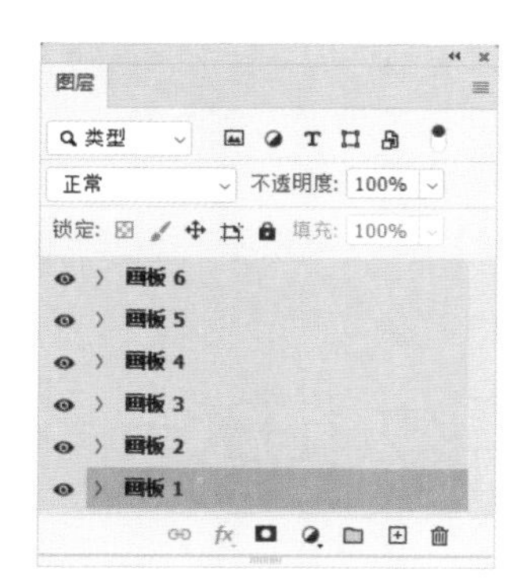

图16.74

29 按照 16.1 节的方法，将每个画板导出为一个 jpg 格式的文件。

> 提示：如果单个文件过大，会导致图片加载过慢。对于个别过大的文件，可将其裁剪为两个或多个文件，以降低单个文件的大小，通常单个文件控制在500KB以内即可。

16.3 玫瑰花水广告设计

本例设计的是玫瑰香水，结合产品包装的颜色，画面采用了以粉色玫瑰花瓣为主的设计，以贴合并凸显产品的特点。此外，广告中还融合了白色的飘带图像，结合一些精致的装饰图形，使整体的视觉效果更加柔美、富有高雅的气质。

在字体的设计上，也尽量贴合广告整体要表达的氛围，因此采用了线条较为纤细、美观、贴合女性特质的字体，使广告整体看来更加协调、美观。

01 打开“第 16 章\16.3\素材 1.jpg”，作为本广告设计的背景，如图 16.75 所示。

02 打开“第 16 章\16.3\素材 2.png”，使用移动工具 将其拖至本例操作的文件中，得到“图层 1”。使用 Ctrl + T 键调出自由变换控制框，按住 Shift 键适当调整其大小并置于广告的左上方位置，如图 16.76 所示。按 Enter 键确认变换操作。

图16.75

图16.76

03 单击添加图层蒙版按钮 为“图层 1”添加蒙版，选择渐变工具 ，在其工具选项条中选择线生渐变按钮 ，并在渐变编辑器中新建一个黑白渐变，如图 16.77 所示。

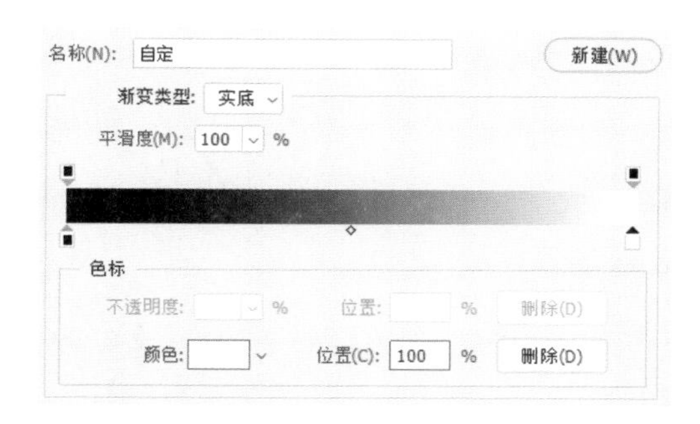

图16.77

04 使用渐变工具 从图像的右下方向左上方拖动以绘制渐变，如图 16.78 所示。以隐藏花朵右下的部分图像，如图 16.79 所示。按住 Alt 键单击“图层 1”的图层蒙版缩略图，可以查看其中的状态，如图 16.80 所示，此时的“图层”面板如图 16.81 所示。

图16.78　　图16.79

图16.80　　图16.81

05 下面开始制作广告的主题文字。选择横排文字工具 T，在文档中输入文字“玫瑰”，并在“字符”面板中设置其属性，如图 16.82 所示，设置完成后确认输入并适当调整其位置，如图 16.83 所示，同时得到一个对应的文字图层。

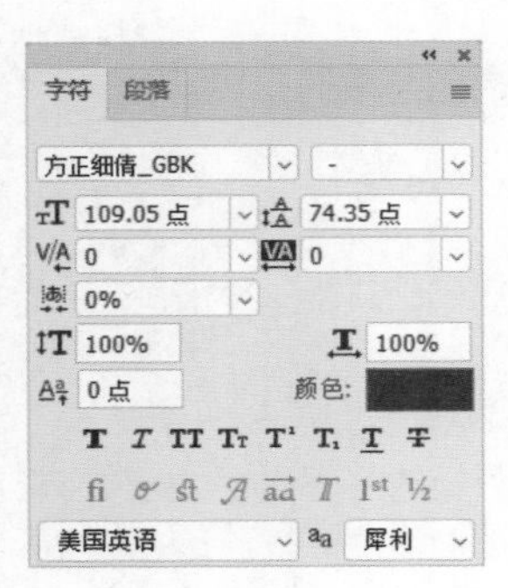

图16.82　　图16.83

06 按照上一步的方法，再输入略小的文字“花水”，适当调整其位置，直至得到类似如图 16.84 所示的效果。

图16.84

07 下面继续添加玫瑰花瓣装饰图像。打开“第 16 章\16.3\素材 3.png”，使用移动工具 ✥ 将其拖至本例操作的文件中，得到“图层 2”。使用 Ctrl + T 键调出自由变换控制框，适当调整其大小及角度，然后置于“花水”文字的右侧，如图 16.85 所示。按 Enter 键确认变换。

图16.85

08 下面为花瓣增加一些动感效果。复制“图层 2”得到“图层 2 拷贝”并将其置于“图层 2”的下方，再将其中的图像向右上方移动一些，如图 16.86 所示。

图16.86

09 选择“滤镜－模糊－动感模糊”命令，在弹出的对话框中设置参数，如图 16.87 所示，单击“确定”按钮退出对话框，以增加动感效果。

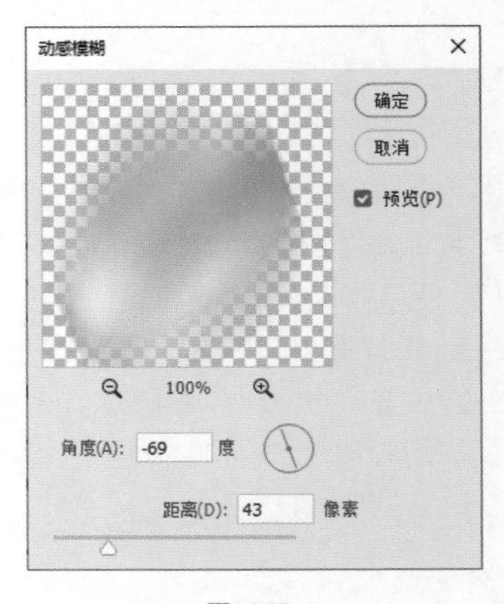

图16.87

10 设置“图层 2 拷贝”的不透明度为 78%，得到如图 16.88 所示的效果。

图16.88

11 复制“图层 2”得到“图层 2 拷贝 2”，将结合变换功能将其移至文字的左下方，并设置其不透明度为 40%，得到如图 16.89 所示的效果。

图16.89

12 按照本例第 7 步的方法，打开“第 16 章\16.3\素材 4.png”中的图像移至“瑰”字的上方作为装饰，同时得到“图层 3”，如图 16.90 所示，此时的“图层”面板如图 16.91 所示。

图16.90

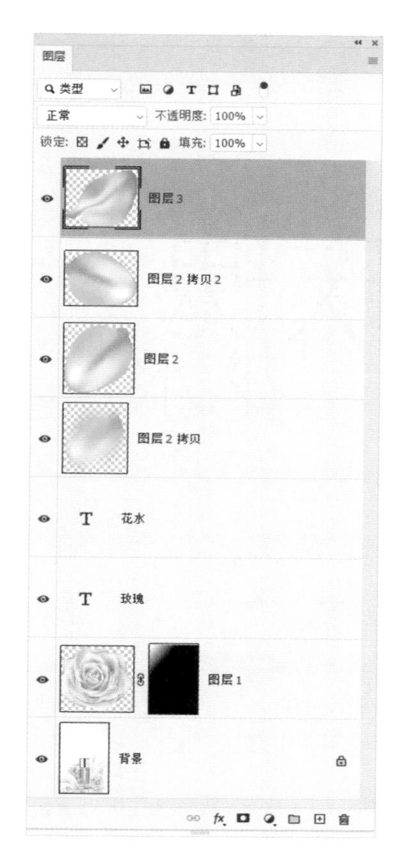

图16.91

13 下面绘制一些装饰的图形及说明文字。设置前景色的颜色值为 ef9ba3，选择椭圆工具 ○，在其工具选项栏上选择“形状”选项及“合并形状”选项，如图 16.92 所示，然后在画布中按住 Shift 键绘制正圆，如图 16.93 所示，同时得到一个图层“椭圆 1”。

图16.92

图16.93

14 使用移动工具 ✥ 使用 Alt+Shift 键向右侧拖动图形 2 次，以复制得到两个拷贝对象，并按照类似如图 16.94 所示的效果进行排列。

图16.94

15 按照本例第 5 步的方法，输入相关的文字并设置其属性，直至得到类似如图 16.95 所示的效果。

图16.95

16 下面继续绘制一些装饰图形。选择直线工具 ⁄ 并在其工具选项栏中设置参数，如图 16.96 所示。使用直线工具 ⁄ 在主题文字左下方绘制一条斜线，同得到图层“形状 1”。

17 选择椭圆工具 ○ 并在其工具选项栏中设置参数，如图 16.97 所示。使用椭圆工具 ○ 在主题文字左下方绘制一个圆框，如图 16.98 所示，同时得到图层“椭圆 2”。

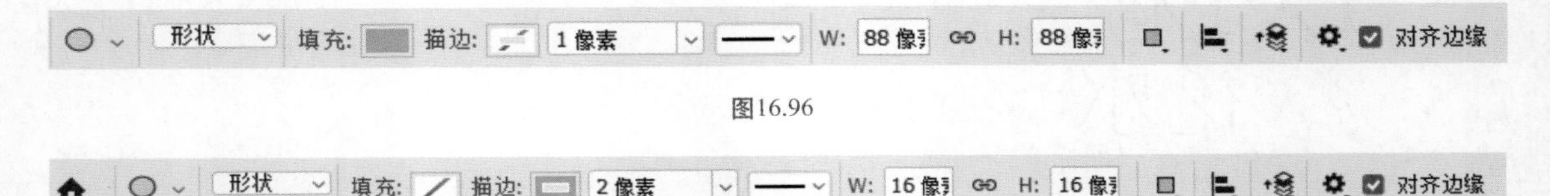

图16.96

图16.97

图16.98

18 选中图层“形状 1”和“椭圆 2”并复制这两个图层，得到“形状 1 拷贝”和“椭圆 2 拷贝”（此时这两个图层处于选中状态），选择“编辑－变换－旋转 180 度”命令，并将其移至主题文字的右上方，得到类似如图 16.99 所示的效果。

图16.99

19 按照本例第 5 步的方法，再输入一些说明文字即可，如图 16.100 所示，此时的“图层”面板如图 16.101 所示。

图16.100

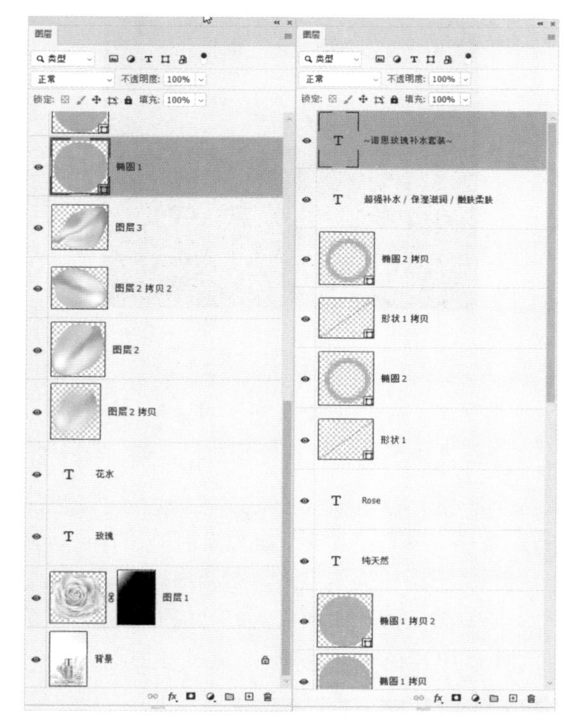

图16.101

16.4 鲜辣鱼方便面广告设计

本广告中，设计师以“弹”为关键字找到灵感，即取方便面的“弹性”与“弹奏”乐器的共通点，将方便面设计为乐器的琴弦，从而突出产品的弹性。在具体制作过程中，设计师是采用琵琶作为乐器，以面条作为琴弦进行表现，为避免喧宾夺主，设计师将琵琶处理得较淡，以表现其轮廓为主，并通过合成处理，让其看起来是由方便面飘散出来的香气汇聚而成，形象地说明了面的可口，促进消费者的购买欲望。

01 使用 Ctrl+N 组合键新建一个文件，设置弹出的对话框如图 16.102 所示，单击“确定”按钮退出对话框，以创建一个新的空白文件。设置前景色为 ab2d27，使用 Alt+Delete 组合键以前景色填充当前图层。

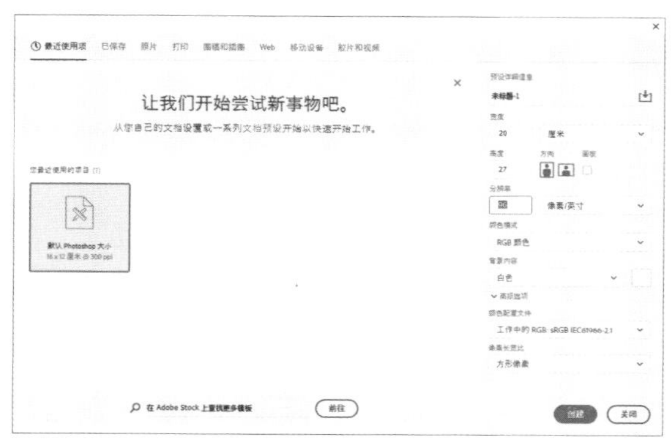

图16.102

02 更改前景色的颜色值为 531216，选择画笔工具，并在其工具选项栏设置适当的画笔大小及不透明度，在画布的四周进行涂抹，得到的效果如图 16.103 所示。

图16.103

03 下面制作主题打开的面盒图像。打开配套资源中的“第 16 章\16.4\素材 1.psd”，使用移动工具将其拖至上一步制作的文件中，并置于画布的左下角，如图 16.104 所示。同时得到“图层 1”。

图16.104

04 单击创建新的填充或调整图层按钮，在弹出的菜单中选择“色彩平衡”命令，得到“色彩平衡 1”，使用 Ctrl+Alt+G 组合键执行“创建剪贴蒙版”操作，设置面板如图 16.105 所示，得到如图 16.106 所示的效果。

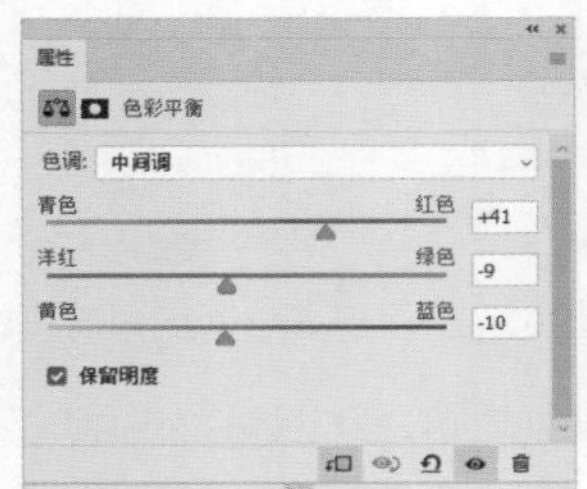

图16.105　　图16.106

05 选择钢笔工具，在工具选项条上选择路径选项，在盒面绘制如图 16.107 所示的路径。单击创建新的填充或调整图层按钮，在弹出的菜单中选择“渐变”命令，设置弹出的对话框如图 16.108 所示，单击“确定”按钮退出对话框，应用渐变后的效果如图 16.109 所示。

图16.107

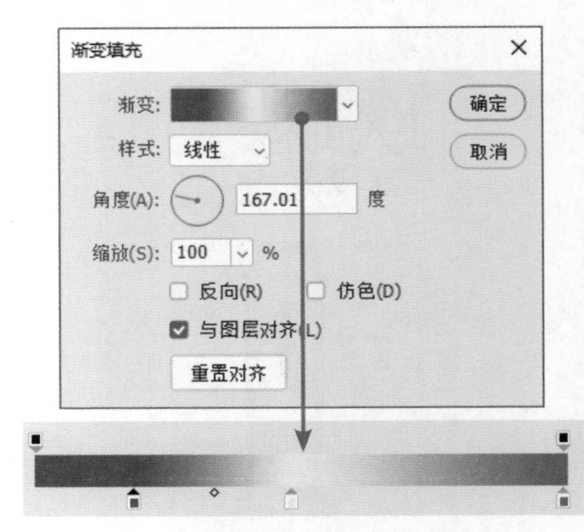

图16.108

图16.109

提示：在“渐变填充”对话框中，渐变类型各色标值从左至右分别为5e5c60、f7f4f8和7a7780。

06 选择“色彩平衡 1”作为当前的工作层，按照上一步的操作方法，结合路径及渐变填充图层的功能，制作右侧的内侧面图像，如图 16.110 所示。同时得到“渐变填充 2”。

图16.110

> 提示：在“渐变填充”对话框中，渐变类型为“从71665b到e2d7ce”。

07 下面制作边缘图像，选择钢笔工具，在工具选项条上选择“路径”，沿着右侧的边缘绘制如图 16.111 所示的路径。在所有图层上方新建“图层 2”，设置前景色的颜色值为 dad8d3，选择画笔工具，并在其工具选项条中设置画笔为“尖角 2 像素”，不透明度为 100%。切换至“路径”面板，单击用画笔描边路径命令按钮，隐藏路径后的效果如图 16.112 所示。

图16.111

图16.112

08 单击添加图层蒙版按钮为“图层 2”添加蒙版，设置前景色为黑色，选择渐变工具，在其工具选项条中选择线性渐变工具，在画布中右击并在弹出的渐变显示框中选择渐变类型为“前景色到透明渐变”，然后从线条的左侧至右侧绘制渐变，以将两端的图像渐隐，得到的效果如图 16.113 所示，此时蒙版中的状态如图 16.114 所示。

图16.113

图16.114

09 下面制作盒内的食物。选择“色彩平衡 1”作为当前的工作层，打开配套资源中的“第 16 章\16.4\素材 2.psd”，如图 16.115 所示。使用移动工具将其拖至上一步制作的文件中，得到“图层 3”。使用 Ctrl+T 键调出自由变换控制框，在控制框内单击右键在弹出的菜单中选择“旋转 180 度”命令，然后按 Shift 键向内拖动控制句柄以缩小图像及移动位置，按 Enter 键确认操作。得到的效果如图 16.116 所示。

图16.115

图16.116

10 单击添加图层蒙版按钮 为“图层 3”添加蒙版，设置前景色为黑色，选择画笔工具 ，在其工具选项条中设置适当的画笔大小及不透明度，在图层蒙版中进行涂抹，以将盒外的图像隐藏起来，直至得到如图 16.117 所示的效果。“图层”面板如图 16.118 所示。

图16.117

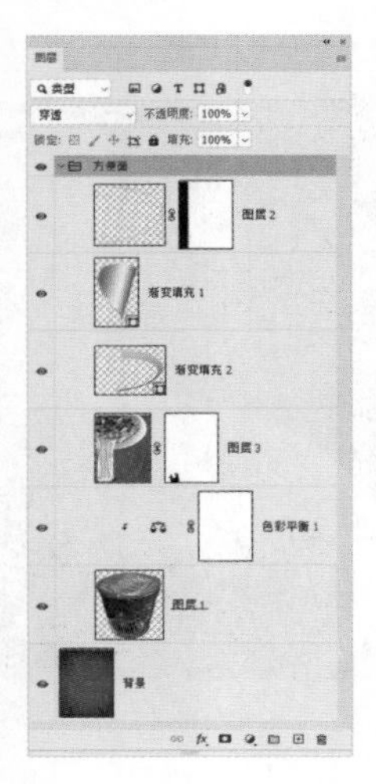

图16.118

> 提示：为了方便图层的管理，笔者在此将制作方便面的图层选中，使用Ctrl+G键执行了“图层编组”的操作，得到“组1”，并将其重命名为“方便面”。在下面的操作中，笔者也对各部分进行了编组的操作，在步骤中不再叙述。

11 下面制作面和筷子图像。选择钢笔工具 ，在工具选项条上选择路径选项，以及合并形状选项 ，在盒内至右上方方向绘制面的大致轮廓，如图 16.119 所示。然后在工具选项条中继续选择减去顶层形状选项 ，在刚刚绘制的路径内部绘制多条路径，如图 16.120 所示。如图 16.121 所示为局部路径状态。

图16.119

图16.120

图16.121

12 单击创建新的填充或调整图层按钮 ，在弹出的菜单中选择“纯色”命令，然后在弹出的“拾取实色”对话框中设置其颜色值为 ecc57a，单击“确定”按钮退出对话框，隐藏路径后的效果如图 16.122 所示。同时得到“颜色填充 1”。

图16.122

13 按照第 8 步的操作方法为“颜色填充 1”添加蒙版，应用渐变工具在蒙版中绘制渐变，以底部的面图像隐藏，如图 16.123 所示为添加蒙版前后对比效果。

图16.123

14 制作筷子图像。打开配套资源中的“第 16 章\16.4\素材 3.psd”，如图 16.124 所示。使用移动工具 ✥. 将其拖至上一步制作的文件中，得到“图层 4”。利用自由变换控制框调整图像的大小、角度及位置，得到的效果如图 16.125 所示。

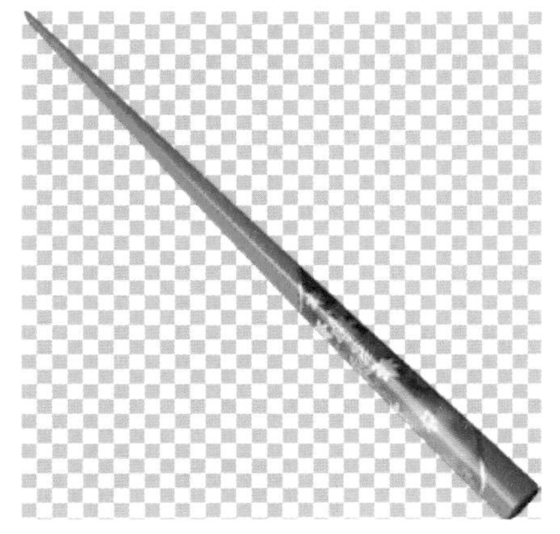

图16.124

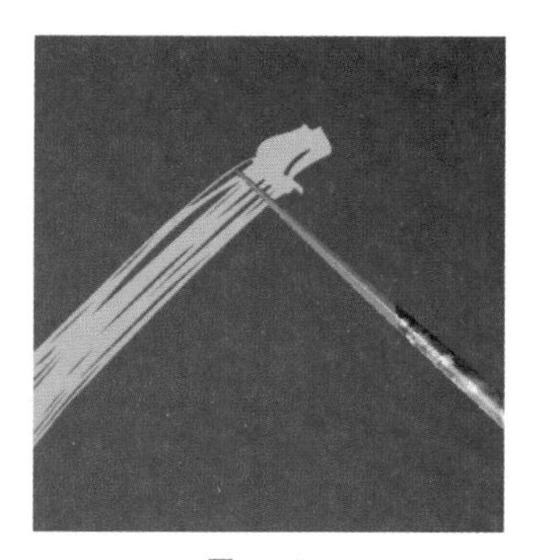

图16.125

15 按照上一步的操作方法，利用配套资源中的“第 16 章\16.4\素材 4.psd”，结合移动工具 ✥. 及变换功能，制作面下方的筷子图像，如图 16.126 所示。同时得到“图层 5”，“图层”面板如图 16.127 所示。

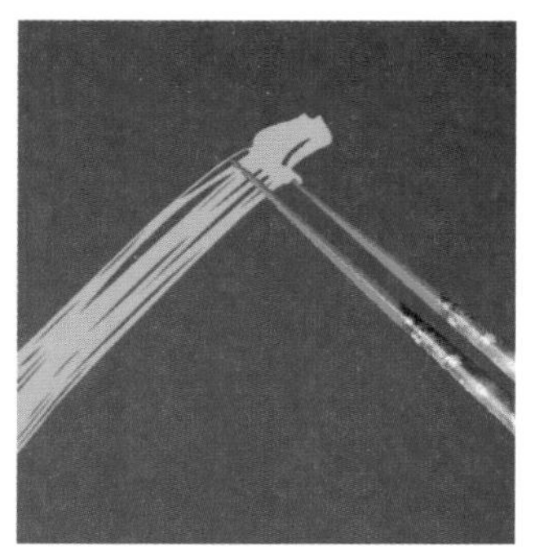

图16.126

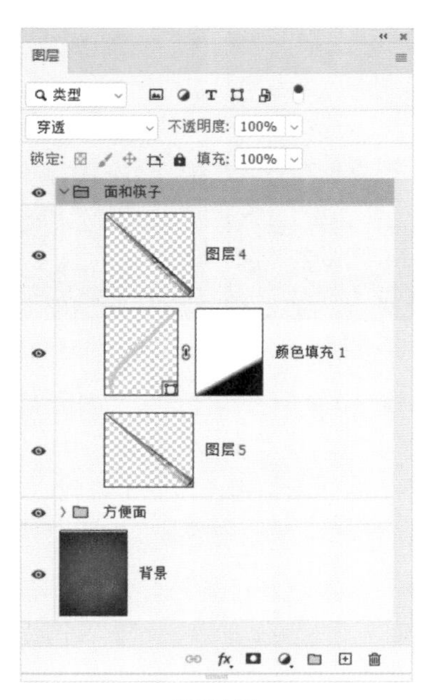

图16.127

提示：本步在制作的过程中，还需要注意“图层5”的顺序。

16 下面制作琵琶图像。选择“背景”图层作为当前的工作层，打开配套资源中的“第 16 章\16.4\ 素材 5.psd”，如图 16.128 所示。重复上一步的操作方法，制作面下方的琵琶图像，如图 16.129 所示。同时得到“图层 6”。

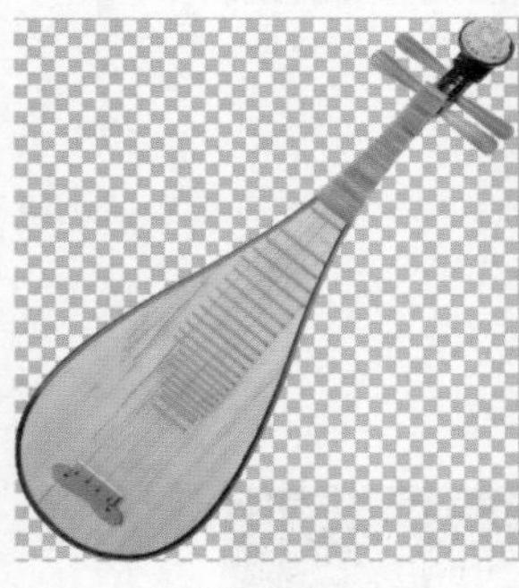
图16.128

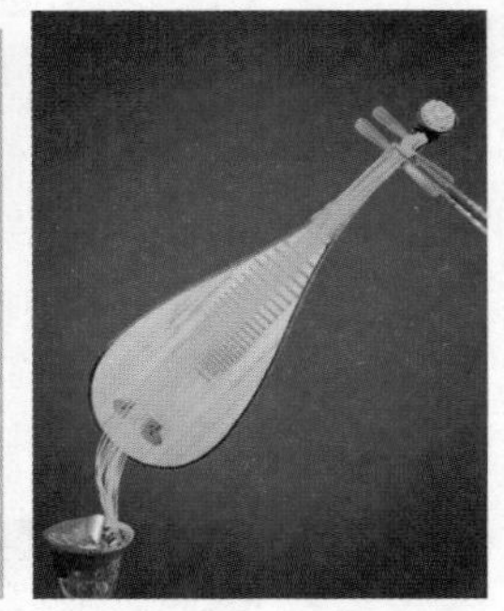
图16.129

17 选择“滤镜”|“风格化”|“查找边缘”命令，得到如图 16.130 所示的效果。设置“图层 6”的混合模式为“正片叠底”，不透明度为 50%，以混合图像，得到的效果如图 16.131 所示。

图16.130

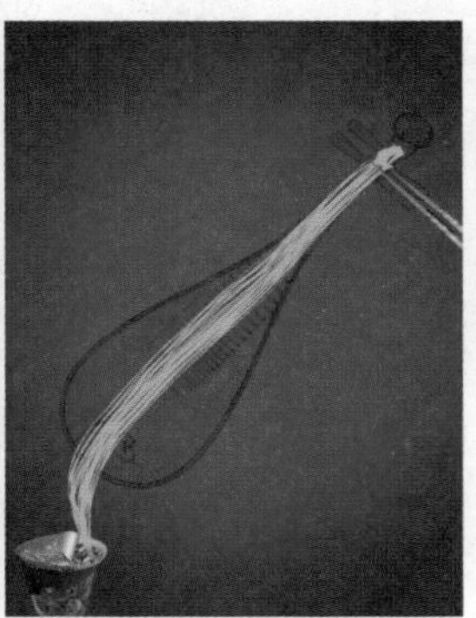
图16.131

18 按照第 10 步的操作方法为“图层 6”添加蒙版，应用画笔工具 在蒙版中进行涂抹，以将边缘过浓的黑色渐隐，得到的效果如图 16.132 所示。蒙版中的状态如图 16.133 所示。

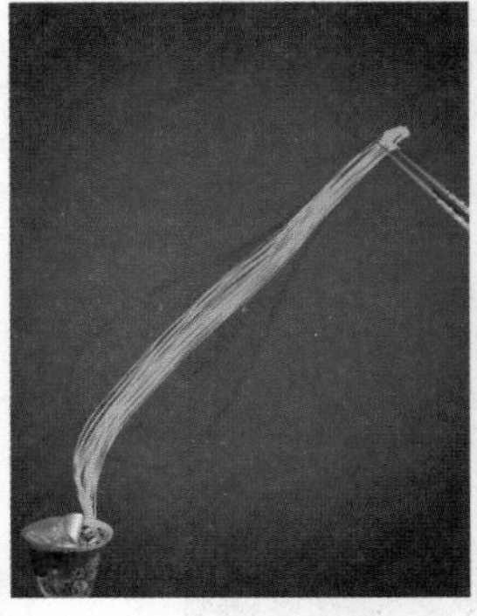
图16.132

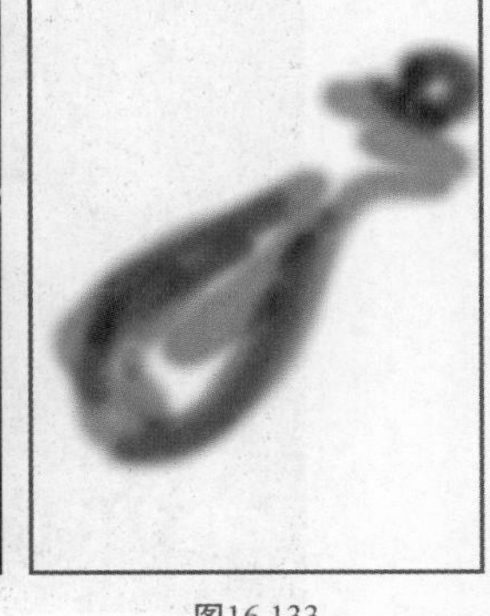
图16.133

19 下面结合路径、用画笔描边等功能，为琵琶重新绘制边缘线条图像。选择钢笔工具 ，在工具选项条上选择“路径”，沿着琵琶的大致轮廓绘制如图 16.134 所示的路径。新建“图层 7”，将其拖至“图层 6”下方，设置前景色的颜色值为 ecc57a，选择画笔工具 ，并在其工具选项条中设置画笔为“尖角 4 像素”，不透明度为 100%。切换至“路径”面板，单击用画笔描边路径命令按钮 ，隐藏路径后的效果如图 16.135 所示。

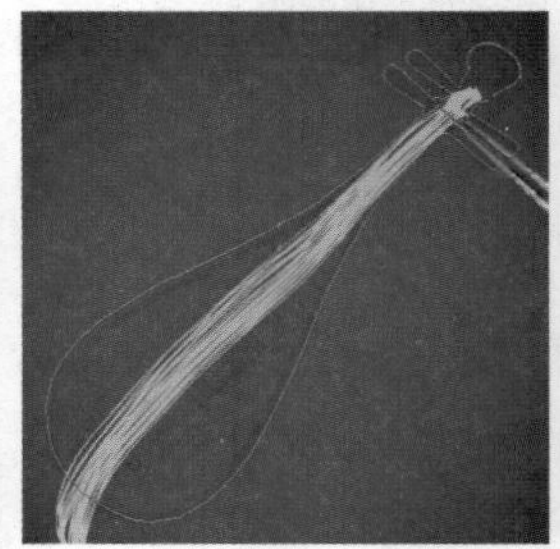
图16.134

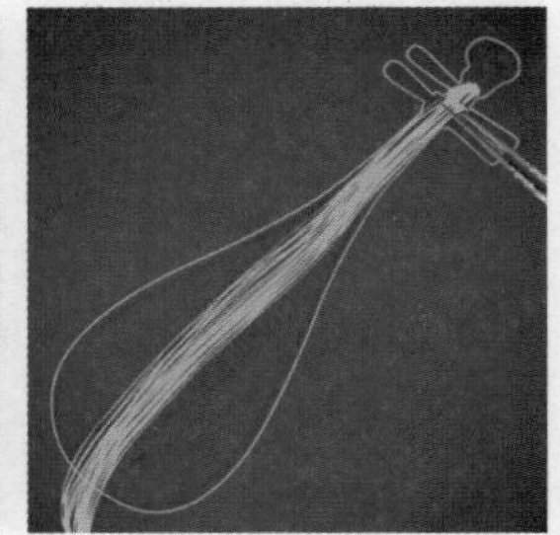
图16.135

20 切换回“图层”面板，设置“图层 7”的不透明度为 30%，以降低图像的透明度，得到的效果如图 16.136 所示。保持前景色不变，按照上一步的操作方法，结合路径及用画笔描边路径的功能，制作琵琶正身内的线条图像，如图 16.137 所示。同时得到“图层 8”，“图层”面板如图 16.138 所示。

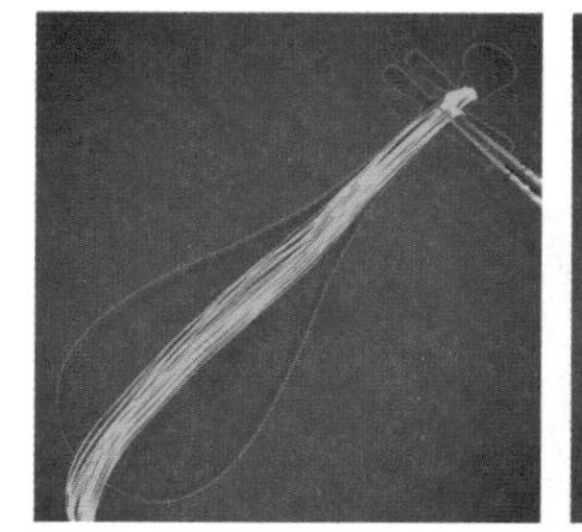
图16.136

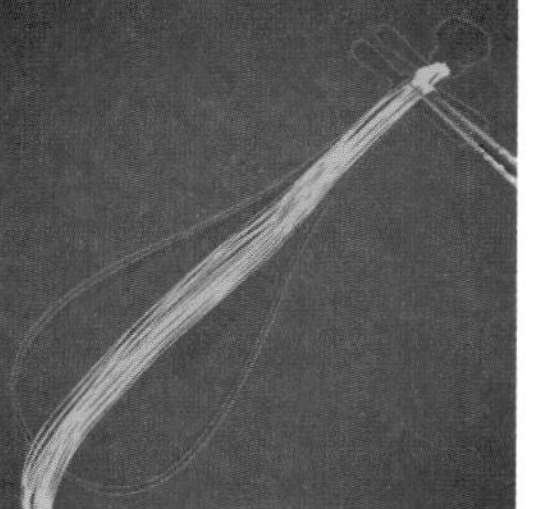
图16.137

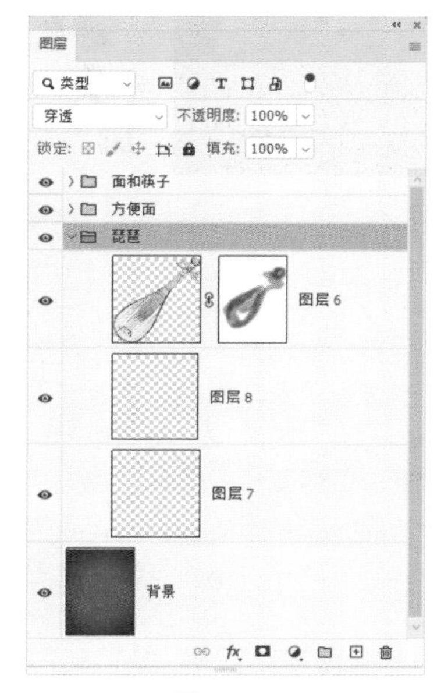

图16.138

> 提示：本步中设置了“图层8”的不透明度为40%。

21 下面制作热气腾腾的烟图像。选择“背景”图层作为当前的工作层，打开配套资源中的“第 16 章 \16.4\ 素材 6.psd”，如图 16.139 所示。使用移动工具 ✥ 将其拖至上一步制作的文件中，得到“图层 9”。在此图层的名称上右击，在弹出的菜单中选择“转换为智能对象”命令，从而将其转换成为智能对象图层。

> 提示：转换成智能对象图层的目的是，在后面将对“图层9”图层中的图像进行变形操作，而智能对象图层则可以记录下所有的变形参数，以便于我们进行反复的调整。

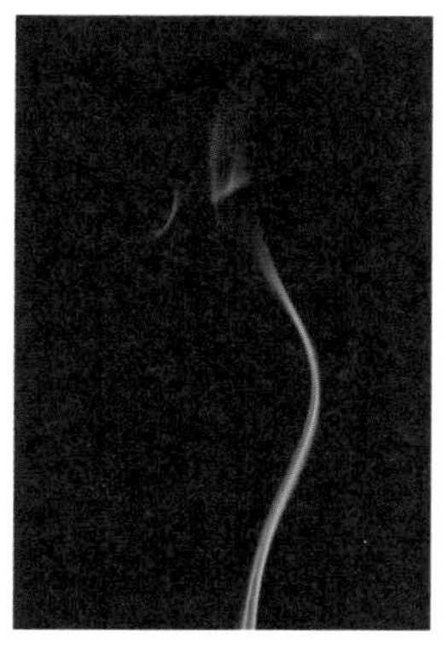
图16.139

22 使用 Ctrl+T 键调出自由变换控制框，调整图像的大小、角度及位置，如图 16.140 所示。然后在控制框内单击右键在弹出的菜单中选择“变形”命令，在控制区域内拖动命令使图像变形，状态如图 16.141 所示。按 Enter 键确认操作。

图16.140

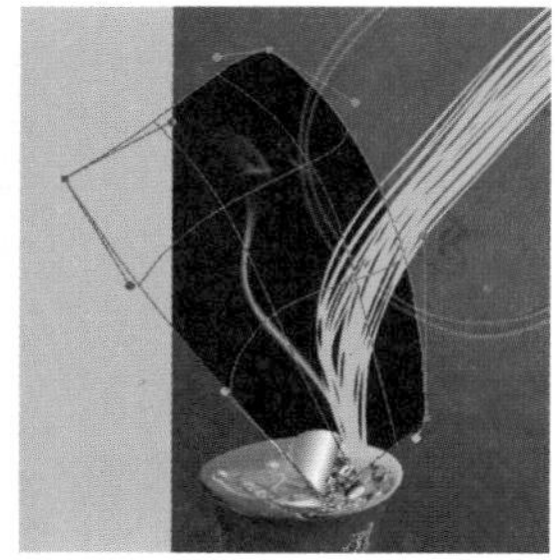
图16.141

23 设置“图层 9”的混合模式为“滤色”，以混合图像，得到的效果如图 16.142 所示。使用 Ctrl+G 键将选中的图层编组，得到“组 1”。并将此组重命名为“烟”，设置此组的混合模式为“滤色”，使该组中所有的调整图层及混合模式，只针对该组内的图像起作用。

图16.142

24 改变烟的色彩。选择“图层 9”，单击添加图层样式按钮 fx，在弹出的菜单中选择“颜色叠加”命令，设置弹出的对话框如图 16.143 所示，得到如图 16.144 所示的效果。

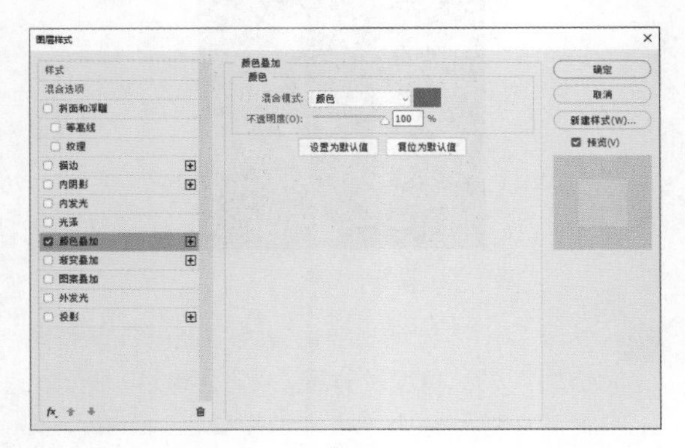

图16.143

图16.144

> 提示：在“颜色叠加”对话框中，颜色块的颜色值为8d7c5c。

25 根据前面所讲解的操作方法，利用配套资源中的“第 16 章\16.4\素材 7.psd~素材 9.psd”，结合变换、图层属性、图层蒙版、变形以及图层样式等功能，制作完整的烟图像，如图 16.145 所示。“图层”面板如图 16.146 所示。

图16.145

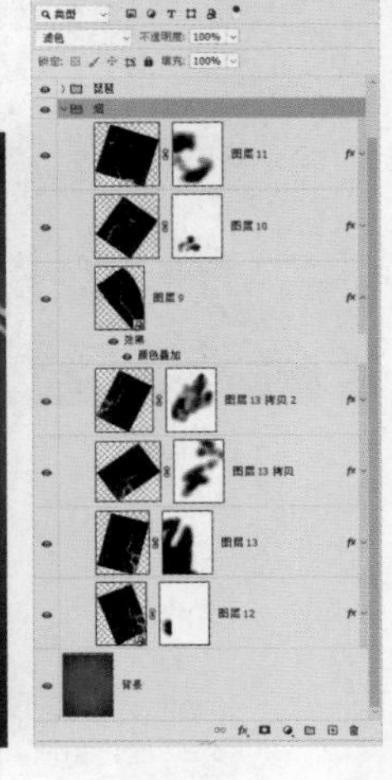

图16.146

> 提示：本步中设置组“烟”中的所有图层的混合模式为均为“滤色”，所有“颜色叠加”图层样式对话框中的设置和上一步设置的一样。为“图层12”图层中的图像还执行了“变形”的操作。另外，还应用了复制图层的功能。在制作的过程中，还需要注意各个图层间的顺序。下面制作文字图像，完成制作。

26 选择组“面和筷子”，打开配套资源中的“第 16 章\16.4\素材 10.psd”，按 Shift 键使用移动工具 将其拖至上一步制作的文件中，得到的最终效果如图 16.147 所示。“图层”面板如图 16.148 所示。

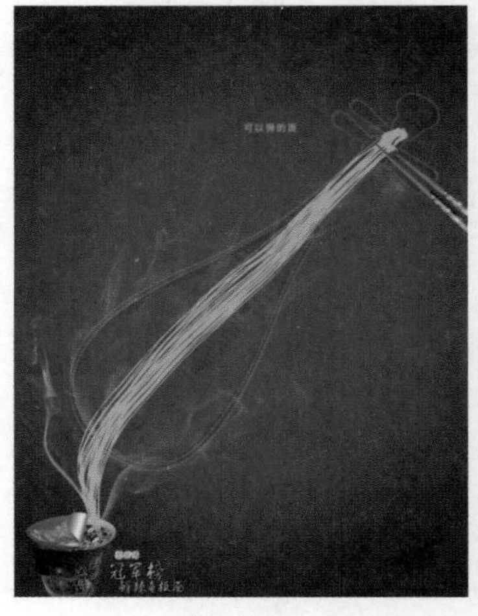

图16.147

图16.148

> 提示：本步笔者是以组的形式给的素材，由于操作非常简单，在叙述上略显烦琐，读者可以参考最终效果源文件进行参数设置，展开组即可观看到操作的过程。

16.5 旅游宣传广告设计

在本广告中，设计师在网络上查阅了相关资料之后，确定了一些相关元素，如佛塔、带有鲜花的草帽、草棚、椰树、海滩等，并极具创意 地将其以海螺为基本造型进行合成，再辅以一些线条、人物等元素，使各个元素能够浑然一体地融合在一起，表达出当地的风情和游玩乐趣，结合对方案的编排，实现充分吸引观者目光，并说明旅游产品的具体行程及特色等信息的目的。

01 使用 Ctrl+N 组合键新建一个空白文件，在弹出对话框中设置参数，如图 16.149 所示。设置前景色的颜色值为 24284a，使用 Alt+Delete 组合键填充前景色。

02 打开配套资源中的“第 16 章\16.5\素材 1.psd”，使用“移动工具” 将其移至新建文件中，使用 Ctrl+T 组合键调出自由变换控制框，调整素材图像的大小及位置，按 Enter 键确认变换操作，得到“图层 1”，同时得到如图 16.150 所示的效果。

图16.149

图16.150

03 选择“钢笔工具” ，在工具选项栏中选择“路径”选项，沿着海贝边缘绘制路径，效果如图 16.151 所示。在“图层”面板底部单击“创建新的填充或调整图层”按钮 ，在弹出的菜单中选择“纯色”命令，在弹出的“拾实器（纯色）”对话框中设置其颜色为白色，同时得到图层“颜色填充 1”。

图16.151

04 在“图层”面板底部单击“添加图层蒙版”按钮，为图层“颜色填充 1”添加图层蒙版。设置前景色为黑色，选择“画笔工具”，在工具选项栏中设置适当的画笔大小及不透明度，在靠近海贝内的边缘处进行涂抹以融合图像，直至得到如图 16.152 所示的效果，此时图层蒙版中的状态如图 16.153 所示。

图16.152

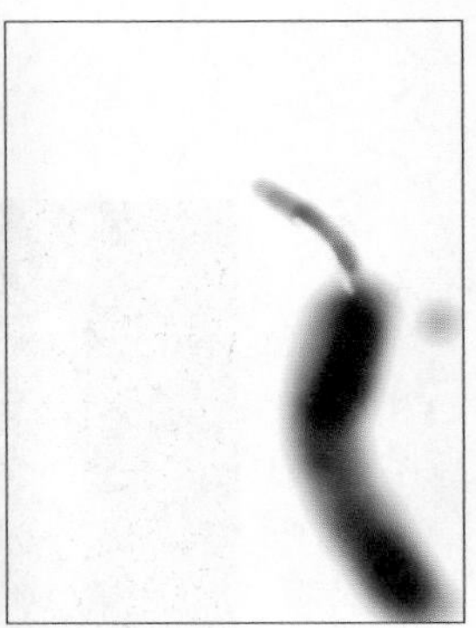
图16.153

05 打开配套资源中的“第 16 章\16.5\ 素材 2.psd”，将其拖入制作文件中，并将素材图像调整到白色形状的位置，得到“图层 2”，结合自由变换控制框，调整图像的大小、角度及位置，直至得到如图 6.154 所示的效果。

图16.154

06 在“图层 2”的图层名称上右击，在弹出的菜单中选择“转换为智能对象”命令，从而将其转换为智能对象图层。在下面将对此图层中的图像进行变形操作，而智能对象图层可以记录下所有的变形参数，以便于进行反复的调整。

07 使用 Ctrl+T 组合键调出自由变换控制框，在控制框内右击，在弹出的菜单中选择“变形”命令，拖动各个控制手柄，直至得到如图 16.155 所示的状态，按 Enter 键确认变换操作，使用 Ctrl+Alt+G 组合键执行“创建剪贴蒙版”操作，得到如图 16.156 所示的效果，此时的“图层”面板如图 16.157 所示。

图16.155

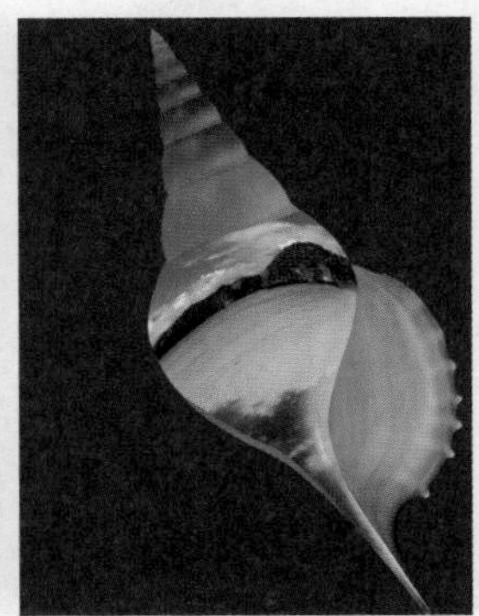
图16.156

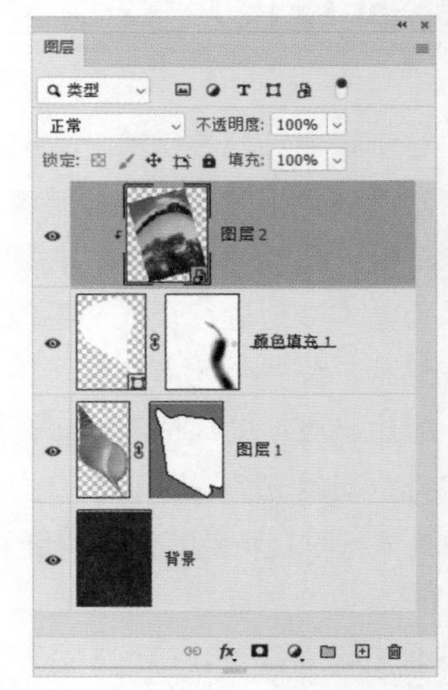

图16.157

08 打开配套资源中的“第 16 章\16.5\ 素材 3.psd”，按照步骤 05 ～步骤 07 的操作方法，调整海水上的图像效果，得到如图 16.158 所示的效果。

09 在“属性”面板底部单击“创建新的填充或调整图层”按钮，在弹出的菜单中选择“亮度 / 对比度”命令，使用 Ctrl+Alt+G 组合键执行“创建剪贴蒙版”操作，在“属性”面板中设置参数，如图 16.159 所示，得到如图 16.160 所示的效果，同时得到图层“亮度 / 对比度 1”。

图16.158

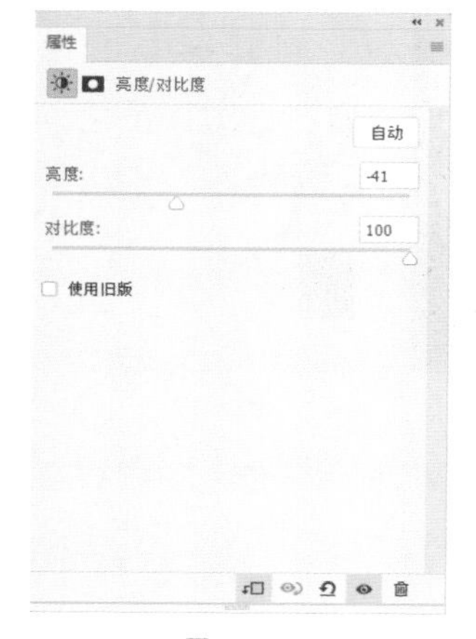

图16.159

图16.160

10 单击图层“亮度 / 对比度 1”的图层蒙版缩览图，设置前景色为黑色，选择“画笔工具” ，在工具选项栏中设置适当的画笔大小及不透明度，在海水以外的位置进行涂抹以将其隐藏起来，直至得到如图 16.161 所示的效果，此时图层蒙版中的状态如图 16.162 所示。

图16.161

图16.162

11 按照上一步的操作方法，继续调整海水的色调，应用“色彩平衡”调整图层，直至得到如图 16.163 所示的效果。

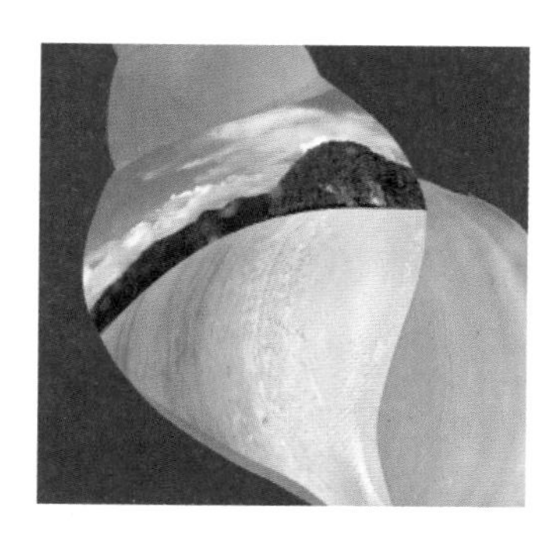

图16.163

12 为“图层 2”及“图层 3”添加图层蒙版，使草地与海平面融合起来，得到如图 16.164 所示的效果，此时的“图层”面板如图 16.165 所示。

图16.164

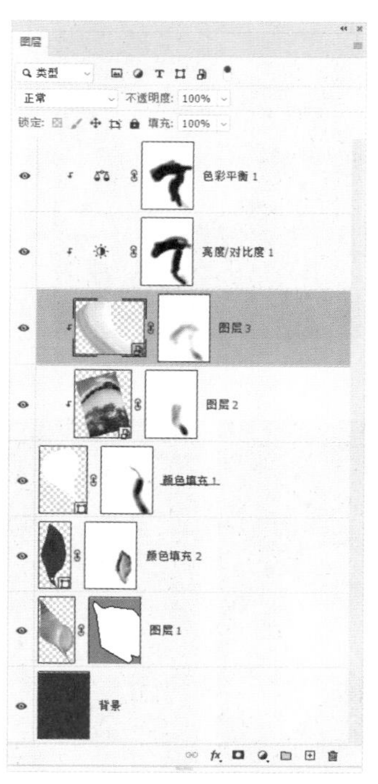

图16.165

13 利用配套资源中的“第 16 章\16.5\素材4.psd”，制作海贝上面附着的其他元素，直至得到类似图 16.166 所示的效果。

图16.166

14 选择“图层 1”，选择“钢笔工具” ，在工具选项栏中选择“路径”选项，在当前画布中绘制路径，效果如图 16.167 所示。执行“图层”|“矢量蒙版”|“当前路径”命令，得到如图 16.168 所示的效果，局部效果如图 16.169 所示。

图16.167

图16.168

图16.169

15 下面制作海贝开口处的暗部效果。通过绘制路径进行颜色填充并添加图层蒙版，在海贝开口处（即人物所在位置）制作暗部效果，直至得到如图 16.170 所示的效果，此时的“图层”面板如图 16.171 所示。

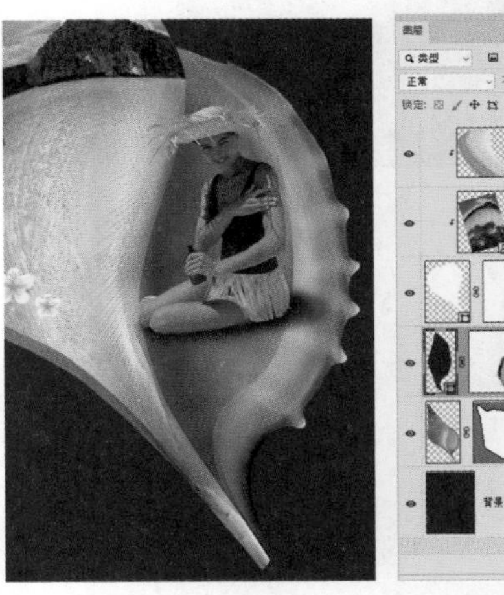

图16.170　　图16.171

16 选择图层“其他元素”，利用配套资源中的“第 16 章\16.5\素材 5.psd”，制作文字及相关信息，直至得到如图 16.172 所示的最终效果，局部效果如图 16.173 所示，此时的“图层”面板如图 16.174 所示。

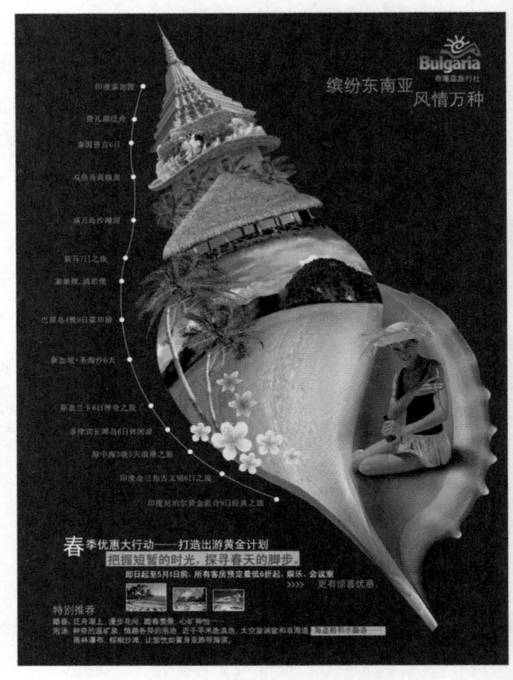

图16.172

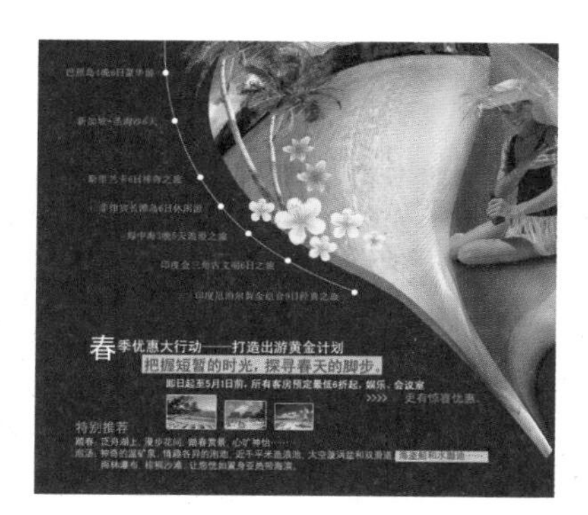

图16.173

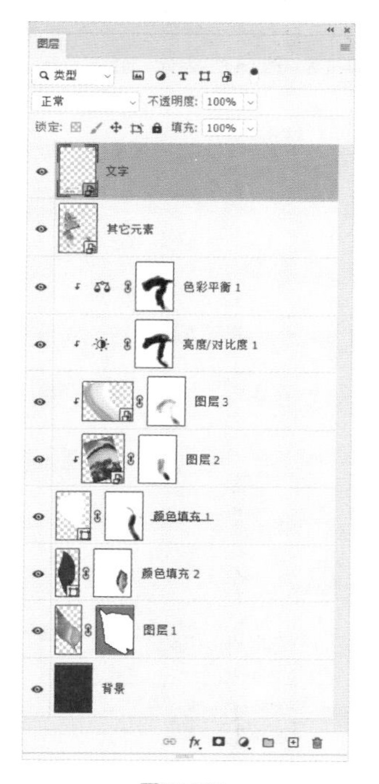

图16.174

16.6 超酷炫光人像

在本例中，将以一幅人像照片为基础，制作出完全由炫光组成的人物效果。制作过程中，首先要使用滤镜提炼出人物的基本轮廓，并初步确定照片的基本色调，然后在此基础上，结合大量的火焰、烟雾等素材图像，通过对其进行变形处理，以强化人物的各部分轮廓，使之具有炫光效果。在制作过程中，要特别注意对炫光线条粗细、大小及形态的把握，应尽可能使其与人物的形态贴合，从而让最终的效果更为逼真、自然。

01 打开配套资源中的"第 16 章\16.6\素材 1.psd"，如图 16.175 所示。在本例中，将以此图像为基础，制作炫光特效人物图像。

图 16.175

02 首先将利用滤镜功能来制作人物的基本轮廓。选择"滤镜" | "滤镜库" | "风格化" | "照亮边缘"命令，设置弹出的对话框如图 16.176 所示，得到的图像效果可以查看左侧的预览区域，单击"确定"按钮退出对话框。

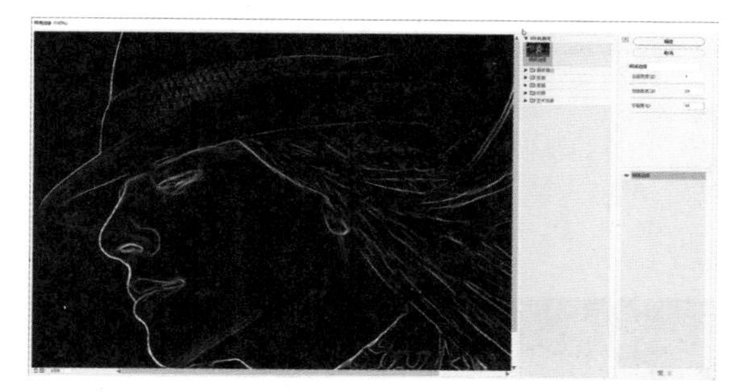

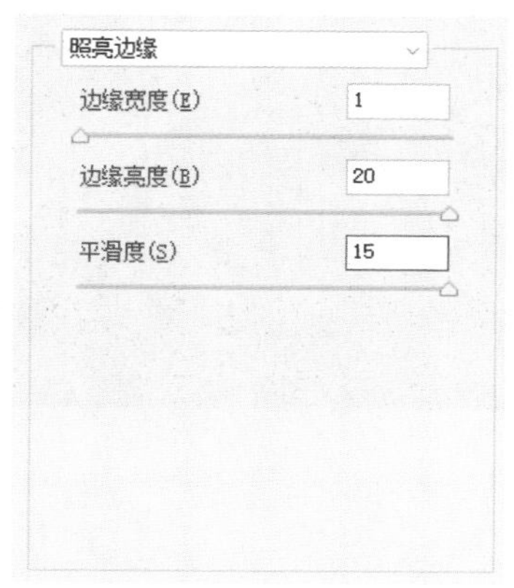

图 16.176

03 下面将结合火焰图像，来制作人物头发处的炫光。打开配套资源中的"第 16 章\16.6\素材 2.psd"，如图 16.177 所示，使用移动工

具 ✥ 将其拖至本例操作的文件中，得到“图层 1”，在此图层名称上右击，在弹出的快捷菜单中选择“转换为智能对象”命令，从而将其转换为智能对象。由于后面将对该图层中的图像进行变形操作，而智能对象图层则可以记录下所有的变形参数，以便于进行反复调整。

图 16.177

04 使用 Ctrl+T 组合键调出自由变换控制框，缩小图像的高度并旋转 38°，然后将图像置于人物的头发位置，如图 16.178 所示。

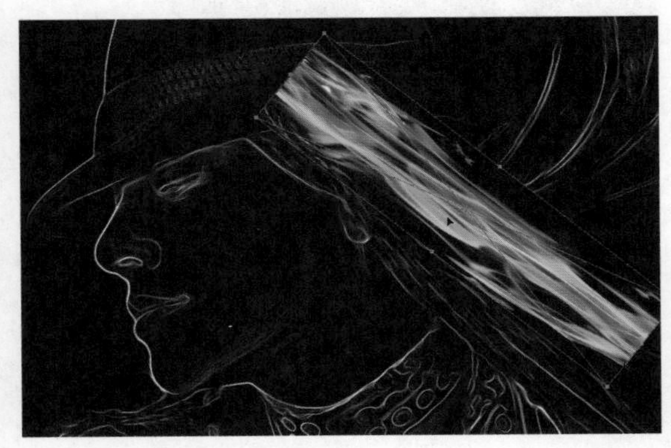

图 16.178

05 下面先将火焰图像与背景图像融合起来，主要操作就是将原火焰图像的黑色背景去除。设置“图层 1”的混合模式为“线性减淡（添加）”，得到图 16.179 所示的效果。此时图像中的火焰仍然显得很多，不适合制作较细的头发图像，所以下面将使用图层高级混合选项对火焰进行进一步的处理。

图 16.179

06 选择“图层 1”并单击“添加图层样式”按钮 fx.，在弹出的菜单中选择“混合选项”命令，在弹出的对话框底部，按住 Alt 键向右侧拖动“本图层”选项中的黑色半三角滑块，直至到图 16.180 所示的状态，单击“确定”按钮退出对话框，得到图 16.181 所示的效果。

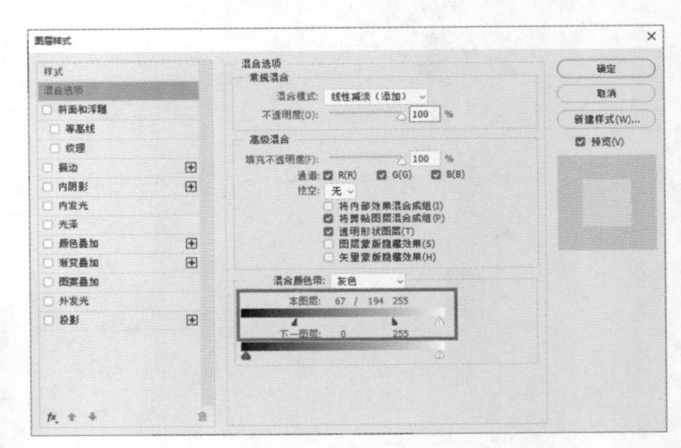

图 16.180

图 16.181

此时，图像的状态已经基本符合制作头发的需要，下面就来对图像进行变形处理，使其符合头发的形态。

07 选择“编辑”|“变换”|“变形”命令，以调出变形控制框，然后分别拖动各个控制手柄，对图像进行变形处理，如图 16.182 所示。继续拖动各个控制手柄，直至得到图 16.183 所示的带有弧度的头发图像状态，按 Enter 键确认变换操作。

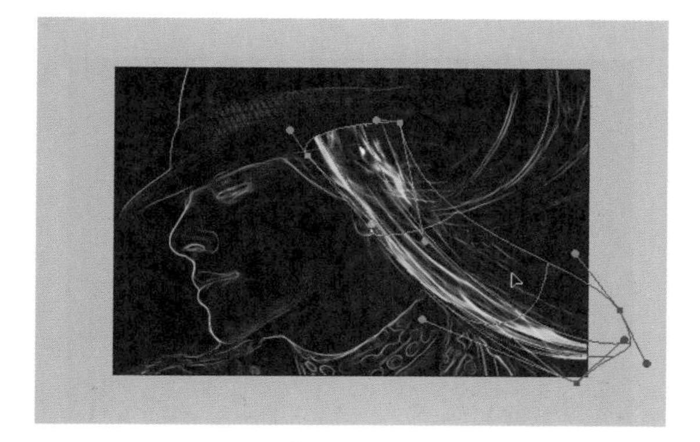

图 16.182

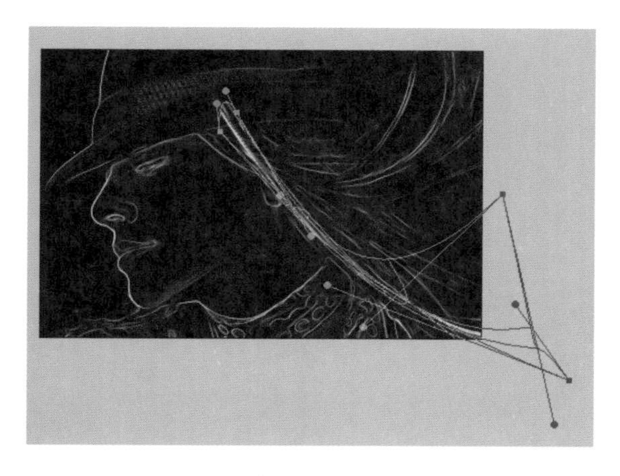

图 16.183

08 单击“添加图层蒙版”按钮 为“图层 1”添加蒙版，设置前景色为黑色，选择画笔工具 并设置适当的画笔大小，然后将炫光超过头发（与帽子图像重合）的区域进行涂抹以将其隐藏，得到图 16.184 所示的效果。此时蒙版中的状态如图 16.185 所示。

图 16.184

图 16.185

> 提示：在图16.185所示的蒙版中，使用硬边画笔用于隐藏与帽子重合的炫光图像，而较淡的柔边画笔涂抹痕迹，则主要是为了使炫光与帽子接触的位置产生一定的过渡效果，而不至于表现得太生硬，这样的蒙版编辑手法在后面的操作中会经常用到，将不再说明。

> 提示：此时已经完成了一束炫光的制作，所以已经可以为整体确定色调，这样在后面调整过程中，可以随时预览到添加炫光后的效果，以便于随时设置不同的参数，使整体更加协调。

09 单击“创建新的填充或调整图层”按钮 ，在弹出的菜单中选择“渐变映射”命令，设置弹出的面板如图 16.186 所示，得到如图 16.187 所示的效果，同时得到“渐变映射 1”。

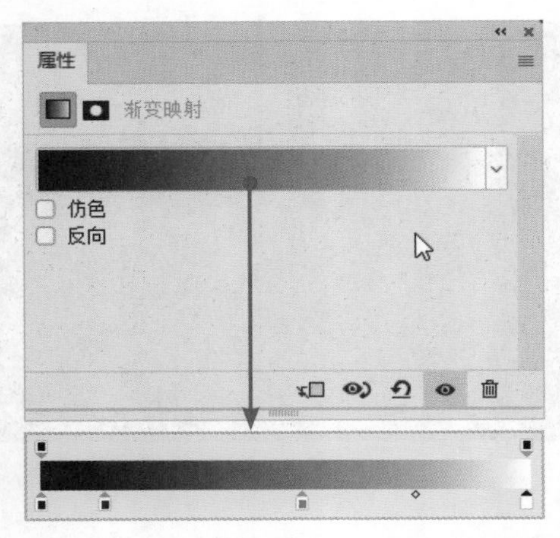

图 16.186

图 16.187

提示：在“渐变编辑器”对话框中，使用的渐变颜色从左至右依次为黑色、002244、10b4d7和白色。在下面的操作中，所有图层都将位于此“渐变映射”调整图层的下方，将不再予以说明。下面来继续制作其他的炫光图像。

10 复制“图层 1”得到“图层 1 拷贝”，并在该拷贝图层的蒙版缩览图上右击，在弹出的快捷菜单中选择“删除图层蒙版”命令。

11 选择“编辑”|“变换”|“变形”命令，以调出变形控制框，此时变形控制框将保持上一次变形时的状态，在此基础上可以继续进行变形编辑，得到图 16.188 所示的状态，按 Enter 键确认变换操作，此时图像的状态如图 16.189 所示。

图 16.188

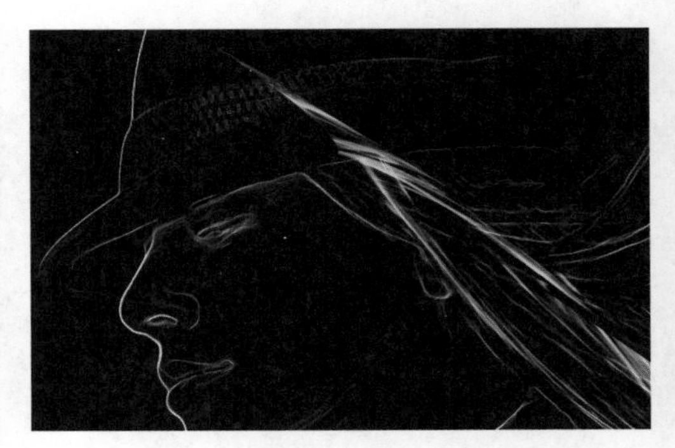

图 16.189

提示：实际上，在变形图像时并没有特别的规则，只需要清楚地知道，现在制作的头发图像，是为了使变形后的图像看起来符合头发的特质，至于对炫光的具体形态并没有太多要求，但在变形时一定要注意改变每一个图像状态，切不可使炫光看起来有重复感，这样会大大降低图像的美观程度。

12 为“图层 1 拷贝”添加蒙版，并结合画笔工具进行涂抹，隐藏超出头发范围的炫光图像，如图 16.190 所示。

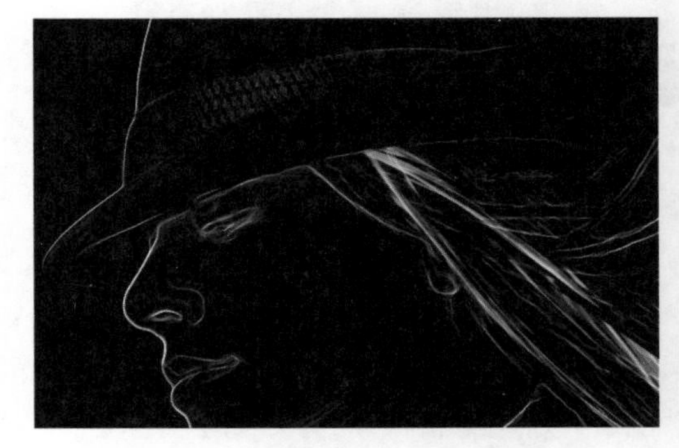

图 16.190

13 再复制“图层 1”两次得到“图层 1 拷贝 2”和“图层 1 拷贝 3”，并分别编辑其中的变形内容，直至得到图 16.191 所示的头发效果。此时的“图层”面板如图 16.192 所示。

图 16.191

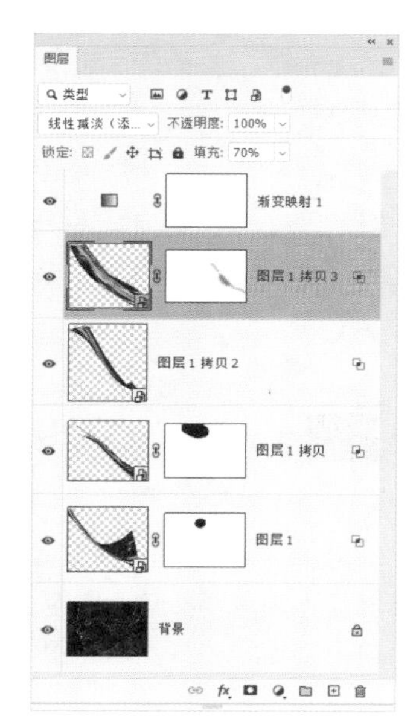

图 16.192

提示：到此为止，已经将本例中用到的技术基本讲解完毕，在后面的操作过程中，几乎就是反复利用上述的变形、用蒙版隐藏图像等技术对图像进行处理，只不过在不同的区域使用不同的素材图像而已。

14 下面来制作飞扬而起的头发图像。复制“图层 1 拷贝 3”得到“图层 1 拷贝 4”，然后选择“编辑”|“变换”|“变形”命令，以调出变形控制框，在其工具选项栏上将“变形”设置成为“无”，如 变形：无 所示，从而将图像恢复为变形前的状态。

15 使用 Ctrl + T 组合键调出自由变换控制框，将图像缩小并旋转，然后置于头发图像上，如图 16.193 所示（为便于观看图像，暂时隐藏了“图层 1”至“图层 1 拷贝 3”）。

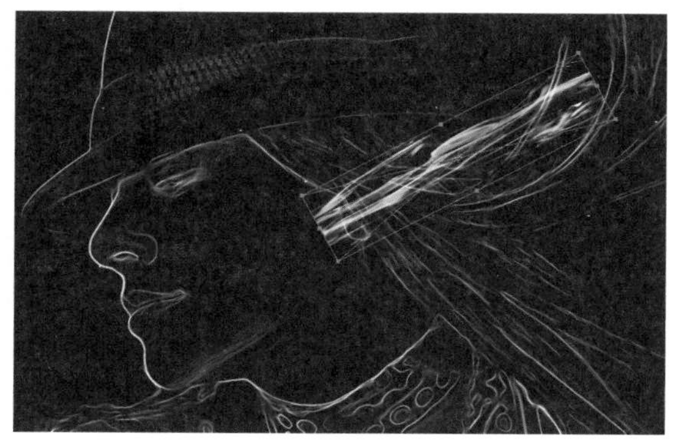

图 16.193

提示：要制作飞扬的头发图像，就需要制作出带有较大弧度的变形效果，所以在此先制作得到带有弧度的图像，然后再进一步编辑。

16 保持上一步的自由变换控制框不变，在控制框内右击，在弹出的快捷菜单中选择“变形”命令，然后在其工具选项栏上设置“变形”为“扇形”，再按照上一步的操作方法设置其他参数。此时图像的状态如图 16.194 所示。

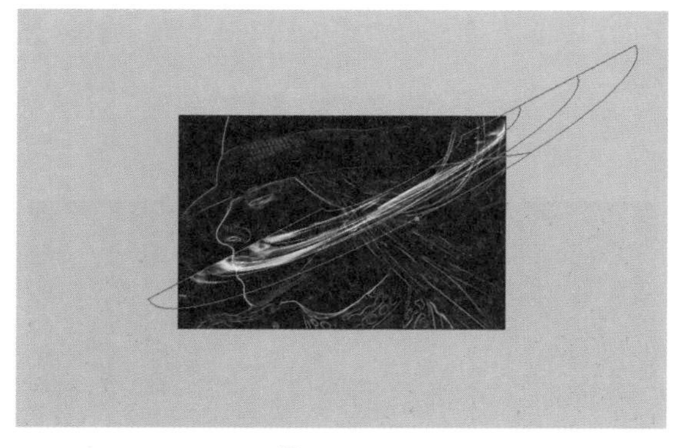

图 16.194

17 在工具选项栏上的“变形”下拉列表中选择“自定”选项，将当前应用的预设变形方案转换为可编辑的自定义状态，然后按照前面讲解的方法编辑变形图像，直至得到图 16.195 所示的效果。

图 16.195

18 单击“添加图层蒙版”按钮为“图层 1 拷贝 4”添加蒙版，设置前景色为黑色，选择画笔工具并设置适当的画笔大小，然后在高光过于强烈的炫光图像上进行涂抹以将其隐藏，得到图 16.196 所示的效果。

图 16.196

19 再复制两个图层并编辑其变形状态，然后用蒙版隐藏多余的图像，直至得到图 16.197 所示的效果。

图 16.197

20 至此已经基本完成头发的炫光图像，下面将相关的图层进行编组以便于管理。选择“图层 1”，并按住 Shift 键选择“图层 1 拷贝 6”，从而将两者之间的图层选中，使用 Ctrl + G 组合键将选中的图层编组，并将得到的组重命名为“头发炫光”。此时的“图层”面板如图 16.198 所示。

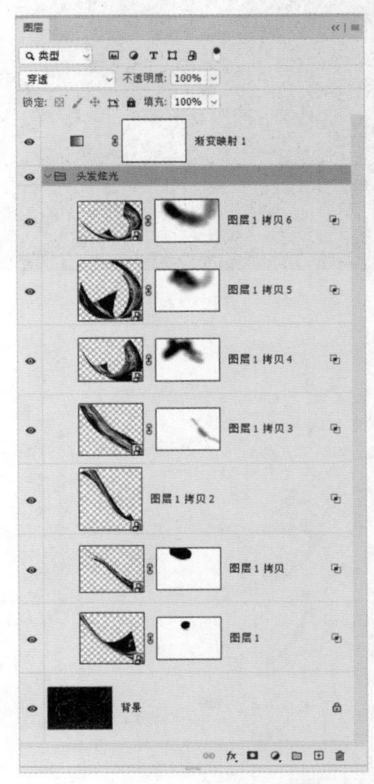

图 16.198

下面来制作人物面部的炫光图像，在制作过程中将利用前面制作好的头发炫光图像，以降低操作难度。

21 选择组“头发炫光”，使用 Ctrl + Alt + E 组合键执行“盖印”操作，从而将当前所选组中的图像合并至新图层中，并将该图层重命名为“图层 2”。

22 选择“滤镜”|“扭曲”|“极坐标”命令，在弹出的对话框中选择“平面坐标到极坐标”选项，单击“确定”按钮退出对话框。

23 将“图层 2”转换成为智能对象，然后按照前面讲解的方法，分别在人物面部、脖子及衣领位置添加炫光图像，得到图 16.199 所示的效果。

图 16.199

24 打开配套资源中的“第 16 章\16.6\素材 3.psd”，使用移动工具 ✥.将其拖至本例操作的文件中，得到“图层 3”，结合前面使用的变形及图层蒙版功能，在面部位置增加一些炫光图像，使其看起来更加丰富，如图 16.200 所示。

25 将“图层 3”“图层 2”及其拷贝图层编组，将得到的组重命名为“面部炫光”。此时的“图层”面板如图 16.201 所示。

图 16.200

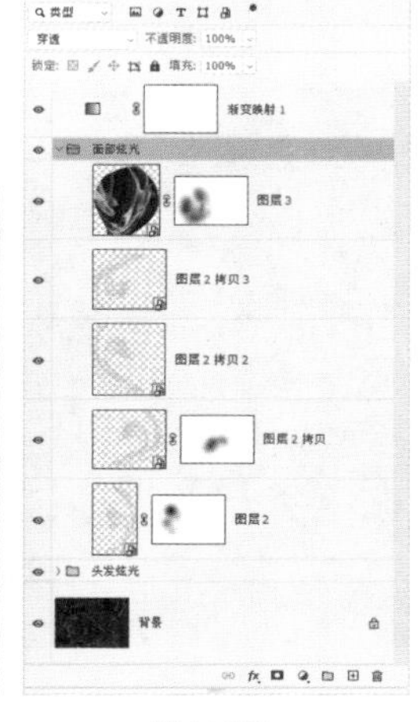

图 16.201

26 下面的讲解中，读者可结合配套资源中的“第 16 章\16.6\素材 4.psd”至“素材 15.psd”，按照前面的方法进行变形处理，并配合混合模式与图层蒙版进行融合处理，得到图 16.202 所示的效果，对应的“图层”面板如图 16.203 所示。具体的参数设置请读者参考本例的最终效果文件。

27 选择画笔工具 ✓.，按 F5 键显示“画笔”面板，然后打开配套资源中的“第 16 章\16.6\素材 16.abr”，以将其载入进来。

图 16.202

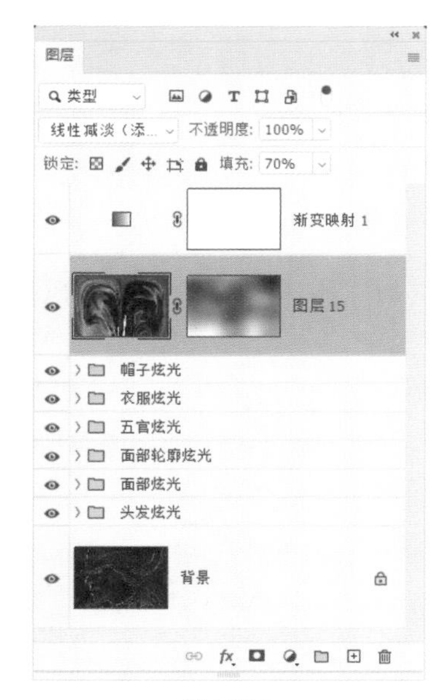

图 16.203

28 新建一个图层得到“图层 16”，选择上一步载入的画笔，设置前景色为白色，使用画笔工具 ✓.沿人物的轮廓涂抹一些散点图像，直至得到图 16.204 所示的效果，图 16.205 所示是以黑色为背景，同时显示“渐变填充 1”调整图层和显示所绘制的散点图像时的状态。

图 16.204

图 16.205

29 下面再来为散点图像增加一些发光效果。单击“添加图层样式”按钮fx，在弹出的菜单中选择“外发光”命令，设置弹出的对话框如图 16.206 所示，得到图 16.207 所示的效果。

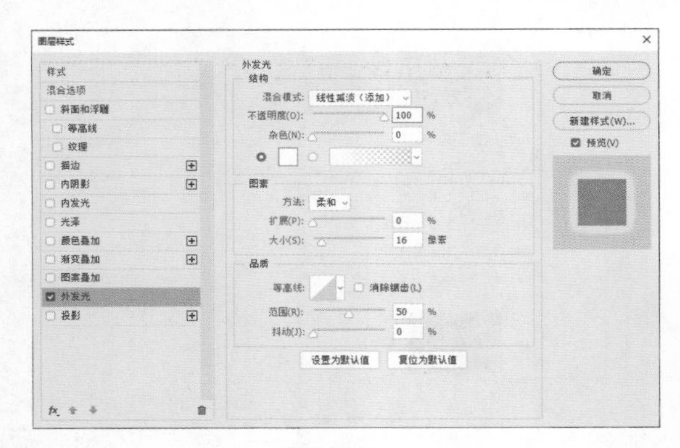

图 16.206

图 16.207

30 最后再对整体的高光进行调整，使高光看起来更加强烈，同时也符合本例所要表现的炫光特效。切换至“通道”面板，按 Ctrl 键并单击“RGB”通道缩览图以载入当前图像中高光区域的选区，然后切换回“图层”面板，新建一个图层得到“图层 17”，设置前景色为白色，使用 Alt+Delete 组合键填充选区，使用 Ctrl+D 组合键取消选区，得到图 16.208 所示的效果。

图 16.208

31 按住 Alt 键，将“图层 16”中的“外发光”图层样式拖至“图层 17”中以复制图层样式，并设置“图层 17”的不透明度为 50%，得到图 16.209 所示的效果。

图 16.209

观察图像不难看出，添加了外发光效果的高光区域图像看起来显得过于强烈，所以下面将利用蒙版隐藏部分发光效果。

32 为“图层 17”添加蒙版，使用画笔工具并设置适当的画笔大小及不透明度，在蒙版中用黑色涂抹，以隐藏部分发光图像，得到的最终效果如图 16.210 所示，对应的“图层”面板如图 16.211 所示。

图 16.210

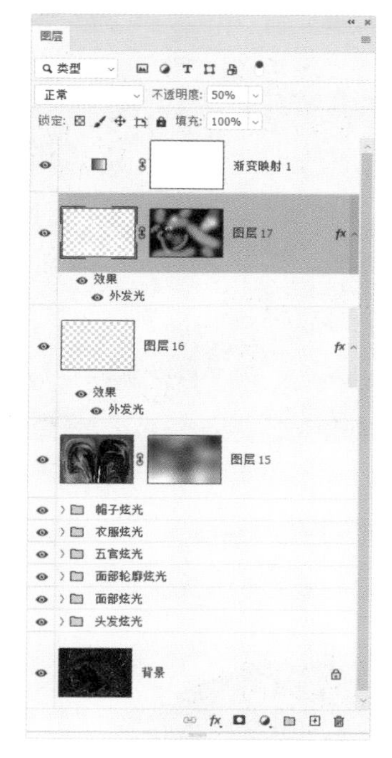

图 16.211

16.7 创意悬浮人像合成处理

在本例中，主要是以空白场景照片为基础，借助图层蒙版功能，将人物合成至场景中，并修除模特的支撑物，其间还需要对细节进行适当修复，使其变得更自然。完成基本的合成处理后，再结合选区、调整图层等功能，对整体和局部的色彩进行适当的润饰即可。

01 打开配套资源中的“第 16 章\16.7- 素材 1.jpg”，该素材是空白的场景图。

02 打开配套资源中的“第 16 章\16.7- 素材 2.jpg”，使用移动工具 将其拖至场景图中，得到“图层 1”，并适当调整其位置，使该照片与场景图中的物体大致对齐，如图 16.212 所示。为便于对齐，可以暂时将“图层 1”的不透明度设置为 50% 左右。

图 16.212

03 选择磁性套索工具 ，并在其工具选项栏上设置适当的参数。如图 16.213 所示。

羽化: 0 像素 消除锯齿 宽度: 10 像素 对比度: 10% 频率: 100

图 16.213

04 使用磁性套索工具 ，沿着人物身体边缘绘制选区，以将其选中。如图 16.214 所示。

图 16.214

> 提示：该选区主要是用于将支撑人物的凳子、塑料桶等元素修除，因此对于人物手部及头发位置，不需要很精确地选择。要注意的是，此处的选区会在后面多次用到，因此可以在“通道”面板中单击将选区保存为通道按钮 ，得到“Alpha 1”。

创建好选区后，下面来隐藏凳子及塑料桶等多余元素。首先，需要添加空白的图层蒙版，但由于当前存在选区，所以需要先将其取消。

05 使用 Ctrl+D 键取消选区，单击添加图层蒙版按钮为“图层 1”添加图层蒙版。

06 使用 Ctrl+shift+D 键重新载入刚刚取消的选区，选择“图层 1”的图层蒙版，设置前景色为黑色，选择画笔工具并设置适当的画笔大小等参数，在后在多余的图像上进行涂抹，以将其隐藏，然后使用 Ctrl+D 键取消选区即可。如图 16.215 所示。

图 16.215

07 按住 Alt 键单击“图层 1”的图层蒙版，可以查看其中的状态。如图 16.216 所示。

图 16.216

通过上面的处理后，仔细观察人物身体的边缘，可以看到脚部附近的边缘选择的不太好，因此存在一定的杂边，下面来对其进行修饰。

08 选择“图层 1”的图层蒙版，设置前景色为黑色，选择画笔工具并设置适当的画笔大小等参数，在边缘的锯齿上进行涂抹，直至将多余图像隐藏且边缘变得平滑为止。前后对比效果如图 16.217 所示。

图 16.217

09 按住 Alt 键单击“图层 1”的图层蒙版，可以查看其中的状态。如图 16.218 所示。

图 16.218

除了身体边缘外，仔细观察上面的脚板处，可以看出这里的线条比较怪异，下面来对其进行适当的修复处理。

10 新建得到“图层 2”，选择仿制图章工具，并在其工具选项栏上设置适当的参数。如图 16.219 所示。

图 16.219

11 使用仿制图章工具 按住 Alt 键在要修除的图像附近单击，以定义源图像，然后释放 Alt 键。如图 16.220 所示。

图 16.220

12 使用仿制图章工具 在脚底部涂抹，以将此处的线条处理平滑。如图 16.221 所示。

图 16.221

13 新建得到“图层 3”，按照上述方法，继续对凳子腿部的图像、头发及台灯下方的亮点进行修复处理。如图 16.222 所示。

图 16.222

通过前面的处理，我们已经基本确定好人物的基本位置，并顺带处理了相关细节，此时画面整体的构图已经基本确定，此时照片周围的环境元素显得过多，如桌子、墙上的管子等，使画面显得很杂乱，下面将通过裁剪，以去掉周围的部分环境，让画面更简洁，主体也更突出。

14 选择裁剪工具 并以默认的参数进行设置，然后在照片中拖动裁剪框，以确定要保留的范围。如图 16.223 所示。

图 16.223

15 确认调整好裁剪范围后，按 Enter 键确认变换即可。如图 16.224 所示。

图 16.224

拍摄此组照片时，摄影师为了突出画面的梦幻感觉，专门加入了一些烟雾，但在已经使用的2幅素材照片中，并没有很好的体现这一点，因此下面将另外一幅烟雾拍摄得比较好的照片合成进来。

16 打开配套资源中的“第 16 章\16.2- 素材 3.jpg”，使用移动工具 将其拖至场景图中，得到“图层 4”，并按照第 1 步的方法适当调整其位置，使该照片与场景图中的人物大致对齐。如图 16.225 所示。

图 16.225

17 按住 Alt 键单击添加图层蒙版按钮 为“图层 4”添加图层蒙版，从而将当前图层中的图像隐藏起来，然后在“通道”面板中，按 Ctrl 键单击“Alpha 1”的缩略图以载入其选区，并使用 Ctrl+Shift+I 键执行“反向”操作。

18 设置前景色为白色，选择画笔工具 并设置适当的画笔大小及不透明度，在人物左上方区域进行涂抹，以显示该区域的烟雾图像。如图 16.226 所示。

图 16.226

19 按住 Alt 键单击“图层 4”的图层蒙版，可以查看其中的状态。如图 16.227 所示。

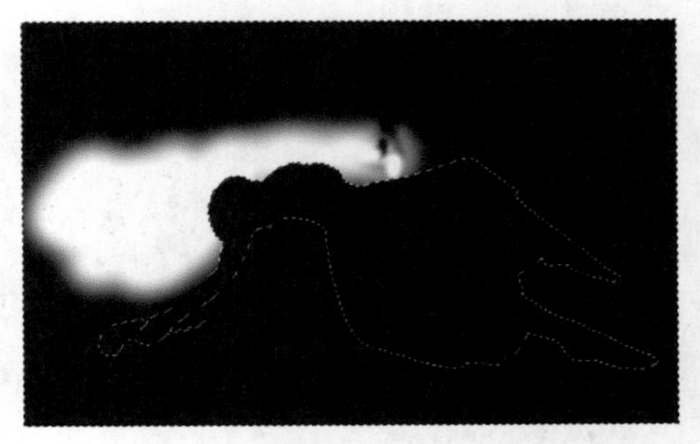
图 16.227

当前只是初步完成了显示烟雾的处理，后面还需要继续进行处理，尤其是上方的窗户处，有很多地方都是错落的，需要让这些地方对齐，本例将直接使用“图层4”中的窗口图像，此时不需要选区存在，但此时要注意不要破坏现有的烟雾效果，并保证各部分图像之间能够自然的衔接在一起。

20 使用 Ctrl+D 键取消选区，选中“图层 4”的图层蒙版并继续在其中进行涂抹，以完善各部分的细节。如图 16.228 所示。

图 16.228

21 按住 Alt 键单击“图层 4”的图层蒙版，可以查看其中的状态。如图 16.229 所示。

图 16.229

至此，画面中的主体图像都已经合成完毕，但还有一些细节需要完善，下面就来进行具体的处理。

22 按照第 4 步的方法，分别新建 3 个图层，得到“图层 5~ 图层 7”，分别针对左侧手臂上方、人物头发及窗户上的图像进行修饰。如图 16.230 所示。

图 16.230

至此，照片中关于图像合成的部分已经完成，但照片整体在曝光和色彩方面还有所欠缺，下面就来对整体进行适当的调整。首先，来对整体的亮度与对比度做调整。

23 单击创建新的填充或调整图层按钮 ◑.，在弹出的菜单中选择“曲线”命令，得到图层“曲线 1”，在“属性”面板中设置其参数，如图 16.231 所示，以调整图像的颜色及亮度，得到如图 16.232 所示的效果。

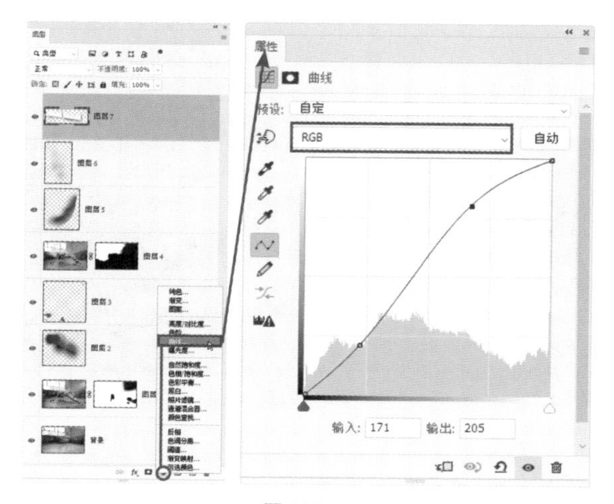

图 16.231

图 16.232

在本例中，希望将照片的色彩调整的偏紫一些，这样整体的梦幻感会更强烈。下面就来适当增强照片中的紫色。

24 单击创建新的填充或调整图层按钮 ◑.，在弹出的菜单中选择“色彩平衡”命令，得到图层“色彩平衡 1”，在“属性”面板中设置其参数，如图 16.233 所示，以增强照片中的紫色，得到如图 16.234 所示的效果。

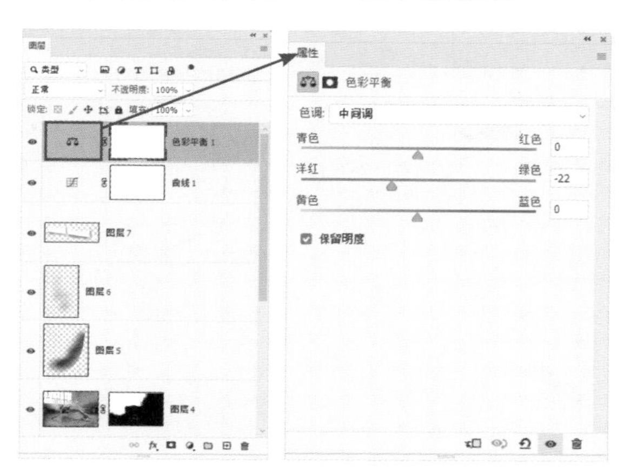

图 16.233

图 16.234

对照片整体进行色彩调整后，照片中的沙发显得色彩较为平滑，下面来专门对其进行调色处理。

25 使用磁性套索工具，沿着照片中沙发的边缘绘制选区，以将其选中。如图 16.235 所示。

图 16.235

26 单击创建新的填充或调整图层按钮，在弹出的菜单中选择“色彩平衡”命令，得到图层“色彩平衡 2”，在“属性”面板中设置其参数，如图 16.236 所示，以调整沙发的颜色，得到如图 16.237 所示的效果。

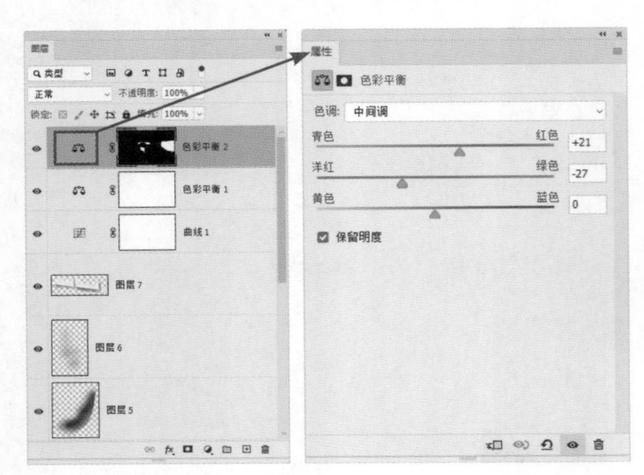

图 16.236

图 16.237

此时，沙发的颜色还不够突出，但首先要解决的问题是，在刚刚选择沙发边缘时，有一小部分是靠近人物头发的，这一部分的调整范围并不精确，因此首先来调整一下在头发间显示的沙发。

27 选择“色彩平衡 2”的图层蒙版，设置前景色为白色，然后在人物头发间的沙发上进行涂抹，以显示对这部分图像的色彩调整。图 16.238 所示是涂抹前后的效果对比。

图 16.238

28 按住 Alt 键单击“色彩平衡 2”的图层蒙版，可以查看其中的状态。如图 16.239 所示。

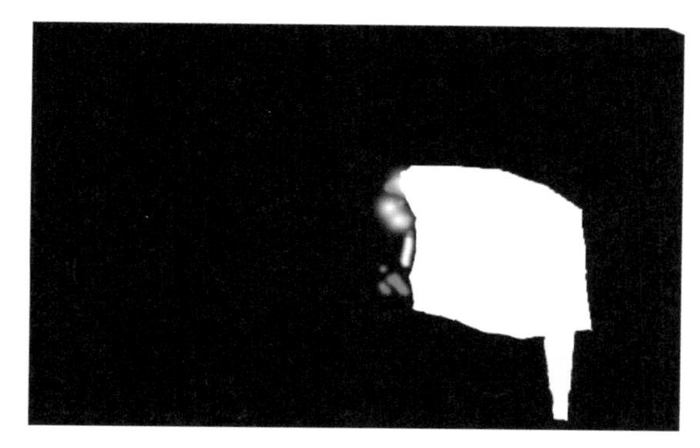

图 16.239

在调整好图层蒙版的范围后，下面来继续调整沙发的色彩。

29 按 Ctrl 键单击“色彩平衡 2”的图层蒙版，以载入其选区。

30 单击创建新的填充或调整图层按钮 ◐.，在弹出的菜单中选择“曲线”命令，得到图层“曲线 2”，在“属性”面板中设置其参数，如图 16.240 所示，以调整沙发的颜色及亮度，得到如图 16.241 所示的效果。

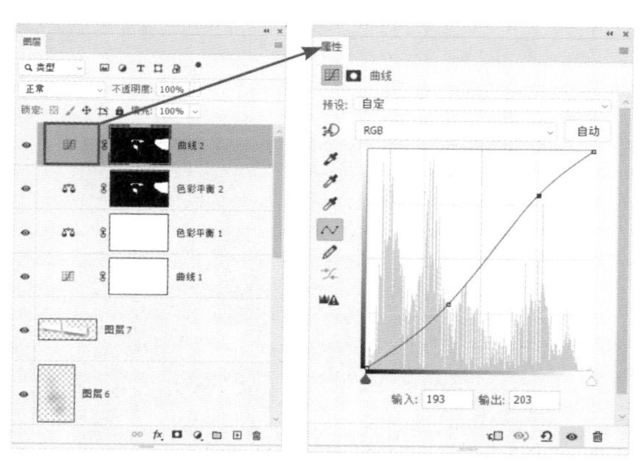

图 16.240

图 16.241

至此，照片的合成及润饰处理已经完成，最后，再为照片整体做一下锐化处理，以提高照片中各元素的立体感及细节。

31 选择“图层”面板顶部的图层，使用 Ctrl + Alt + Shift + E 键执行“盖印”操作，从而将当前所有的可见图像合并至新图层中，得到“图层 8”。

32 选择“滤镜－其他－高反差保留”命令，在弹出的对话框中设置“半径”数值为 4.9，单击“确定”按钮退出对话框即可。如图 16.242 所示

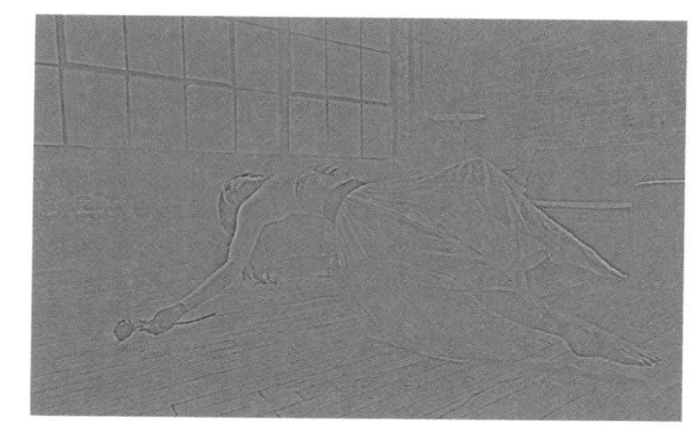

图 16.242

33 设置“图层 8”的混合模式为“柔光”，不透明度为 60%，以增强照片的立体感及细节。如图 16.243 所示。

图 16.243

16.8 使用堆栈合成国家大剧院完美星轨

要将拍摄的多张照片合成为星轨，首先需要将其以智能对象的方式堆栈在一起，并设置合适

的堆栈模式，即可合成得到星轨效果。

在本例中，将使用连续拍摄的704张照片，通过堆栈处理，合成得到星轨效果，素材的基本状态如下图所示。

01 选择“文件－脚本－将文件载入堆栈”命令，在弹出的对话框中单击“浏览”按钮。如图 16.244 所示。

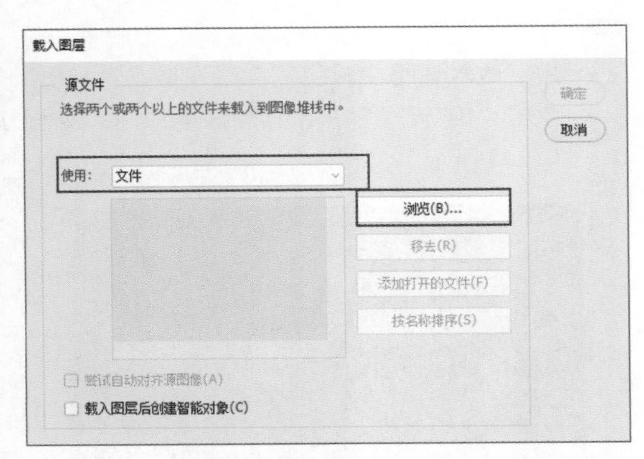

图 16.244

02 在弹出的“打开”对话框中，打开配套资源中的文件夹“第 16 章\16.8\素材”。使用 Ctrl+A 键选中所有要载入的照片，再单击“打开”按钮以将其载入到“载入图层”对话框，并注意一定要选中“载入图层后创建智能对象”选项。如图 16.245 所示。

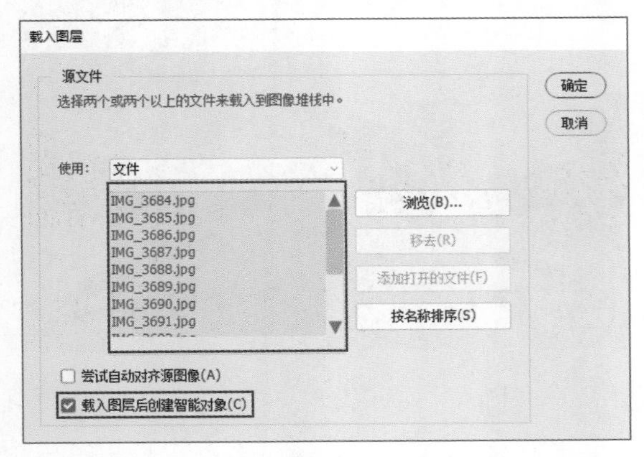

图 16.245

03 单击“确定”按钮即可开始将载入的照片堆栈在一起并转换为智能对象。如图 16.246 所示。

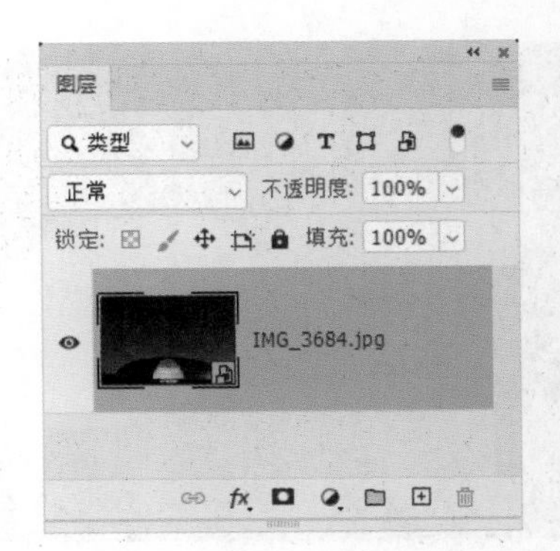

图 16.246

提示：若在“载入图层”对话框中，忘记选中“载入图层后创建智能对象”选项，可以在完成堆栈后，选择“选择－所有图层”命令以选中全部的图层，再在任意一个图层名称上右击，在弹出的菜单中选择“转换为智能对象”命令即可。

04 选中堆栈得到的智能对象，再选择“图层－智能对象－堆栈模式－最大值”命令，并等待 Photoshop 处理完成，即可初步得到星轨效果，如图 16.247 所示，此时对应的“图层”面板如图 16.248 所示。

图 16.247

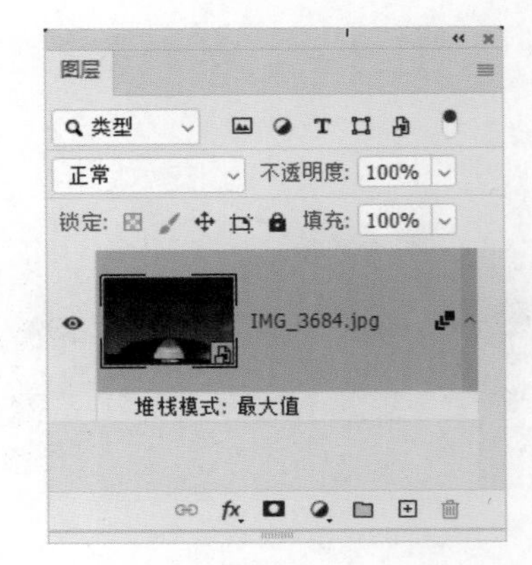

图 16.248

> 提示：当前智能对象图层是将所有的照片文件都包含在其中，因此此图层会极大地增加文件保存的大小，在设置了堆栈模式，确认不需要对此图层做任何修改，可以在其图层名称上右击，在弹出的菜单中选择“栅格化”命令，从而将其转换为普通图层，这样可以大幅降低以psd格式保存时的文件大小。

通过上面的操作，我们已经基本完成了星轨的合成，此时照片整体仍然存在严重的曝光不足的问题，下面来进行初步的校正处理。

05 使用 Ctrl+J 键复制图层“IMG_3684.JPG”得到“IMG_3684.JPG 拷贝”，并设置其混合模式为“滤色”，以大幅提亮照片，如图 16.249 所示。

图 16.249

在初步调整了照片整体的曝光后，照片中的星轨仍然不够明显，因此下面先来提高一下各元素的立体感，以尽可能显现出更多的星轨。

06 选择“图层”面板顶部的图层，使用 Ctrl + Alt + Shift + E 键执行“盖印”操作，从而将当前所有的可见图像合并至新图层中，得到“图层 1”。

07 选择“滤镜－其他－高反差保留”命令，在弹出的对话框中设置“半径”数值为 3，单击“确定”按钮退出对话框，如图 16.250 所示。

图 16.250

08 设置“图层 1”的混合模式为“强光”，以大幅提高各元素的立体感，如图 16.251 所示。锐化前后的局部效果对比如图 16.252 所示。

图 16.251

图 16.252

> 提示：通常情况下，要增强各元素的立体感，只需要设置“柔光”或“叠加”混合模式即可，但由于此处的操作目的是希望尽量显示出更多、更强的星轨，因此设置了效果最强烈的“强光”混合模式。

通过上面的处理后，画面中的星轨线条变得更加明显，但随之而来的是，噪点也变得更加明显，这个问题留在最后进行统一处理。

至此，已经初步调整好画面的曝光，且尽可能地强化了星轨的线条，此时画面最大的问题就是色彩非常灰暗，且对比度不足，下面就来对其进行润饰处理。要注意的是，由于天空和地面建筑之间的曝光差异较大，无法一次性完成对二者的处理，因此这里将先对天空进行处理，暂时不用理会对建筑的影响。

09 单击创建新的填充或调整图层按钮 ◑.，在弹出的菜单中选择“曲线”命令，得到图层“曲线 1”，在“属性”面板中设置其参数，如图 16.253 所示，以提高画面的对比度，得到如图 16.254 所示的效果。

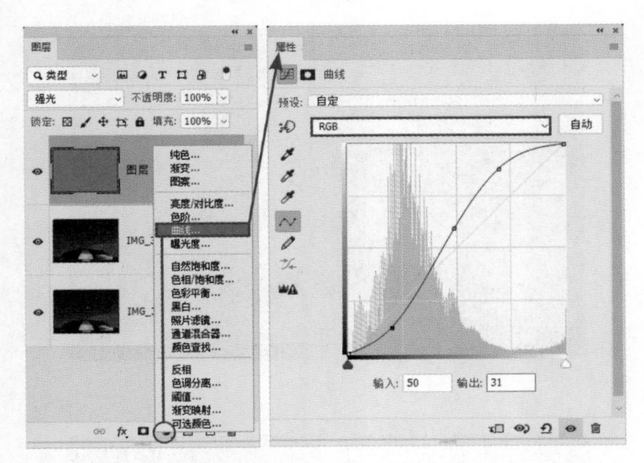

图 16.253

图 16.254

在初步调整好画面的对比度后，下面继续调整其色彩，这里仍然在“曲线1”调整图层中完成此操作。

10 双击“曲线 1”的缩略图，在其“属性”面板中分别选择“红”“绿”和“蓝”通道并调整曲线，如图 16.255、图 16.256 和图 16.257 所示，直至得到满意的色彩效果，如图 16.258 所示。

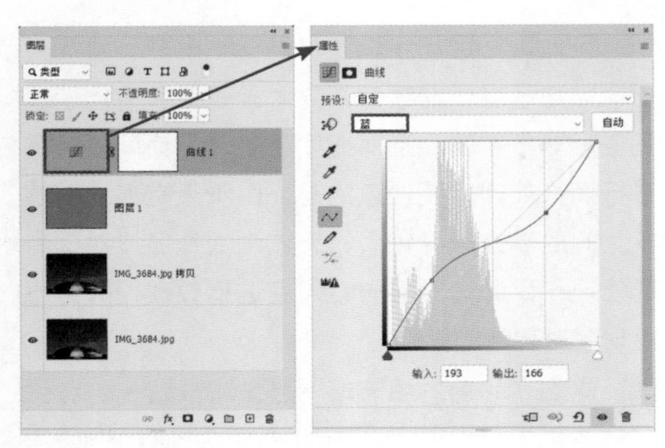

图 16.255

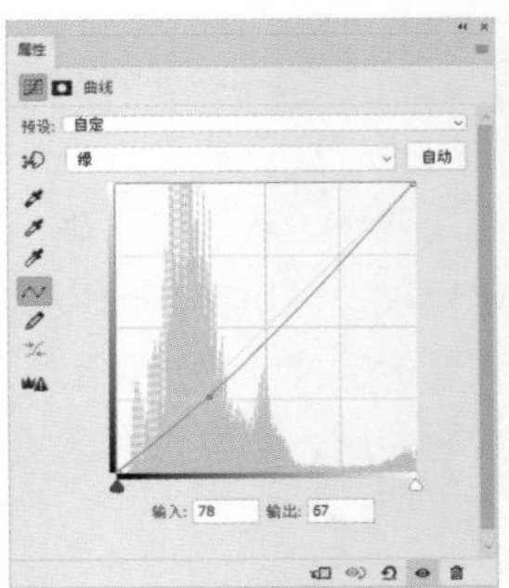

图 16.256

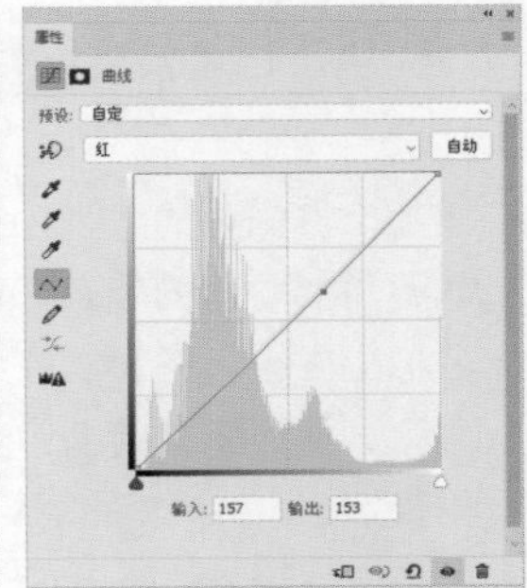

图 16.257

图 16.258

11 下面来进一步强化画面的色彩。单击创建新的填充或调整图层按钮，在弹出的菜单中选择“自然饱和度”命令，得到图层“自然饱和度 1”，在“属性”面板中设置其参数，如图 16.259 所示，以调整图像整体的饱和度，得到如图 16.260 所示的效果。

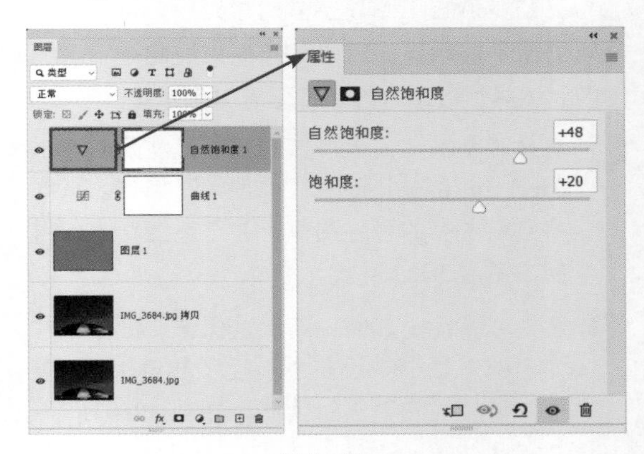

图 16.259

图 16.260

观察照片可以看出，此时的天空仍然显得比较“平”，缺少具有层次感的亮度渐变过渡，下面就来模拟这种效果。

12 设置前景色为黑色，单击创建新的填充或调整图层按钮 ◐.，在弹出的菜单中选择“渐变”命令，在弹出的对话框中设置参数，如图 16.261 所示，单击“确定”按钮退出对话框，同时得到图层“渐变填充 1”，填充效果如图 16.262 所示。

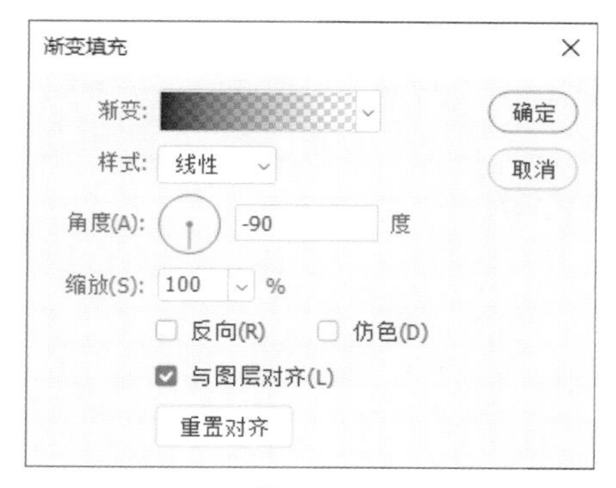

图 16.261

图 16.262

13 设置“渐变填充 1”的混合模式为“柔光”，不透明度为 30%，以制作出天空的明暗过渡效果，如图 16.263 所示。

图 16.263

至此，已经基本完成了对天空的处理，在下面的操作中，将开始调整建筑的曝光与色彩。这里是使用原始照片进行处理。

14 隐藏除底部的“IMG_3684.JPG”以外的图层。选择磁性套索工具 ⅋.并在其工具选项栏上设置适当的参数，如图 16.264 所示。

图 16.264

15 使用磁性套索工具 ⅋.沿着建筑边缘绘制选区，以将其选中，如图 16.265 所示。

图 16.265

16 选择底部的图层“IMG_3684.JPG”，使用 Ctrl+J 键将选区中的图像复制到新图层中，得到“图层 2”，将其移至所有上方，并显示其他图层，如图 16.266 所示。

图 16.266

下面调整建筑的曝光。当前的建筑较暗，因此首先来显示出更多的暗部细节。

17 选择“图像－调整－阴影 / 高光”命令，在弹出的对话框中设置参数，如图 16.267 所示，以显示出更多的暗部细节，得到如图 16.268 所示的效果。

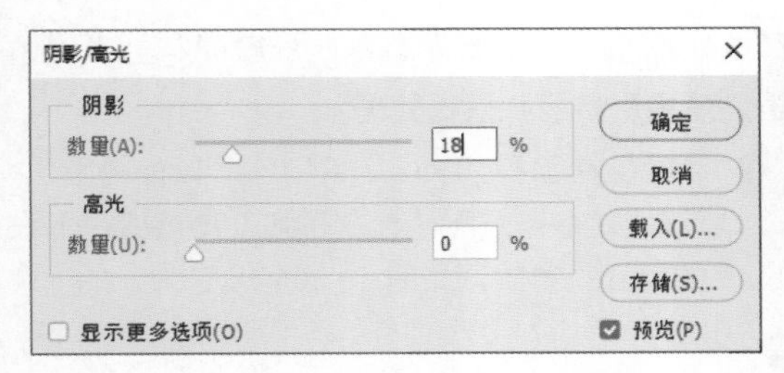

图 16.267

图 16.268

在初步调整好建筑的曝光后，下面对其色彩进行调整。要注意的是，除了要保证对建筑本身的色彩进行强化外，还需要根据天空的色彩，进行适当地匹配调整。

18 单击创建新的填充或调整图层按钮 ，在弹出的菜单中选择“曲线”命令，得到图层“曲线 2”，使用 Ctrl + Alt + G 键创建剪贴蒙版，从而将调整范围限制到下面的图层中，然后在“属性”面板中设置其参数，如图 16.269 所示，以调整建筑的色彩，得到如图 16.270 所示的效果。

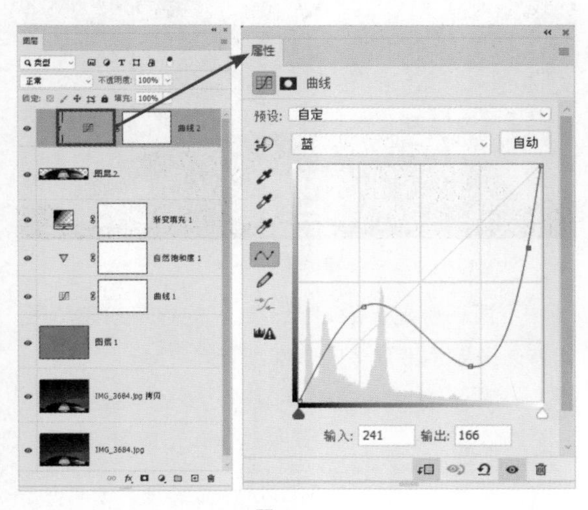

图 16.269

图 16.270

调整后的建筑色彩，偏蓝的部分过多，且右侧高光区域的黄色也显得过多，因此下面进行局部的弱化处理。

19 选择画笔工具 并在其工具选项栏上设置适当的参数，如图 16.271 所示。

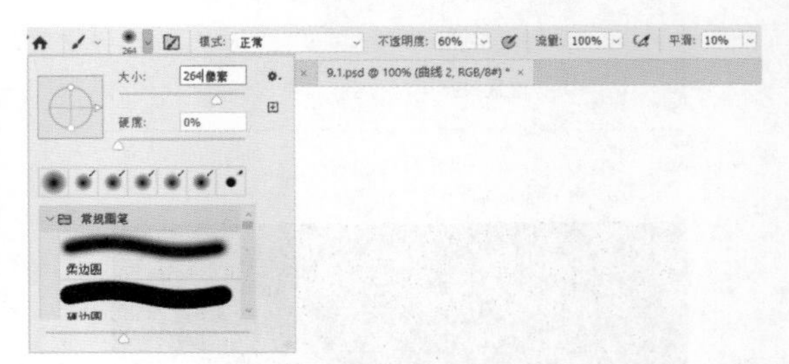

图 16.271

20 选择“曲线 2”的图层蒙版，设置前景色为黑色，使用画笔工具 在左、右两侧的建筑上进行涂抹，直至得到满意的效果，如图 16.272 所示。

图 16.272

21 按住 Alt 键单击“曲线 2”的图层蒙版，可以查看其中的状态，如图 16.273 所示。

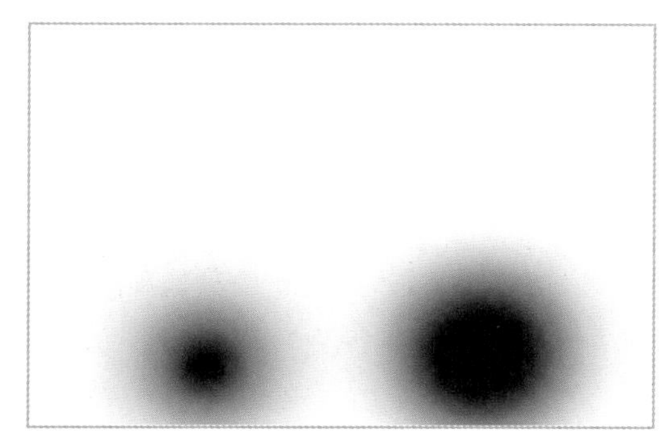

图 16.273

下面来继续调整色彩，使建筑上略有一些紫色调效果，与画面整体更加匹配。

22 单击创建新的填充或调整图层按钮 ◑.，在弹出的菜单中选择“色彩平衡”命令，得到图层“色彩平衡 1”，使用 Ctrl + Alt + G 键创建剪贴蒙版，从而将调整范围限制到下面的图层中，然后在“属性”面板中设置其参数如图 16.274 所示，以调整建筑的颜色，得到如图 16.275 所示的效果。

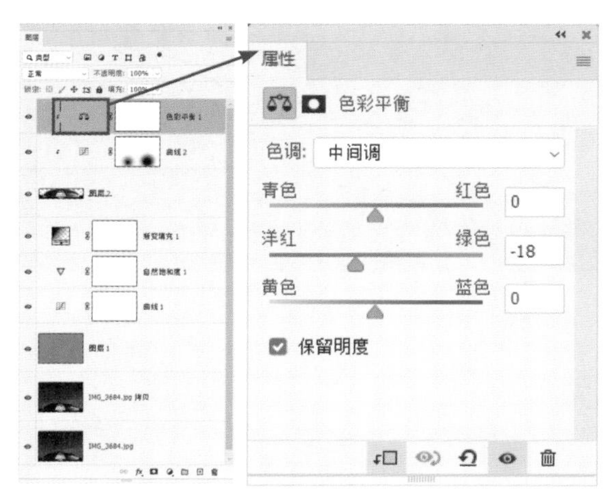

图 16.274

图 16.275

至此，画面的色彩已经基本调整好，但整体看，对比度仍显得有些不足，下面来进行适当强化处理。

23 单击创建新的填充或调整图层按钮 ◑.，在弹出的菜单中选择“亮度 / 对比度”命令，得到图层“亮度 / 对比度 1”，使用 Ctrl + Alt + G 键创建剪贴蒙版，从而将调整范围限制到下面的图层中，然后在“属性”面板中设置其参数，如图 16.276 所示，以调整图像的亮度及对比度，得到如图 16.277 所示的效果。

图 16.276

图 16.277

至此，已经基本完成了对星轨照片的处理，以100%显示比例仔细观察可以看出，照片中存在一定噪点，天空部分尤为明显，下面就来解决这个问题。这里使用的是Noiseware插件进行处理。

24 选择“图层”面板顶部的图层，使用 Ctrl + Alt + Shift + E 键执行“盖印”操作，从而将当前所有的可见照片合并至新图层中，得到“图层 3”。

25 在“图层 3”的名称上右击，在弹出的菜单中选择“转换为智能对象”命令，从而将其转换成为智能对象图层，以便于下面对此图层中的照片应用及编辑滤镜。

26 选择“滤镜－Imagenomic－Noiseware”命令，在弹出的对话框左上方，选择“夜景”预设，如图 16.278 所示，即可消除照片中的噪点，并能够较好的保留细节，如图 16.279 所示。

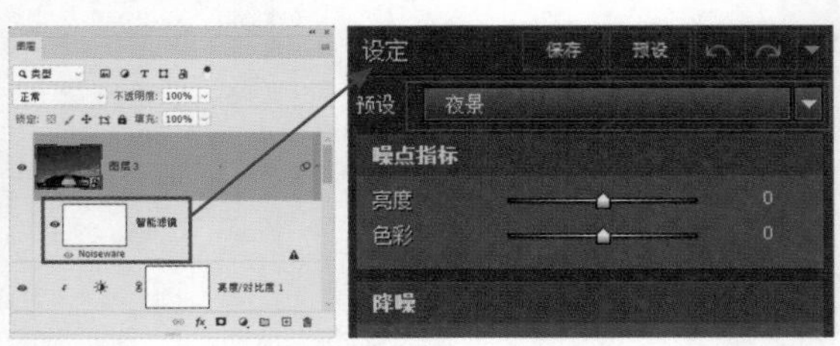

图 16.278

图 16.279

 下图 16.280 所示是消除噪点前后的局部效果对比。

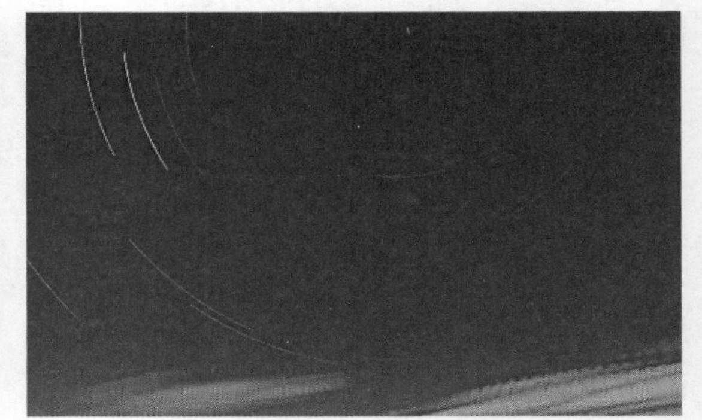
图 16.280

16.9 冰岛瀑布照片的色彩与层次

在本例中，首先是利用Adobe Camera Raw中的“基本”“HSL/灰度”及“相机校准”等选项卡中的参数，对照片进行初步校正处理，然后再在Photoshop中，结合多个调整图层，对整体的色彩进行细致地调整，并结合图层蒙版功能，对水面进行分区调整，直至得到满意的效果。

01 打开配套资源中的“第 16 章\16.9\素材.NEF”，以启动 Adobe Camera Raw 软件，如图 16.281 所示。

图 16.281

02 在“基本”选项卡中，分别调整上方的白平衡与中间的曝光，以初步校正整体的色彩倾向，如图 16.282 所示，并显示出更多的高光与暗部的细节，如图 16.283 所示。

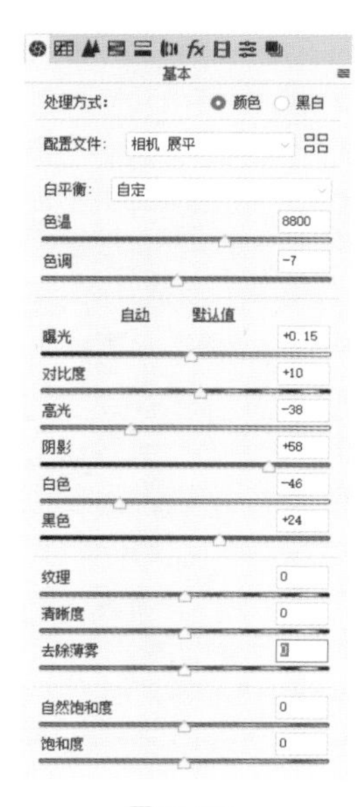

图 16.282

图 16.283

当前照片存在较明显的雾蒙蒙的感觉，下面将利用去除薄雾功能进行优化处理，使其变得更加通透。

03 在“基本”选项卡中，并向右拖动“去除薄雾”滑块，如图 16.284 所示，直至得到满意的效果，如图 16.285 所示。

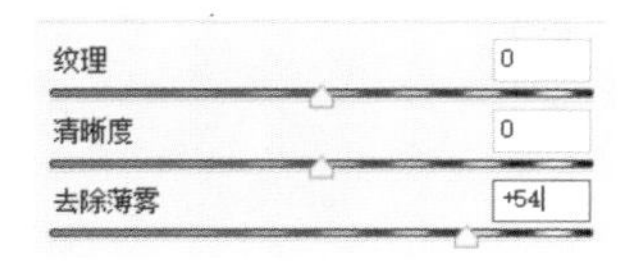

图 16.284

图 16.285

观察照片可以看出，其天空和水面的色彩显示较为怪异，尤其是水面的色彩，已经呈现出碧绿的效果，下面来对其进行处理。

04 在“HSL 调整”选项中分别选择“色相”和“明亮度”选项卡，分别拖动各滑块，如图 16.286 和图 16.287 所示，以调整其中的色彩，得到如图 16.288 所示的效果。

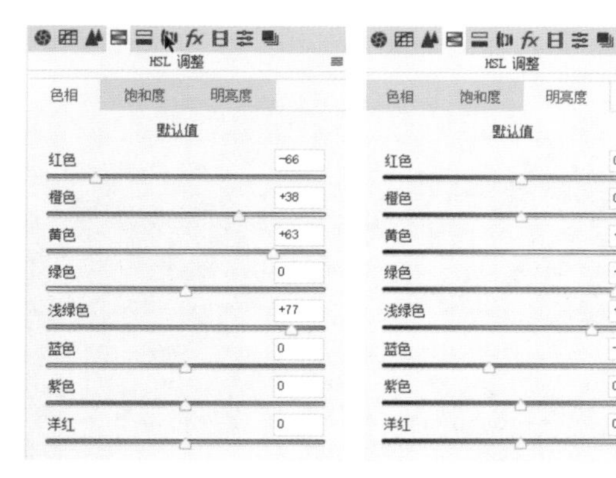

图 16.286　　图 16.287

图 16.288

在本例中，希望将照片调整为具有蓝紫色调的效果，这里将使用“校准”选项卡中的参数进行调整，下面来讲解其具体处理方法。

05 选择“校准”选项卡，并调整“蓝原色”选项卡中的参数，如图 16.289 所示，使画面具有一定的紫色调效果，如图 16.290 所示。

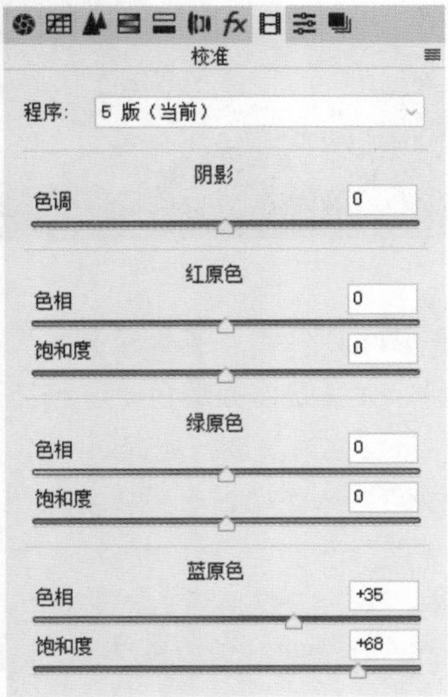

校准
程序：5 版（当前）
阴影
色调 0
红原色
色相 0
饱和度 0
绿原色
色相 0
饱和度 0
蓝原色
色相 +35
饱和度 +68

图 16.289

图 16.290

本例的主要工作是要为照片更换新的天空，并制作背景，这些都是要在Photoshop中才可以顺利完成的工作，因此在前面利用RAW格式的宽容度，适当调整其基本属性后，下面要将其转换为JPG格式，然后在Photoshop中做进一步处理工作。

06 单击 Camera Raw 软件左下角的“存储图像”按钮，在弹出的对话框中适当设置输出参数，如图 16.291 所示。

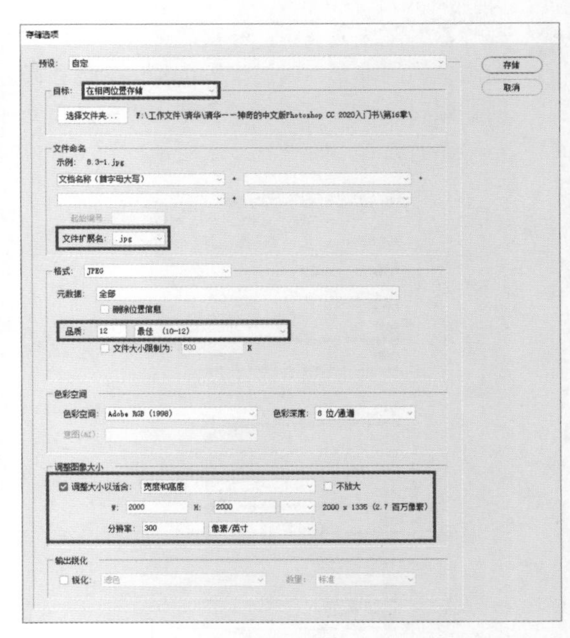

图 16.291

07 设置完成后，单击“存储”按钮即可在当前RAW 照片相同的文件夹下生成一个同名的JPG 格式照片。

当前的画面仍然显得较为灰暗，因此下面来对整体的曝光与对比进行优化。

08 在 Photoshop 中打开上一步导出的 JPG 格式照片，单击创建新的填充或调整图层按钮 ◑，在弹出的菜单中选择“曲线”命令，得到图层“曲线 1”，在“属性”面板中设置其参数，如图 16.292 所示，以调整图像的颜色及亮度，得到如图 16.293 所示的效果。

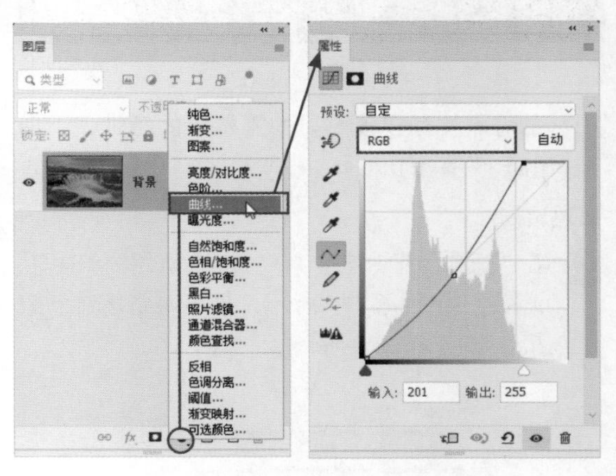

图 16.292

图 16.293

通过上一步的调整，不仅让照片变得不再灰暗，同时也提高了一定的色彩效果，这也是调整曝光时的特有结果，但显然，仅仅通过调整曝光对色彩的影响还有限，当前的色彩效果还有进一步的提升空间，下面来进行处理。

09 单击创建新的填充或调整图层按钮 ◐.，在弹出的菜单中选择“可选颜色”命令，得到图层“选取颜色 1”，在“属性”面板中设置其参数，如图 16.294、图 16.295、图 16.296 所示，以调整照片的颜色，得到如图 16.297 所示的效果。

图 16.294

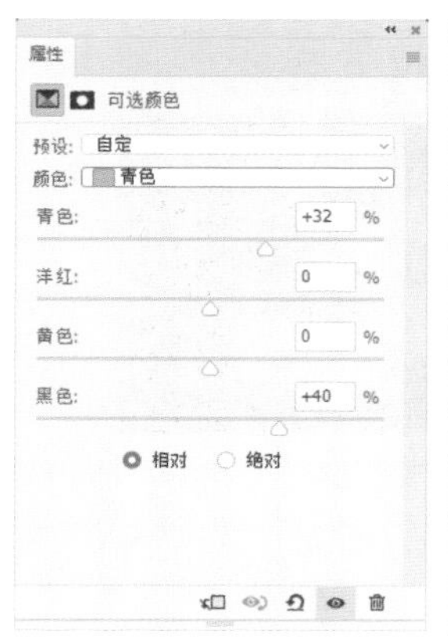

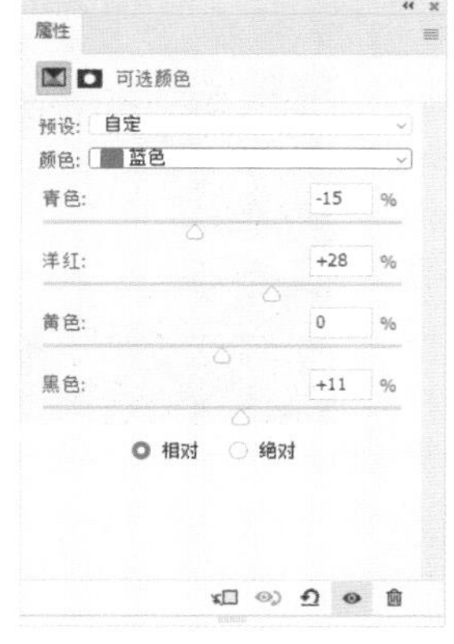

图 16.295　　图 16.296

图 16.297

前面是对照片进行的整体优化处理，从结果上可以看出，其右侧相对于其他区域，仍然存在较明显的偏灰问题，下面来对局部进行处理。

10 单击创建新的填充或调整图层按钮 ◐.，在弹出的菜单中选择“曲线”命令，得到图层“曲线 2”，在“属性”面板中设置其参数，如图 16.298 所示，以调整图像的颜色及亮度，得到如图 16.299 所示的效果。

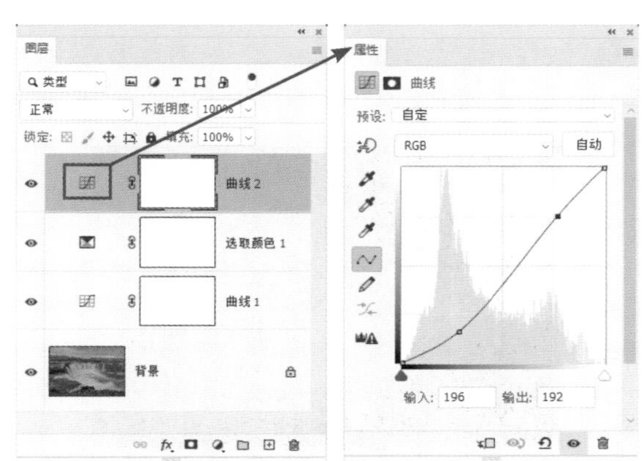

图 16.298

图 16.299

11 选择“曲线 2”的图层蒙版，使用 Ctrl+I 键执行“反相”操作，设置前景色为白色，选择画笔工具 并在其工具选项栏上设置适当的参数，如图 16.300 所示。

图 16.300

12 使用画笔工具 在右侧区域进行涂抹，直至得到满意的调整结果，如图 16.301 所示。

图 16.301

13 按住 Alt 键单击“曲线 2”的图层蒙版，可以查看其中的状态，如图 16.302 所示。

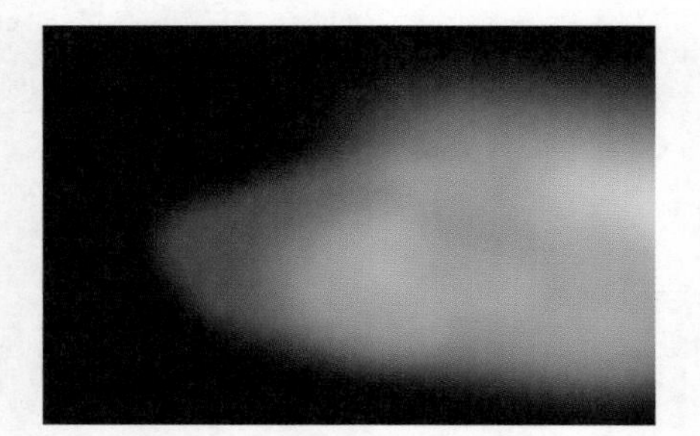

图 16.302

通过前面的一系列调整后，观察照片整体，发现还有一些提高对比度的调整空间，下面来对其进行处理。

14 单击创建新的填充或调整图层按钮 ，在弹出的菜单中选择“亮度 / 对比度”命令，得到图层“亮度 / 对比度 1”，在“属性”面板中设置其参数，如图 16.303 所示，以调整图像的亮度及对比度，得到如图 16.304 所示的效果。

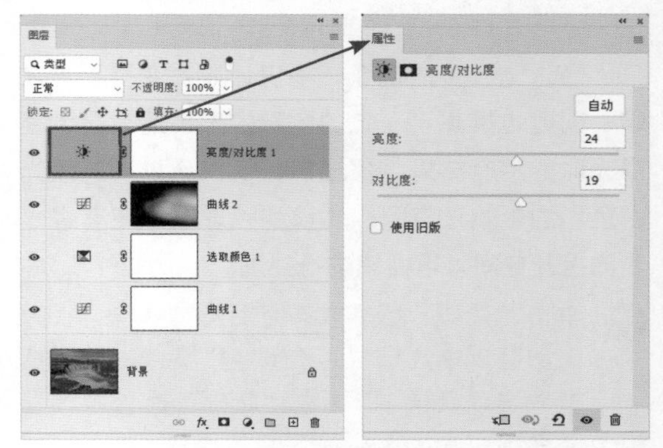

图 16.303

图 16.304